人工智能应用
人才能力培养新形态教材

深度学习与计算机视觉

——基于 PyTorch

（微课版）

李春艳 李青林 | 主编

李晓辉 胡晓旭 | 副主编

人民邮电出版社

北京

图书在版编目（CIP）数据

深度学习与计算机视觉 ：基于 PyTorch ：微课版 /
李春艳，李青林主编. -- 北京 ：人民邮电出版社，
2025. -- （人工智能应用人才能力培养新形态教材）.
ISBN 978-7-115-64931-7

Ⅰ. TP181；TP302.7

中国国家版本馆 CIP 数据核字第 20244VC725 号

内 容 提 要

　　"深度学习与计算机视觉"是一门理论性和实践性都很强的课程，它是 Python 程序设计、机器学习等前期课程的进阶和强化课程。

　　本书秉承理论与实践并重的理念，围绕深度学习与计算机视觉知识展开介绍。本书首先介绍深度学习与计算机视觉的基础知识，工具的安装与配置，然后详细讨论 NumPy 与 Tensor 基础，以及数据集、卷积神经网络、模型训练与测试、图像分类等理论知识与算法实现，为接下来学习目标检测、图像分割、人脸识别、生成模型等内容奠定基础。通过阅读本书，读者能了解深度学习的总体流程，理解计算机视觉任务的算法实现、改进及应用。

　　本书适合具有一定 Python 编程基础并对深度学习感兴趣的在校学生和教师，初次接触 PyTorch 深度学习框架的研究人员，或具备其他深度学习框架（如 TensorFlow、Keras、Caffe 等）使用经验的、想快速了解 PyTorch 深度学习框架的爱好者、高校学生和研究人员阅读。

◆ 主　　编　李春艳　李青林

　　副 主 编　李晓辉　胡晓旭

　　责任编辑　刘　博

　　责任印制　胡　南

◆ 人民邮电出版社出版发行　　北京市丰台区成寿寺路 11 号

　　邮编　100164　　电子邮件　315@ptpress.com.cn

　　网址　https://www.ptpress.com.cn

　　三河市君旺印务有限公司印刷

◆ 开本：787×1092　1/16

　　印张：18.75　　　　　　　　　　2025 年 1 月第 1 版

　　字数：482 千字　　　　　　　　2025 年 1 月河北第 1 次印刷

定价：69.80 元

读者服务热线：(010)81055256　印装质量热线：(010)81055316
反盗版热线：(010)81055315
广告经营许可证：京东市监广登字 20170147 号

自 2016 年 3 月 AlphaGo 战胜围棋世界冠军李世石以来，人工智能逐渐走入大众视野。在人工智能的各个子域中，深度学习的发展非常迅速，它在图像分类、语音识别、机器翻译等领域取得了很大的成就。

人工智能让计算机"去看""去听""去读"，即"看懂图像""听懂语音""读懂文字"；计算机视觉给机器赋予了视觉能力，可模拟人类的视觉"看"世界，并对视觉数据进行分析，从而得到最终决策。计算机视觉的主要任务有图像分类、目标检测、语义分割、目标跟踪等。得益于神经网络的迭代学习，计算机视觉已发展到一定高度，其目标识别准确率可达到 99%。目前，计算机视觉已被广泛应用于安防、金融、硬件、营销、驾驶、医疗等领域。

随着人工智能的快速发展，深度学习也受到更多人的关注。然而熟练掌握深度学习的相关知识和技术并不是一件容易的事，尤其是对初学者而言，其面临的挑战不言而喻。本书由浅入深，系统介绍深度学习，帮助读者快速掌握深度学习的相关知识和技术。

本书的特色如下。

（1）立足基础理论，注重实践应用

本书在介绍相关概念、框架和原理的同时注重实践应用，以实践案例引出 PyTorch 的相关函数，介绍函数的功能和用法，对实践案例的代码进行详细解释，帮助读者理解算法的实现。通过学习实践案例，读者可加深对原理等的理解，提升融会贯通的能力。

（2）内容安排合理，符合认知规律

本书内容讲解由浅入深、循序渐进，方便读者轻松上手，快速掌握 PyTorch 深度学习框架。本书先介绍深度学习与计算机视觉的基础知识、深度学习相关工具的安装与配置、NumPy 与 Tensor 基础知识，使读者为学习深度学习做好准备；接着以深度学习基本流程为主线，依次介绍数据集、卷积神经网络、模型训练与测试，让读者对深度学习的工作流程有清晰的认识；最后通过图像分类、目标检测、图像分割、人脸识别、生成模型等综合案例，加深读者对深度学习的理解。

（3）配套实验资源，提升编程能力

本书提供配套实验资源，帮助读者巩固所学内容，进而提升编程能力。实验内容包括实验目标、相关知识与准备、实验内容及要求、参考代码等。相关知识与准备部分包含各章的核心知识，方便读者复习知识；参考代码有助于指导读者完成实验和解决读者在实验中遇到的问题。此外，本书为教师提供了丰富的教学资源，包括教学大纲、教案、习题答案、课件等，使教师能快速、高效地开展教学。

　　本书综合考虑入门与进阶知识，内容覆盖面较广，具有一定的广度和深度；内容安排循序渐进，注重理论的指导性和实践的重要性。希望本书能为读者带来启发。

编者

2024 年 6 月

目录

第 1 章　深度学习与计算机视觉概述

深度学习（Deep Learning，DL）是机器学习（Machine Learning，ML）领域中的一个研究方向，它不仅改变了传统互联网业务（如网络搜索、广告点击预测），还对医疗、教育、汽车驾驶等有重大影响。而计算机视觉是深度学习的主要应用领域。

本章的主要内容如下。

- 深度学习。
- 计算机视觉。

深度学习与计算机
视觉概述

1.1　深度学习

自 2016 年 3 月 AlphaGo 战胜围棋世界冠军李世石以来，人工智能逐渐走入大众视野，一个关于智能觉醒的"美丽传说"就此席卷全球。机器学习可把无序的数据转换成有用的信息，即使用算法来解析并学习数据，然后对现实世界中的事件做出预测和决策。机器学习是人工智能的一个子域，也是实现人工智能的一种方法。而深度学习是一种特殊的机器学习，深度学习和机器学习都是人工智能的核心。

1.1.1　人工智能、机器学习、深度学习

人工智能可以通过对规则进行硬编码来实现，这类人工智能被称为符号人工智能，适用于具有明确逻辑的场景，例如开发可以下围棋的程序。然而，当面对诸如图像识别、对象检测、语言翻译等任务时，要想让计算机像人一样拥有识别、认知、分析和决策等智能，符号人工智能几乎无能为力。

为了完成这类任务，人工智能的新方法——机器学习和深度学习应运而生。机器学习是人工智能的一个子域，与符号人工智能不同，它不需要人编写特定的指令，而是让机器去学习，也就是使用机器学习算法对大量的数据进行学习，从数据中产生模型，并使用该模型对未知数据进行预测。

在机器学习过程中，当算法错误地把猫识别成狗时，系统会对错误结果进行反馈，就像人会从错误中寻找原因并纠正错误一样。经过多次迭代后，系统的模式识别能力不断提升。然而，由于机器学习需要大量的手动编码，且易受光照、形变、遮挡等因素的影响，所以其算法的稳健性不高。机器学习算法在基于哈尔（Haar）特征的人脸检测和基于方向梯度直方图（Histogram of Oriented Gradient，HOG）特征的物体检测上基本达到了商业化的要求和水平，但目前机器学习算法已"举步维艰"，很难有显著的突破。

起初，深度学习利用深度神经网络来解决特征表示问题。一个深度神经网络包含一个输入层、多个隐含层和一个输出层，其通过对激活函数、神经元的连接方法等进行调整，改善神经网络的训练效果。深度学习和神经网络的基础理念和技术已经存在几十年了，那为什么直到 21 世纪它们才逐渐流行起来呢？其主要原因如下。

（1）硬件可用。深度学习的参数量巨大，通常是数百万甚至数十亿。要在数量如此巨大的参数的基础上进行复杂的数学运算，仅靠 CPU（Central Processing Unit，中央处理器）来完成是非常耗时的。使用新型硬件 GPU（Graphics Processing Unit，图形处理单元）进行这些复杂的数学运算，速度可以提高几个数量级。

（2）海量的数据。在"数字化"时代，每天都会产生数量巨大的数据。每天我们都会将大量时间花在相关数字领域（如手机软件、网站和其他数字化服务）并创建很多数据；另外，价格低廉的摄像头被配置到手机上，还有物联网（Internet of Things，IoT）中各式各样的传感器，这些设备也为我们收集了很多的数据。

（3）算法的创新。许多算法的创新使神经网络的运行速度更快。例如，神经网络中的激活函数从原来的 Sigmoid 函数转换成 ReLU 函数。Sigmoid 函数的梯度在某些区域会接近 0，致使深度学习的速度变慢。而 ReLU 函数的梯度不会逐渐减小至 0，所以，ReLU 函数加快了梯度下降算法的运行速度。这个算法的创新优化了计算，提高了代码的运行速度，使得我们能训练规模更大的神经网络。

（4）深度学习框架。使用早期的深度学习算法需要具备 C++和 CUDA（Compute Unified Device Architecture，计算统一设备体系结构）等专业知识。现在，随着深度学习框架的开源，使用者具有脚本语言（如 Python）知识，就可以使用它们构建算法。

机器学习算法中大多数应用的特征（手工特征）都需要由专家确定，这些特征的准确率在很大程度上决定了机器学习算法的性能。而深度学习算法可直接从数据中自动提取这些特征，且这些特征更稳定，其稳健性更强。随着数据规模的增大，机器学习的算法性能几乎保持不变，而深度学习算法在数据规模较小时性能不够好，但随着数据规模的增大，其性能会越来越好。深度学习算法与机器学习算法的性能比较如图 1.1 所示。

人工智能、机器学习和深度学习的关系如图 1.2 所示。其中人工智能处于外层，涵盖的范围最广，出现的时间最早。中间层是机器学习，它出现的时间稍晚，是实现人工智能的一种方法。内层是深度学习，它是实现机器学习的一种技术，也是人工智能"大爆炸"的核心驱动。

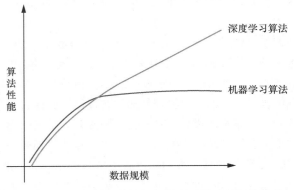

图 1.1　深度学习算法与机器学习算法的性能比较　　　图 1.2　人工智能、机器学习、深度学习的关系

1.1.2　深度学习的应用

人工智能是新的生产力，给众多行业（如交通运输、医疗健康、制造业）带来了巨大的转变。在人工智能的各个子域中，深度学习的发展非常迅速，它是在科技世界中广受欢迎的一种技术。近几年深度学习在很多领域都取得了巨大的发展，其典型的应用如下。

- 图像分类。
- 语音识别。
- 机器翻译。
- 自动驾驶。
- 推荐系统。

图像分类将在第 7 章详细讲解。

简单的语音识别就是将语音转变成文字，如微信里的语音转文字功能、视频网站中的自动翻译文本功能、苹果的 Siri 等，都是语音识别的落地应用。

机器翻译技术的发展与计算机技术、信息论、语言学等学科的发展紧密相关。机器翻译分为基于规则的翻译和基于语料库的翻译。基于规则的翻译是较早出现的机器翻译方法。基于语料库的翻译则包括基于实例的翻译和基于统计的翻译这两种。它们的区别在于：前者的语料库会作为一种翻译知识参与翻译，供翻译主体查询；而后者的语料库则用来寻找最有可能成为目标语句的句子，不参与具体的翻译实践。随着计算机的计算能力的提升和多语言信息的爆发式增长，机器翻译技术逐渐为普通用户所用，为他们提供实时、便捷的翻译服务。

在自动驾驶领域中，正确识别时刻变化的环境（包括自由来往的车辆和行人）是非常困难的，但又尤为重要。在识别周围环境方面，深度学习备受期待。例如，基于卷积神经网络（Convolutional Neural Network，CNN）的神经网络 SegNet 若能高精度、高速地正确识别道路、建筑物、树木、车辆等，那自动驾驶的实用化也就指日可待了。

推荐系统对我们而言或许并不陌生，因为它几乎已经渗透到我们生活的方方面面。例如网易云音乐的音乐推荐、淘宝的商品推荐、美团的餐厅推荐、抖音的短视频推荐等。一方面，推荐系统根据用户的兴趣特点、产品偏好、决策和特征等，向用户推荐他们可能感兴趣的产品或服务，帮助用户获取自己未能找到的产品或服务；另一方面，推荐系统可促使用户选择其感兴趣的任何产品或服务，增加用户的驻留时间以及网站的效益。通过深度学习，推荐系统能更精确地把握用户的兴趣爱好，给出更准确的推荐内容。

1.1.3　深度学习框架

在深度学习发展的早期阶段，要使用深度学习算法需要掌握 C++ 和 CUDA 的专业知识，且需要编写大量的基础代码，工作效率不高。为了提高工作效率，研究者将相关代码写成了框架，即深度学习框架。深度学习框架抽象出许多底层的复杂计算，让研究者可专注于深度学习的应用。

目前，很多组织、机构等都对深度学习框架进行了大量研究，并取得了突破性的成果。很多公司将它们的深度学习框架开源，使具有脚本语言知识的人也能构建和使用深度学习算法。现在主流的深度学习框架有 PaddlePaddle（飞桨）、TensorFlow、Caffe、PyTorch、Keras、MXNet、CNTK 等，这些框架各有千秋。

PaddlePaddle 是我国首个自主研发、功能完备、开源开放的产业级深度学习框架。它以百度多年的深度学习技术研究和业务应用为基础，集深度学习核心训练和推理框架、基础模型库、端到端开发套件和丰富的工具组件于一体。

华夏天信机器人有限公司使用 PaddlePaddle 的视觉开发套件开发了输煤胶带智能巡检机器人，该机器人不仅能实现高频次、无间歇巡检，还能通过摄像仪回传实时视频并进行智能识别分析，解决了多个效率、环境、安全等方面的难题。上海哲元科技发展有限公司使用 PaddlePaddle 的零门槛人工智能开发平台训练出食品生产流水线中的数量清点和外观检测模型，实现了食品自动化生产质检系统。基于 PaddlePaddle 的 PaddleDetection、PaddleSlim，复亚智能技术发展有限公司研发了一套全自主无人机巡检系统，为电网作业巡检提供了全自主电力杆塔与通道巡检系统，使巡检时间缩短 30% 以上。截至 2022 年 12 月，PaddlePaddle 汇聚了 535 万开发者，服务 20 万家企事业单位，人们基于 PaddlePaddle 深度学习框架构建了 67 万个模型。目前，开源的 PaddlePaddle 已经成为我国深度学习市场中应用规模领先的深度学习框架。

TensorFlow 是一个基于数据流编程的符号数学系统，广泛应用于各类机器学习算法的编程实现。TensorFlow 拥有多层级结构，可部署于各类服务器、PC（Personal Computer，个人计算机）终端和网页，支持 GPU 和 TPU（Tensor Processing Unit，张量处理器）的高性能数值计算。TensorFlow 还被广泛应用于谷歌公司内部的产品开发和各领域的科学研究。

Caffe 由伯克利人工智能研究小组及伯克利视觉和学习中心开发。它是一个兼具强表达性、高速度和模块化思维的深度学习框架，有 Python 和 MATLAB 的相关接口。Caffe 应用于学术研究项目、初创公司原型开发，以及视觉、语音和多媒体等领域。2017 年 4 月，Facebook（现已更名为 Meta）发布了 Caffe2，其中增加了递归神经网络等新功能。2018 年 3 月底，Caffe2 并入 PyTorch。

PyTorch 是一个开源的 Python 机器学习库，可以看成加入了 GPU 支持的 NumPy，也可以看成拥有自动求导功能的深度神经网络。PyTorch 是一个 Python 优先的深度学习框架，不仅实现了强大的 GPU 加速，还支持动态神经网络。PyTorch 具有简单、易用的特点，使用诸如类、结构的 Python 概念，允许用户以面向对象的方式构建深度学习算法。另外，PyTorch 使用动态计算，在构建复杂架构时具有很高的灵活性。PyTorch 具有以下优点。

- 支持 GPU。
- 灵活，支持动态神经网络。
- 底层代码易于理解。
- 可提供命令式体验。
- 支持自定义扩展。

PyTorch 2.0 沿用了之前版本的动态图模式，并从根本上改进了 PyTorch 在编译器级别的运行方式。PyTorch 2.0 支持多个 SDPA（Scaled Dot-Product Attention，缩放点积注意力）自定义内核，SDPA 自定义内核的选择逻辑是为给定模型和硬件类型选择具有最高性能的内核。除了现有的 Transformer API（Application Program Interface，应用程序接口）之外，还可以通过调用新的 scaled_dot_product_attention 函数来直接使用 SDPA 自定义内核。torch.compile 是 PyTorch 2.0 的主要 API，它用于封装并返回编译后的模型。torch.compile 能够在 165 个开源模型上运行，并且在 float32 精度下平均运行速度提高 20%，在 AMP（Automatic Mixed Precision，自动混合精度）下平均运行速度提高 36%。PyTorch 2.0 进行了多项关键优化，以提高 CPU 上 GNN（Graph Neural Network，图神经网络）推理和训练的性能，并利用 oneDNN Graph 加速推理。PyTorch 2.0 在正确性、稳定性和运算符覆盖率方面比之前的版本有所改进。

1.2 计算机视觉

计算机视觉是研究如何使机器"看"的科学。如果给计算机安装摄像头（相当于人眼）和专门的处理软件（相当于人脑），那么计算机就能像人一样去"看"、去"感知"环境。即计算机和摄像头代替人进行目标识别、跟踪和测量，并将处理结果反馈给人。计算机视觉作为人工智能的核心技术之一，已被广泛应用于安防、金融、硬件、营销、驾驶、医疗等领域。

1.2.1 计算机视觉概述

1．计算机视觉的概念

计算机视觉的功能如图1.3所示，给机器输入一张图片，它能告诉我们图片的内容是什么。计算机视觉是机器认知世界的基础，能让计算机像人一样"看"世界。随着人工智能的发展，计算机视觉试图在"看"的能力上匹敌甚至超越人类。目前，计算机视觉是深度学习领域中最热门的研究领域之一，在各领域有着广泛的应用。

图1.3 计算机视觉的功能

计算机视觉指运用摄像头和计算机等模拟人类视觉系统，从而对目标进行识别、跟踪和测量等，并在此基础上进一步处理目标，使其成为更适合人眼观察或机器检测的图像。机器之所以能够模仿人类完成特定的智能任务和实现特定的功能，如视觉感知、图像识别、人脸识别、目标定位等，在很大程度上是因为计算机视觉。

值得一提的是，计算机视觉与机器视觉是两个不同的概念。机器视觉使用机器代替人眼来做测量和判断，侧重于对量的分析。机器视觉的应用场景相对简单，可识别的物体类型较少、形状规则，规律性较强，对准确率和处理速度的要求很高，如零件自动分拣、测量零件的直径等。计算机视觉的应用场景相对复杂，可识别的物体类型较多、形状不规则，规律性较弱，如识别图像的内容是一个杯子还是一条狗，以及人脸识别、车牌识别等。

2．计算机视觉的发展历程

计算机视觉的发展历程可以追溯到1966年。人工智能之父 Marvin Minsky 在1966年夏天给学生布置了一项非常有趣的暑假作业——让学生在计算机前面连接一个摄像头，然后写一个程序让计算机告诉我们摄像头看到了什么。这很具有挑战性，它其实表示了计算机视觉的一般概念：即通过一个摄像头让机器告诉我们它到底看到了什么。因此，1966年被认为是计算机视觉的元年。

20世纪70年代至20世纪80年代，随着电子计算机的发展，计算机视觉也开始发展。在这期间，人们想让计算机能够像人一样回答它所看到的东西。那么，机器如何模拟人类视觉系统呢？通过眼睛，人可以看到外界事物并对其进行分类、识别和跟踪等。譬如，新生儿只需较短的时间就能模仿父母的表情；人能够迅速从复杂的图片中找到重点，或在昏暗的环境下认出熟人等。为此有人认为，人之所以能看到并理解事物，是因为人眼可以立体地观察事物。所以，要想让计算机"理解"它所看到的图像，必须先将事物的三维结构从二维图像中恢复出来。这就是所谓的三维重构的方法。后来有人提出，人之所以能识别出苹果，是因为已经具有苹果的先验知识（如苹果通常具有红色的、圆的、表面光滑等特征）。假如我们也给机器建立这样的先验知识库，让机器将看到的图像与先验知识库里的知识进行匹配，这样就能让机器识别乃至"理解"它所看到的东西。这就是所谓的先验知识库的方法。

20世纪90年代，随着 CPU、DSP（Digital Signal Processing，数字信号处理）等图像处理硬件和软件技术的飞速发展，计算机视觉取得了更快的发展。值得一提的是，在这个时期出现了统计方法和局部特征，研究人员找到了一种能够刻画物体本质的局部特征的统计手段。例如，当使用全局特征来识别一辆卡车时，形状、颜色、纹理等特征可能并不稳定；而如果使用局部特征，即使识别的角度、灯光变化了，局部特征也会非常稳定。计算机视觉的很多应用得益于局部特征的发展，例如图像搜索技术，它先为物体建立一个局部特征索引，然后通过局部特征索引找到相似的物体。

2000年左右，互联网和数码相机的广泛应用推动了海量数据的产生，大规模数据集的形成也有了基础，这为机器学习的发展提供了良好的"土壤"。机器学习的方法和以前基于规则的方法完全不同，它能自动从海量数据中归纳物体的特征，然后进行物体的识别和判断。维奥拉-琼斯（Viola-Jones）人脸检测器运用了一种基于机器学习的算法，该算法能够非常快速地检测到人脸，这为当代计算机视觉奠定了基础。

在这期间，出现了大量的学术数据集。如人脸检测数据集 FDDB，该数据集包含5000多张人脸图像，且每一张图像中都人工标注出人脸部分。机器学习算法采用该数据集训练后，就可以从给定的任意图片中找到人脸部分。另一个比较出名的人脸检测数据集是 LFW。该数据集中共有13233张人脸图像，每张人脸图像均给出了对应的人名，共有5749个人名，而且每张人脸图片均来源于生活中的自然场景，同一人具有不同的姿态和表情，且体现了光照变化。基于该数据集训练的机器学习算法具有较高的人脸识别精度，可达到99.75%甚至更高，而人眼的人脸识别精度大概是97.75%。

2010年后，深度学习的应用给计算机视觉带来了爆发式发展。通过深度神经网络，各类视觉相关任务的识别精度都得到了大幅提升。在全球权威的计算机视觉竞赛 ILSVRC（ImageNet Large Scale Visual Recognition Challenge，ImageNet 大规模视觉识别挑战赛）上，2010年和2011年的千类物体识别错误率分别为28.2%和25.8%；自2012年引入深度学习之后，后续4年的错误率分别为16.4%、11.7%、6.7%、3.7%。

3. 计算机视觉与人工智能的关系

计算机视觉与人工智能有着密切的关系，但也有本质的不同。人工智能的目的是让计算机"去看""去听""去读"，即"看懂图像""听懂语音""读懂文字"。由此可看出，计算机视觉隶属人工智能，是人工智能的核心。视觉输入占人类所有感官输入的80%，可以说，模拟视觉是最困难的。所以，如果说人工智能是一场革命，那么它将起于计算机视觉，而非别的领域。

人工智能强调推理和决策，而目前的计算机视觉停留在图像信息表达和物体识别阶段。物体识别和场景理解虽然也涉及图像特征的推理与决策，但与人工智能的推理和决策有本质区别。

1.2.2 计算机视觉的用途

随着深度学习的快速发展，计算机视觉被视为人工智能的重要分支，等同于人工智能的"大门"。在人工智能中，视觉信息比听觉信息、触觉信息重要得多，据推测，人的大脑皮层70%左右的活动都是处理视觉信息。人工智能想让机器像人一样思考、处理事情，因此计算机视觉在人工智能中的作用可想而知。

计算机视觉是指利用计算机来模拟人的视觉，用于实现人工智能中的"看"，其目标是实现人类视觉的强大能力。通俗地讲，它利用摄像头和计算机代替人眼，使得计算机拥有对目标进行分割、分类、识别和决策等功能。从技术流程上来说，计算机视觉分为目标检测、目标识别和行为识别3个部分。其中，目标识别可分为图像识别、物体识别、人脸识别、文字识别等。

深度学习和CNN极大地推动了计算机视觉的快速发展。Tractica预测2025年全球计算机视觉软件、硬件和服务收入将增长到262亿美元。目前，国内有100多家计算机视觉公司，如北京旷视科技有限公司、北京市商汤科技开发有限公司、上海依图网络科技有限公司、上海极链科技股份有限公司等，主要涉及图像识别、身份认证、智能传感与控制等技术的研发。

1.2.3 计算机视觉任务

1. 图像分类

图像分类是指将不同的图像划分到不同的类别中。如在银行、商场等场所，可以通过图像分类识别出刀具、枪支等危险品，从而协助安保人员预防危险事件的发生，保障人员和场所的安全。

对于功能强大的人类视觉系统来说，判断一个图像的类别是一件很容易的事，但是对于计算机来说，它并不像人眼那样可轻易获得图像的语义信息，能"看"到的只是像素值。如对于一个尺寸为32像素×32像素的RGB图像来说，计算机能"看"到的是一个形状为3×32×32的矩阵，它的任务就是寻找一个函数关系，使RGB图像的像素值映射到一个具体的类别中。

对于人而言，识别图中的物体是一件很简单的事情，因为我们对物体的特征非常熟悉，有深入的了解。但对于计算机而言，这就没那么轻松了。如何让计算机识别出图中的物体呢？试想一下，幼儿园老师是如何教孩子看图识物的。老师会给孩子看很多猫的图像，让他们不断总结猫的特征，从而让他们学会识别猫。要让计算机学会识别图像，也可使用这种方法，即给分类模型输入很多图像，让其不断学习各类图像的特征，这种方法称为数据驱动法。

早期，图像分类方法主要有基于色彩特征的图像分类技术、基于纹理的图像分类技术、基于形状的图像分类技术和基于空间关系的图像分类技术。在深度学习出现后，图像分类不再简单地基于某种特征或某种关系，而是向计算机提供大量的图片（包含多个类别，每个类别有成千上万张图片），让算法学习每类图片的规律，再利用学习到的规律来预测给定图片的类型。训练网络时常用的图像数据集是 ImageNet，该训练集包含 2 万多个类别，典型的类别有气球、草莓等，每个类别都有数百张图像。

2. 目标检测

目标检测也叫作目标提取，是指找出图像中所有感兴趣的目标并确定它们的类别和位置。例如，使用目标检测算法判断图片中有没有猫，如果有则在图片中用矩形标识猫的位置。现实生活中，由于各类物体的外观、形状和姿态不同，在成像时会受到光照、遮挡等因素的干扰，所以目标检测一直是计算机视觉领域最具有挑战性的问题之一。

目标检测要求同时获取目标的类别信息和位置信息，即进行分类与定位。图像分类是对图片前景和背景进行理解，而目标检测需要从背景中分离出感兴趣的目标，并确定它的类别和位置。通常，目标检测算法的结果是一个列表，该列表中存储着检测到的每个目标的类别信息和位置信息。目标的位置通常用矩形来标识，即给出矩形左上角和右下角的坐标；也可以用圆形来标识，此时需要给出圆形的圆心坐标和半径。

现在，很多领域都在积极尝试深度学习算法，以期取得更佳成果。目标检测领域也是如此，与传统算法相比，深度学习算法具有精准度更高、通用性更强、知识表示能力更强、维护成本更低等特点。基于深度学习的目标检测算法主要有一阶段检测算法（看一眼）和二阶段检测算法（看两眼）。

一阶段检测算法属于端到端算法，它将目标检测问题转化为回归问题来处理，典型的一阶段目标检测算法有 YOLO（You Only Look Once，一次性检测）和 SSD（Single Shot Multibox Detector，单次多盒检测器）。YOLO 算法的训练和检测均在一个单独的网络中进行，对输入图像进行一次在线推断，便能得到图像中所有物体的位置、所属类别及置信度。SSD 继承了 YOLO 的思想，将目标检测问题转化为回归问题来处理，在 SSD 网络中使用 Prior Box 层（先验框层），加入了基于特征金字塔的检测方式，实现在不同感受野的特征图上预测目标。

二阶段检测算法的检测准确率和定位精度比一阶段检测算法的高，但一阶段检测算法的速度较快，相对于 R-CNN（Region-CNN，区域 CNN）系列的两个阶段（候选框提取和分类），YOLO只需要"看一眼"。就现在而言，二阶段目标检测算法在目标检测中是主流检测算法，虽然一阶段目标检测算法在速度上占优势，但其检测准确率和定位精度有待进步。

3. 语义分割

语义分割是指使用特定算法将图像分割为具有某种语义的区域块，并对每个区域块的语义类别进行区分，最终得到具有逐像素语义标注的分割图像。语义分割实现了从底层到高层的语义推理，让机器自动识别并分割图像中的内容，语义分割的效果如图 1.4 所示。图中左边是一个人骑自行车的照片，右边是语义分割的结果，其中浅灰色部分表示人，深灰色部分表示车，黑色部分表示背景。

图1.4 语义分割的效果

与图像分类或目标检测相比,语义分割对图像的理解更加精细,这有助于我们在诸如自动驾驶、机器人及地理信息系统等领域中更深入地理解周围环境。实现语义分割的算法有基于统计特征、几何特征的传统算法和基于CNN的算法。统计特征、几何特征都属于人工设计的特征,与数据驱动下自动学习到的特征相比,其不具有一般性,因此基于统计特征、几何特征的传统算法的精确率不如基于CNN的算法的精确率高。基于CNN的算法可采用基于候选区域的深度语义分割模型或基于全卷积的深度语义分割模型。

目前,语义分割主要应用在地理信息系统、无人驾驶、医疗和机器人等领域。在医疗领域,语义分割主要用于肿瘤图像分割、龋齿诊断、肺癌诊断辅助等。图1.5所示为龋齿影像图和其语义分割结果。

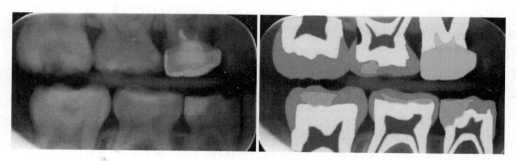

图1.5 龋齿影像图和其语义分割结果

4.目标跟踪

目标跟踪是指对视频中的物体或某个区域(即目标)进行跟踪识别的过程,即在视频的某一帧中确定目标,并在后续帧中估计目标的状态(包括位置、形状、颜色等)。这里的某一帧指目标跟踪的起始帧,跟踪将从其后面的帧开始。目标跟踪有着广阔的应用前景,在军事和民用方面都有应用,如空中预警和精确制导、智能视频监控和机器人视觉导航等。其中,智能视频监控用于对监控场景中的目标进行定位、识别并跟踪,从而分析和判断目标的行为,并在异常情况发生时及时报警,以协助管理人员处理危机。机器人视觉导航是指对摄像头拍摄的视频帧进行计算并分析，以确定目标的位置并进行路径识别，从而做出导航决策的一种技术。机器人视觉导航经过不断的迭代更新，已逐渐应用到很多产品上，如扫地机器人、陪伴机器人等。

目标跟踪包含 3 个方面的问题，即候选框生成、特征表示和决策。一般情况下，相邻两帧中的物体在尺寸和位置上不会发生太大变化，所以可由此估计出目标在下一帧中的大概位置，即候选框生成。接下来将进行特征表示。在计算机中，特征是区分不同物体的依据，只要找到目标的特征，计算机就能在视频帧中找到跟踪的目标。所以特征表示是目标跟踪的重要环节。在找到多个可能的目标后，将它们与上一帧跟踪的目标进行匹配，相似度最大的将作为当前帧的跟踪目标。

根据观测模型的不同，目标跟踪算法分为生成式目标跟踪算法和判别式目标跟踪算法。生成式目标跟踪算法通过衡量候选框的目标（当前帧的目标）与上一帧预测目标的相似度来确定将哪个候选框作为当前帧的跟踪目标。生成式目标跟踪算法包含空间距离、概率分布距离和综合这 3 种方法。空间距离和概率分布距离方法都使用距离来衡量相似度。综合方法中模糊了相似度的距离衡量方法，也没有显式的候选框生成过程。它借鉴了机器学习中的聚类算法思想，即在每一帧中计算相应位置像素的颜色直方图分布，聚类后得到其分布的均值，均值对应的像素位置即该帧中预测目标的中心位置，加上宽、高等信息后即可得到预测目标的空间位置。

判别式目标跟踪算法将目标作为前景，将其余的内容均看作背景，然后把目标从背景中分离出来。从某种程度上来说，判别式目标跟踪算法应用分类思想将跟踪问题转换成二分类问题，因此可使用经典机器算法（不包含深度学习的机器学习算法）和深度学习算法来解决跟踪问题。

在判别式目标跟踪算法中不再使用距离来度量个体间的相似度，而使用相关来解决匹配问题。具体而言，就是用一个模板与输入做相关操作，从而判断两者间的相似度。判别式目标跟踪算法可进一步细分为经典机器学习方法、相关滤波方法和深度学习方法。这 3 种方法解决问题的思路基本一致，即用某种方法（如机器学习算法、深度学习算法）将目标从背景中提取出来。

在评估跟踪算法的性能时，常用的评价指标有交并比（Intersection over Union，IoU）、精度和稳健性。IoU 的值在一定程度上反映了进行比较的两个候选框的贴合程度。一般情况 IoU 的值越大，则表示算法的跟踪效果越好。精度体现了跟踪成功时，算法找准目标位置的概率。精度越高说明找到目标位置的概率越大。精度侧重描述算法的精确性。稳健性则体现了算法找到目标位置的概率，侧重描述算法的稳健性。有了这 3 个指标，不同的算法就可以在同一套衡量标准下进行比较。

1.2.4 计算机视觉在生活中的应用

计算机视觉给机器赋予了视觉，使它能模拟人类视觉"看"世界，并对视觉数据做分析，通过分析结果来做决定。计算机在模拟人类视觉时需要获取、处理、分析和理解图像。得益于神经网络的迭代学习，目前计算机视觉水平已发展到一定高度，计算机视觉中的目标识别准确率可达到 99%左右，与人类对视觉输入的快速反应相比，其准确率提高了 50%左右。

1. 无人零售店——淘咖啡

阿里巴巴于 2017 年推出的无人超市淘咖啡是一个占地面积达约 200m² 的线下实体店，第一次消费时，用户需用淘宝 App 扫描门口的二维码以获得电子入场券，同时确认数据使用、隐私保护声明和支付宝代扣协议等条款，通过闸机时扫描电子入场券即可进店购物。与日常购物一样，用户进店后可随意挑选商品，也可在餐饮区点单，购物过程中不需要再出示手机，直到通过结算门离店时，语音提示器会告诉用户此次购物在支付宝共计扣款多少元。

在淘咖啡出现前，已有很多无人零售店问世，如罗森在日本的无人零售店、便利蜂、小e微店等。但淘咖啡中人工智能的元素更多，时任天猫新零售技术事业部负责人赵鹏认为，无人零售店的背后其实是一整套无人零售店解决方案，通过多路摄像头和传感器结合，加上计算机视觉、机器学习、人工智能等算法，组成一套完整感知和不断优化的智能系统。例如，在淘咖啡中，通过使用生物特征自主感知和学习系统，用户无须配合看镜头也能精确地识别真人；通过运用物联网支付方案为用户创造无感结算体验。

淘咖啡中安装了许多传感器，用来记录用户的实时信息以供后台计算机分析。室内目标监测和跟踪视频分析系统可为商家提供运营优化策略。例如，通过对用户进行分析，可锁定并抓取目标用户，分析其潜在需求并实施精准推送；通过分析消费者拿到商品时的表情和肢体语言，商家可判断用户对商品的满意度；通过捕捉用户在店内的行动轨迹以及在货架前停留的时间，商家可调整商品的陈列方式和服务装置，以提升用户体验并最大化销售额。在积累一定数量的运营数据之后，可形成一套用户行为体系以为用户提供更加个性化的服务。

2. 格灵深瞳的智能视频监控系统

在住宅小区和企业的安防工作中，摄像头已成为不可或缺的设备，视频监控内容直观、准确、及时、丰富，且在一定程度上能解决监管难题。然而摄像头仅能实现记录功能，其他相关的工作还需人工完成。据统计，全球视频监控所占用的存储已经消耗了75%的硬盘资源，如果把一座机场产生的监控视频都刻录到光盘中，那些光盘叠起来可超过埃菲尔铁塔的高度。在如此庞大的视频数据中，如果要查找某个特定画面或嫌疑人，将会耗费大量的人力资源，且效率低下。

格灵深瞳是一家人工智能科技公司，致力于把先进的人工智能和大数据技术转化为智能的产品和服务。格灵深瞳研发的三维视觉感知技术可实现对人物的精确检测和跟踪，以及对动作（如跌倒）和行动轨迹进行检测和分析。格灵深瞳的智能视频监控系统使用3种类型的摄像头，其中一种是普通的RGB摄像头，另外两种用来发射和接收激光，通过它们的配合可得到现实世界的三维立体图像。格灵深瞳的智能视频监控系统不仅有"眼睛"，还有"视神经系统"，通过使用机器学习算法，格灵深瞳的智能视频监控系统能同时分辨多人的运动轨迹，可监测人的肢体运动幅度和速度，精确识别人的姿势。

3. Shelfie库存管理

Shelfie是一款云计算库存管理机器人，是由澳大利亚悉尼的新创公司Lakeba于2017年研发的。Shelfie与超市的Wi-Fi连接后能自动扫描货架和标签，获得详细的库存信息。当发现货架缺货时会自动提示超市员工补货信息。Shelfie被英国一家连锁超市用来管理库存。Lakeba公司表示，借助Shelfie从零开始整理完一整个超市的货品仅需3个小时。

通过数据的搜集和分析，Shelfie帮助零售商进行货品库存管理，减少因缺货或压货造成的损失。Lakeba高管表示，Shelfie除了可帮助做好库存管理外，还能评价超市员工的日常表现。另外，Shelfie可为超市的库存和布局打分，经过一系列优化后，每年能为每家超市省下约30万美元（1美元≈7.2468元人民币），对于连锁超市其省钱能力更是突出。

微软Azure是Shelfie的基石，其动态目录、SQL数据库和内容分发网络是库存管理机器人的有效助力。正是由于Azure的存在，Shelfie的图像捕捉和数据分析才能实时进行。未来Shelfie将与微软Dynamics 365进行深度整合，负责自动完成订货与采购，Azure强大的机器学习与认知服务能力将帮助Lakeba在零售业掀起一场革命。

1.3　本章小结

　　本章介绍了深度学习、机器学习和人工智能的概念，并介绍了它们之间的关系——深度学习是一种特殊的机器学习，是机器学习的子类；而机器学习和深度学习都是人工智能的核心技术。计算机视觉是深度学习领域中的热门研究领域，侧重于图像信息表达和物体识别。本章在介绍计算机视觉概念的基础上列举了计算机视觉的常见任务和落地应用，为读者后续的学习奠定基础。

1.4　习题

一、填空题

　　1．人工智能可以通过对规则进行硬编码来实现，这类人工智能称为_____，适用于具有明确逻辑的场景。

　　2．_____算法中大多数应用的特征都需要由专家确定，这些特征的准确率在很大程度上决定了机器学习算法的性能。而深度学习算法可直接从_____中自动提取这些特征，且这些特征更稳定，其稳健性更强。

　　3．深度学习的主流框架有_____、TensorFlow、_____、PyTorch、Keras、MXNet和CNTK等。

　　4．_____隶属人工智能，是人工智能的核心。

　　5．早期的图像分类方法主要有基于色彩特征的索引技术、_____、基于形状的图像分类技术和_____。

　　6．_____也叫作目标提取，指找出图像中所有感兴趣的目标并确定它们的类别和位置。

二、多项选择题

　　1．近几年深度学习流行的原因主要在于（　　　　）。

　　A．硬件可用　　　　　　　B．海量的数据　　　　　C．算法的创新　　　　　D．深度学习框架

　　2．典型的深度学习应用有（　　　　）。

　　A．图像分类　　　　　　　B．语音识别　　　　　　C．自动驾驶　　　　　　D．推荐系统

　　3．计算机视觉指运用（　　　）模拟人类视觉系统，从而对目标进行识别、跟踪和测量，并在其基础上进一步处理图形，得到更适合人眼观察或机器检测的图像。

　　A．摄像头　　　　　　　　B．服务器　　　　　　　C．神经网络　　　　　　D．计算机

　　4．计算机视觉任务有（　　　　）。

　　A．图像分类　　　　　　　B．目标检测　　　　　　C．语义分割　　　　　　D．目标跟踪

　　5．下面哪些算法属于目标检测算法？（　　　　）

　　A．YOLO　　　　　　　　B．SSD　　　　　　　　C．R-CNN　　　　　　　D．AlexNet

　　6．（　　　）是人工智能的新方法。

　　A．符号人工智能　　　　　B．图像分类　　　　　　C．深度学习　　　　　　D．机器学习

第2章 工具的安装与配置

几乎每个深度学习初学者都要编写大量的重复代码。为了提高工作效率，研究者将这些代码写成了框架，这样具备脚本语言（如Python）知识的人就能构建和使用深度学习算法并专注于应用的开发。现在，较流行的深度学习框架有PaddlePaddle、Keras、PyTorch、TensorFlow、Caffe等。

本章的主要内容如下。

- 安装 Anaconda。
- 安装 PyTorch。
- 配置 Jupyter Notebook。
- 安装常用工具包。

2.1 安装Anaconda

安装 Anaconda 和
PyTorch

Anaconda 是一个用于安装、管理 Python 相关包的软件，它自带 Python、Jupyter Notebook、Spyder 及管理包的 Conda 工具。Anaconda 是一个开源的 Python 发行版本，包含180多个科学包（如NumPy、pandas）及其依赖项，是各高校进行 Python 教学时最常用的软件平台之一。下面介绍 Anaconda 的安装等内容。

1. Anaconda 的安装

（1）进入 Anaconda 官网，根据自己的计算机的操作系统选择相应的选项下载 Anaconda 安装包。下面以Windows操作系统为例进行介绍，下载Anaconda安装包的步骤如图2.1所示。

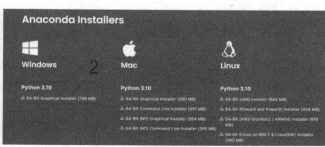

图2.1　下载 Anaconda 安装包的步骤

（2）下载完成后，双击 Anaconda 安装包启动安装程序，安装界面如图2.2所示，单击"Next"

13

按钮。

（3）进入阅读许可证协议界面，如图2.3所示，单击"I Agree"按钮。

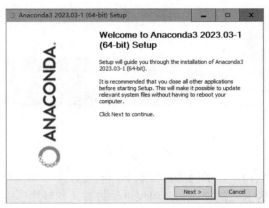
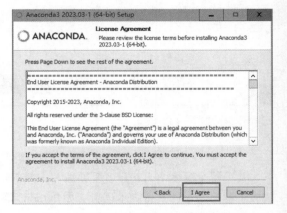

图2.2　安装界面　　　　　　　　　　　　　　　图2.3　阅读许可证协议界面

（4）进入选择安装类型界面，选中"Just Me(recommended)"单选按钮，然后单击"Next"按钮，如图2.4所示。"Just Me(recommended)"表示仅为当前的用户安装Anaconda；"All Users(requires admin privileges)"表示为计算机中的所有用户安装Anaconda，但需以管理员身份登录系统才能选中该单选按钮。

（5）进入选择安装路径界面，单击"Browse"按钮可更改Anaconda的安装路径，若使用默认安装路径则直接单击"Next"按钮，如图2.5所示。

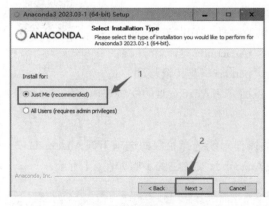
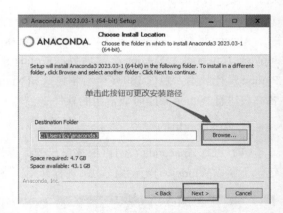

图2.4　选择安装类型界面　　　　　　　　　　　图2.5　选择安装路径界面

（6）进入高级选项设置界面，取消勾选"Add Anaconda 3 to my PATH environment variable"复选框，勾选该复选框会添加Anaconda至环境变量，影响其他程序的使用；若不打算使用多个版本的Anaconda或Python，则勾选"Register Anaconda 3 as my default Python 3.10"复选框；设置完成后单击"Install"按钮开始Anaconda的安装，如图2.6所示。

（7）如果不想了解Anaconda的相关提示和资源，可在完成安装界面中取消勾选"Welcome to Anaconda"和"Getting Started with Anaconda Distribution"这两个复选框，单击"Finish"按钮即可完成Anaconda的安装。完成安装界面如图2.7所示。

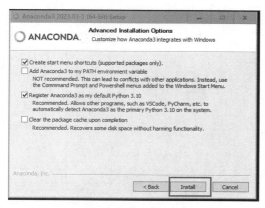

图2.6 高级选项设置界面

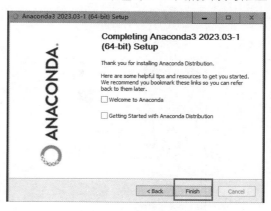

图2.7 完成安装界面

2．验证Anaconda是否安装成功

Anaconda安装完成后，可使用下面的两种方法来验证它是否安装成功。

（1）方法1

单击"开始"按钮，选择"Anaconda3(64-bit)"下的"Anaconda Prompt"选项，打开"Anaconda Prompt"窗口，在提示符后输入conda list命令，按"Enter"键后，若能显示已经安装的包的名称和版本号，则表示安装成功，如图2.8所示。

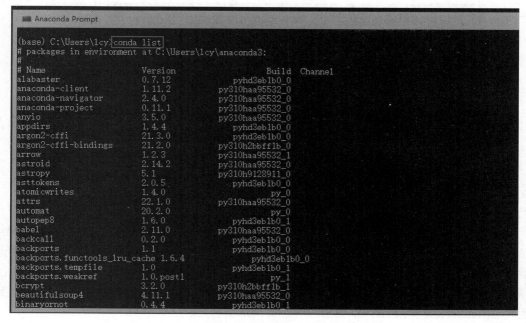

图2.8 显示的已经安装的包的名称和版本号

（2）方法2

单击"开始"按钮，选择"Anaconda3(64-bit)"下的"Anaconda Navigator"选项，若可以成功启动Anaconda Navigator，则说明Anaconda安装成功。Anaconda Navigator的启动界面如图2.9所示。

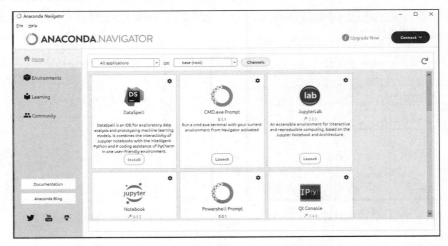

图2.9　Anaconda Navigator 的启动界面

3．查看版本信息和虚拟环境列表

在"Anaconda Prompt"窗口中执行 pip --version 命令可查看 pip 包的版本信息；执行 python --version 命令，可查看 Python 的版本信息；执行 conda info --envs 命令，可查看已有的虚拟环境列表，如图2.10所示。

图2.10　查看版本信息和虚拟环境列表

2.2　安装 PyTorch

PyTorch 是 Torch 的 Python 版本，也是 Facebook 开源的神经网络框架，专门针对 GPU 加速的深度神经网络编程。Torch 是一个用于对多维矩阵进行操作的张量（Tensor）库，在机器学习和其他数学密集型应用中的使用较为广泛。Torch 的接口设计以灵活易用而著称，PyTorch 的面向对象的接口设计来源于 Torch。PyTorch 的灵活性不以减慢速度为代价，在众多的评测中，它的速度的表现胜过 TensorFlow 和 Keras 等框架的。

PyTorch 的主要工具如下。

- torch：类似于 NumPy 的 Tensor 库，支持 GPU。
- torch.autograd：用于构建计算图形并自动获取梯度的包。
- torch.nn：具有共享层和损失函数的神经网络库。
- torch.optim：具有通用优化方法［如 SGD（Stochastic Gradient Descent，随机梯度下降）、

RMSProp、Adam 等〕的优化包。

- torch.utils：数据载入器，提供训练器和其他便利功能。

PyTorch 的图像读取方式与 OpenCV（Open Source Computer Vision Library，开源计算机视觉库）的不一样，OpenCV 中的函数 imread 用于读取图像，其读取顺序是 $H \times W \times C$，其中 H 表示图像的高度，W 表示图像的宽度，C 表示图像的通道数；而 PyTorch 的读取顺序是 $C \times H \times W$。

2.2.1　安装 CPU 版的 PyTorch

PyTorch 有 CPU 和 GPU 两个版本，安装 PyTorch 前要先检查计算机是否配置了 GPU，如果是则安装 GPU 版的 PyTorch，否则安装 CPU 版的 PyTorch。按 "Ctrl+Alt+Delete" 组合键打开 "任务管理器" 窗口，在其中打开 "性能" 选项卡，若窗口左侧底部有 GPU 的相关选项，则说明计算机配置了 GPU，否则就说明计算机没有配置 GPU。如图 2.11 所示，其中左边的图表示计算机没有配置 GPU，右边的图表示计算机配置了 GPU。

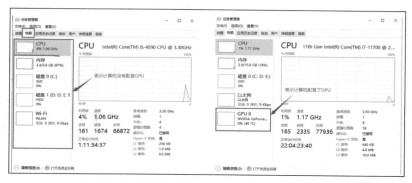

图 2.11　查看计算机是否配置了 GPU

1. 安装 CPU 版的 PyTorch

Python 3.10 版的 Anaconda 包含 CPU 版的 PyTorch，只要用户安装了 Anaconda，就无须再单独安装 PyTorch。在 "Anaconda Prompt" 窗口中执行 conda list 命令查看 Python 3.10 版的 Anaconda 的 PyTorch 包，如图 2.12 所示。

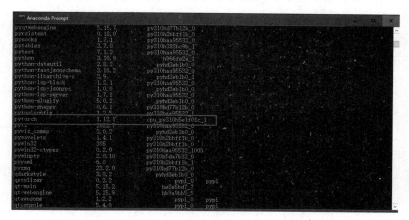

图 2.12　查看 Python 3.10 版的 Anaconda 的 PyTorch 包

较低版本的Anaconda不包含PyTorch包，用户需要单独安装PyTorch包。登录PyTorch官网，选择操作系统、编程语言、计算平台等选项后，将命令conda install pytorch torchvision torchaudio cpuonly -c pytorch复制到"Anaconda Prompt"窗口中并执行，即可安装PyTorch包。安装CPU版的PyTorch的方法如图2.13所示。

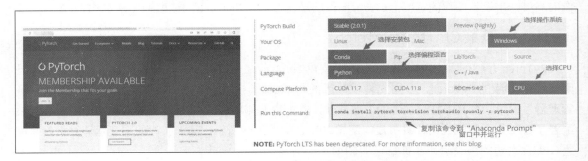

图2.13　安装CPU版的PyTorch的方法

注意，若使用上述方法安装失败，可使用离线方式安装CPU版的PyTorch。即先从网上下载PyTorch的离线安装包，然后在计算机上安装，具体步骤请参考2.2.2小节中离线安装GPU版的PyTorch的方法。

2. 验证CPU版的PyTorch是否安装成功

CPU版的PyTorch安装完成后需要使用命令验证其是否安装成功。在"Anaconda Prompt - python"窗口中输入python命令，按"Enter"键后即可启动Python环境（若要退出Python环境，执行exit()命令即可）。在Python环境中分别输入并执行import torch、print(torch.__version__)语句，若没有报错则说明CPU版的PyTorch安装成功，如图2.14所示。

图2.14　验证CPU版的PyTorch是否安装成功

2.2.2　安装GPU版的PyTorch

安装GPU版的PyTorch时，一般还需要安装（或更新）英伟达显卡驱动程序、安装CUDA和cuDNN（CUDA Deep Neural Network，CUDA深度神经网络）计算框架。CUDA是英伟达推出的通用并行计算框架，使GPU能够解决复杂的计算问题。CUDA只能在英伟达的GPU上运行，且只有当要解决的计算问题可以通过大量并行计算解决时它才能发挥作用。cuDNN是英伟达打造的针对深度神经网络的GPU加速库。在使用GPU训练模型时，cuDNN不是必需的库，但一般都会采用这个库。

安装GPU版的PyTorch

Anaconda安装好后，在"Anaconda Prompt"窗口中下执行nvidia-smi命令，查看英伟达显卡驱动程序及CUDA版本等相关信息，如图2.15所示。

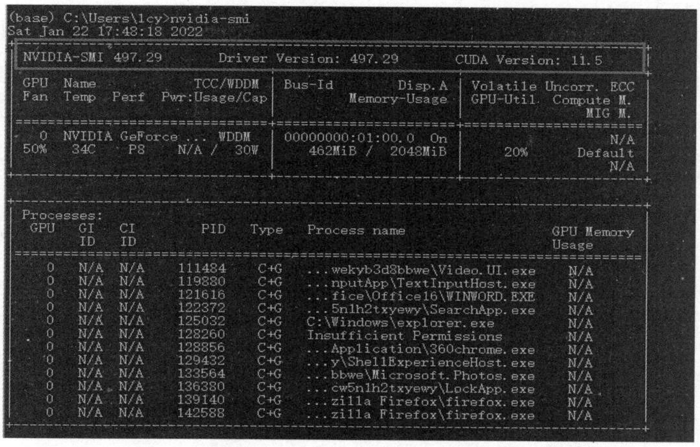

图2.15 查看英伟达显卡驱动程序及CUDA版本等相关信息

若没有出现GPU的相关信息,说明计算机中未安装英伟达显卡驱动程序。只先安装英伟达显卡驱动程序后才能安装CUDA、cuDNN和GPU版的PyTorch。

1. 安装英伟达显卡驱动程序

用户在安装CUDA前最好先更新英伟达显卡驱动程序。首先登录英伟达显卡驱动程序的下载页面,然后根据自己的计算机的硬件配置,在"产品类型""产品系列""产品家族""操作系统""下载类型""语言"等下拉列表中选择合适的选项,然后单击"搜索"按钮,接着在下载页面中单击"下载"按钮即可下载英伟达显卡驱动程序,最后根据提示完成安装。英伟达显卡驱动程序下载的相关设置如图2.16所示。

图2.16 英伟达显卡驱动程序下载的相关设置

2. 安装CUDA

这里的CUDA指的是NVIDIA CUDA Toolkit(简称CUDA Toolkit)软件开发包,不同版本的CUDA都会有一个对应的最低版本的显卡驱动程序。因此在安装CUDA前,须先上网查询合适的CUDA版本,然后下载并安装它。安装CUDA的步骤如下。

(1)打开CUDA的下载页面,在该页面中找到CUDA Toolkit and Minimum Required Driver Version for CUDA Minor Version Compatibility表,如图2.17所示。该表中显示了CUDA与其最低版本的显卡驱动程序间的对应关系。该表中的第一列是CUDA的版本,第二列和第三列是不同操作系统所支持的最低版本的显卡驱动程序。若计算机的驱动程序的版本是497.29,那么通过查表可知适用于该驱动程序的CUDA Toolkit版本是CUDA 11.0至CUDA 11.8.x，用户可选择这一范围内的任一版本（如CUDA 11.5）。

Table 2: CUDA Toolkit and Minimum Required Driver Version for CUDA Minor Version Compatibility

CUDA Toolkit	Minimum Required Driver Version for CUDA Minor Version Compatibility*	
	Linux x86_64 Driver Version	Windows x86_64 Driver Version
CUDA 12.x	>=525.60.13	>=528.33
CUDA 11.8.x CUDA 11.7.x CUDA 11.6.x CUDA 11.5.x CUDA 11.4.x CUDA 11.3.x CUDA 11.2.x CUDA 11.1.x	>=450.80.02	>=452.39
CUDA 11.0 (11.0.3)	>=450.36.06**	>=451.22**

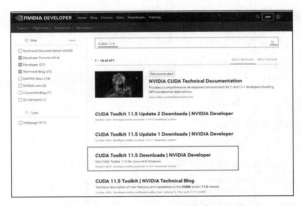

图2.17　CUDA Toolkit and Minimum Required Driver Version for CUDA Minor Version Compatibility表

（2）打开“nVIDIA DEVELOPER”页面，搜索CUDA 11.5安装包的下载链接，如图2.18所示。单击“CUDA Toolkit 11.5 Downloads | NVIDIA Developer”超链接进入下载页面。

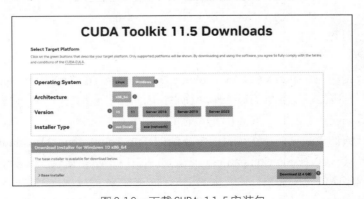

图2.18　搜索CUDA 11.5安装包的下载链接

（3）打开下载页面后，选择合适的操作系统、架构、版本、安装类型，然后单击“Download(2.4GB)”按钮即可下载CUDA 11.5安装包，如图2.19所示。图中“exe(local)”选项是指安装在计算机中并使用独显算力，“exe(network)”选项是指使用在线算力。

图2.19　下载CUDA 11.5安装包

（4）下载完成后双击CUDA 11.5 安装包，启动安装程序，进入"NVIDIA 软件许可协议"界面，如图2.20所示，单击"同意并继续"按钮。

（5）进入"安装选项"界面，如图2.21所示，选中"自定义（高级）"单选按钮，然后单击"下一步"按钮。

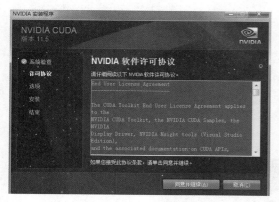

图2.20　　"NVIDIA软件许可协议"界面

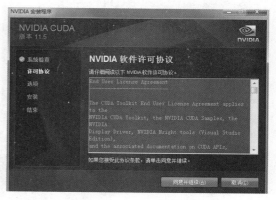

图2.21　　"安装选项"界面

（6）进入"自定义安装选项"界面，选择"许可协议"下的"选项"选项，在"选择驱动程序组件"列表中，单击"CUDA"目录前的"＋"号，展开"CUDA"目录，勾选除"Visual Studio Integration"复选框以外的其他复选框。"自定义安装选项"界面的配置如图2.22所示。

（7）在"选择驱动程序组件"列表中取消勾选"Driver components"复选框勾选"Other components"目录，然后单击"下一步"按钮。"自定义安装选项"界面的配置如图2.23所示。

图2.22　　"自定义安装选项"界面的配置（1）

图2.23　　"自定义安装选项"界面的配置（2）

（8）用户可根据需要设置CUDA文档、示例、开发组件的安装位置，如图2.24所示。若使用默认位置，单击"下一步"按钮即可。

（9）进入"NVIDIA 安装程序已完成"界面，如图2.25所示，单击"关闭"按钮。

CUDA安装完成后要验证其是否安装成功。在"Anaconda Prompt(anaconda3)"窗口中输入nvcc -V命令并执行。若CUDA安装成功将显示CUDA的版本等相关信息，如图2.26所示，否则表示CUDA安装不成功。

图2.24　设置 CUDA 文档、示例、开发组件的安装位置

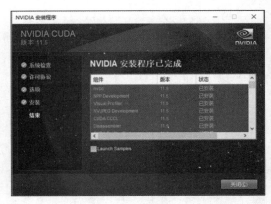
图2.25　"NVIDIA 安装程序已完成"界面

图2.26　CUDA 安装成功

3．安装 cuDNN

（1）下载 cuDNN 的安装包时要根据 CUDA 的版本来选择相应的版本。登录 cuDNN 的官网，然后根据已安装的 CUDA 的版本选择合适的 cuDNN 版本。前面已安装了 CUDA 11.5，因此在选择 cuDNN 版本时，可以选择任何一个包含"for CUDA 11.x"字样的选项，并单击"Local Installer for Windows (Zip)"链接下载 cuDNN 的安装包，如图2.27所示。

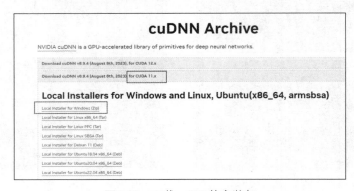

图2.27　下载 cuDNN 的安装包

> 📖 只有注册用户才可以下载 cuDNN 的安装包，而注册过程较慢。若想跳过注册直接下载，请右击要下载的版本（如 Local Installer for Windows (Zip)）的链接，在弹出的菜单里选择"复制链接地址"。然后打开迅雷等下载软件，添加一个任务，将复制的链接地址粘贴后就可下载对应版本的 cuDNN 的安装包。

（2）cuDNN 的安装包是一个压缩包，包含3个文件夹和1个文件。cuDNN 的安装包的内容如图2.28所示。

图2.28 cuDNN的安装包的内容

（3）将安装包中的bin文件夹中的所有文件复制到CUDA安装路径（这里此路径是C:\Program Files\NVIDIA GPU Computing Toolkit\CUDA\v11.5）的bin文件夹中；使用同样的方法，依次将安装包中include和lib文件夹中的所有文件分别复制到CUDA安装路径的include、lib文件夹中，如图2.29所示。注意：请不要直接复制bin、include和lib文件夹，因为这些同名的文件夹包含的文件不完全相同。

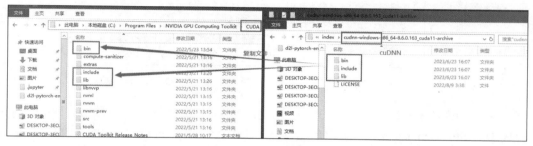

图2.29 复制bin、include和lib文件夹中的所有文件

（4）文件复制完成后，要为cuDNN添加环境变量。右击"计算机"快捷方式图标，在弹出的菜单中选择"属性"命令，单击"高级系统设置"链接，打开"系统属性"对话框；打开"高级"选项卡，单击"环境变量"按钮，如图2.30所示，即可打开"环境变量"对话框。

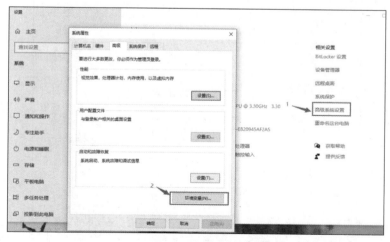

图2.30 打开"环境变量"对话框

（5）在"环境变量"对话框中，选择"系统变量"列表框中的Path系统变量，然后单击"编辑"按钮，如图2.31所示。

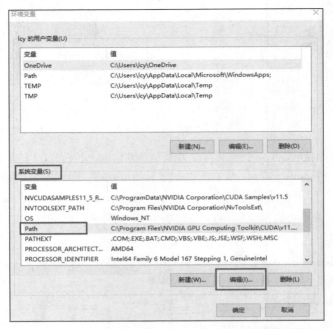

图2.31　选择并开始编辑Path系统变量

（6）在"编辑环境变量"对话框中单击"新建"按钮，依次添加3个环境变量，即 C:\Program Files\NVIDIA GPU Computing Toolkit\CUDA\v11.5\include、C:\Program Files\NVIDIA GPU Computing Toolkit\CUDA\v11.5\lib、C:\Program Files\NVIDIA GPU Computing Toolkit\CUDA\v11.5\libnvvp，然后单击"确定"按钮，如图2.32所示。

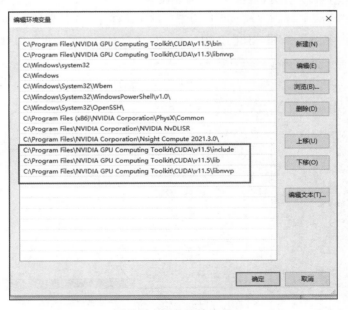

图2.32　添加环境变量

（7）环境变量添加完成后，cuDNN 安装就结束了。在命令提示符窗口中执行 cd C:\Program

Files\NVIDIA GPU Computing Toolkit\CUDA\v11.5\extras\demo_suite 命令，对目录进行切换，然后运行 deviceQuery.exe 程序，如果出现 PASS 相关信息就可继续进行测试，否则说明 cuDNN 安装失败。cuDNN 的测试如图 2.33 所示。

图 2.33　cuDNN 的测试（1）

（8）接着运行 bandwidthTest.exe 程序，如果出现 PASS 相关信息表示 cuDNN 安装成功。cuDNN 的测试如图 2.34 所示。

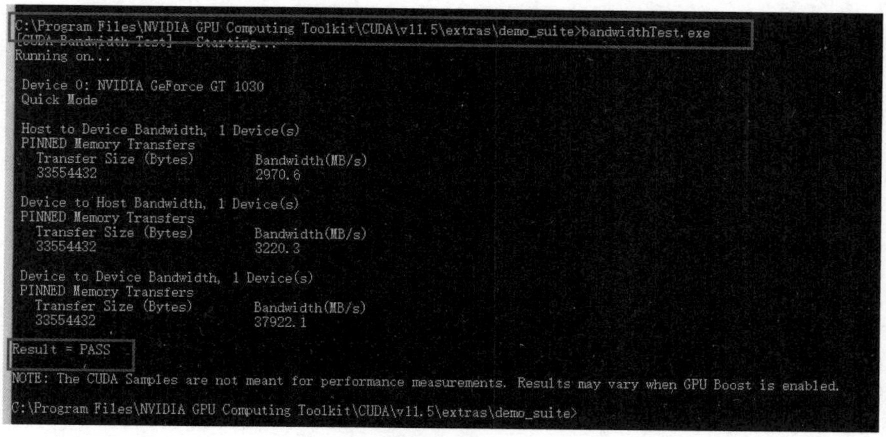

图 2.34　cuDNN 的测试（2）

4．安装GPU版的PyTorch

CUDA和cuDNN安装完成后就可以安装GPU版的PyTorch了。GPU版的PyTorch的版本要与CUDA的版本对应，否则会出现不兼容的错误提示。

（1）打开PyTorch官网，根据本机环境选择合适的包、语言、计算平台等内容，然后复制"Run this Command"后的语句，并粘贴到"Anaconda Prompt"窗口中执行即可下载、安装GPU版的PyTorch。下载GPU版的PyTorch的相关配置如图2.35所示。注意：若表格中的CUDA版本与已安装的CUDA版本相符，则复制"Run this Command"后的语句即可；若不相符则单击"install previous versions of PyTorch"链接，并在打开的页面中选择符合要求的安装语句。

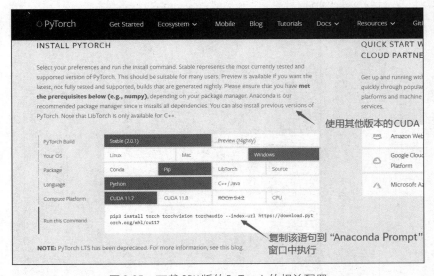

图2.35　下载GPU版的PyTorch的相关配置

（2）执行安装语句时，Anaconda Prompt 将显示相关提示信息，如要安装的包及包的大小，然后询问是否进行该操作，如图 2.36 所示。用户输入"y"并按"Enter"键后，即可开始 GPU 版的 PyTorch 的下载和安装。

图2.36　安装 GPU 版 PyTorch

（3）下载和安装完成后，在"Anaconda Prompt"窗口中启动Python环境，然后输入并执行下面的代码，从而验证PyTorch是否在使用GPU。

```
import torch
x=torch.tensor([2.0])
x=x.cuda()
print(x)
y=torch.randn(2,3)
y=y.cuda()
print(y)
z=x+y
print(z)
```

（4）若以上代码能正常运行，将输出张量 x 的值，即 tensor([2.], device='cuda:0')，如图 2.37 所示，这表示 GPU 版的 PyTorch 已安装成功，若未安装成功则会输出出错信息。

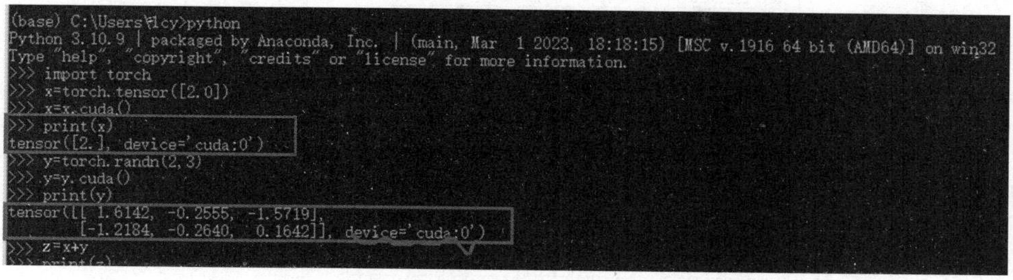

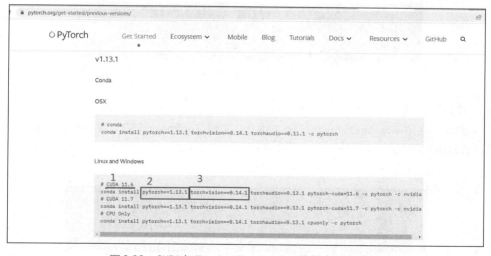

图 2.37　测试 GPU 版的 PyTorch 是否安装成功的过程

5. 离线安装 GPU 版的 PyTorch

在线安装 GPU 版的 PyTorch 时，往往会因为安装包太大或网络等因素导致安装失败。为顺利安装 GPU 版的 PyTorch，可使用离线安装方法，即在 PyTorch 官网分别下载 Torch 和 Torchvision 离线安装包，然后在"Anaconda Prompt"窗口中用 pip install 命令分别安装。

对于特定版本的 CUDA，需要下载对应版本的 Torch 离线安装包才能顺利运行代码，否则有可能出现不兼容的出错信息。CUDA 和 PyTorch 的版本对应关系可在相关网页查询。图 2.38 所示为 CUDA 11.6 与 Torch、Torchvision 的版本对应关系。通过查询可知 CUDA 11.5 对应的 PyTorch 版本是 1.11.0，Torchvision 版本是 0.12.0。

图 2.38　CUDA 与 Torch、Torchvision 的版本对应关系

（1）确定 CUDA 和 Python 版本后，即可直接下载 Torch 和 Torchvision 的离线安装包。本机的 CUDA 版本是 11.5，Python 版本是 3.10，因此在列表中查找"cu115"（cu 表示 CUDA）开头，且含"cp310"（表示 Python 版本是 3.10）的链接，如图 2.39 所示。

离线安装包是根据 CUDA、Python 版本及操作系统类型命名的。例如，在 cu115/torch-1.11.0%2Bcu115-cp310-cp310-win_amd64.whl 中，cu115 表示 CUDA 11.5，torch-1.11.0 表示 Torch 的版本是 1.11.0，cp310 表示 Python 3.10，win_amd64 表示 64 位的 Windows 操作系统。

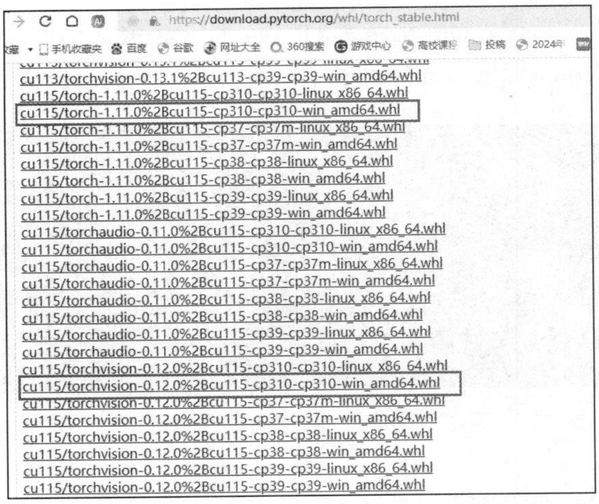

图 2.39　下载 Torch 和 Torchvision 离线安装包

（2）Torch 和 Torchvision 的离线安装包下载好后，打开"Anaconda Prompt"窗口，在其中使用 cd 命令将目录切换到离线安装包所在的目录，然后输入 pip install cu115/torch-1.11.0%2Bcu115-cp310-cp310-win_amd64.whl 语句并执行即可安装 Torch，如图 2.40 所示。其中，pip install 是安装命令，cu115/torch-1.11.0%2Bcu115-cp310-cp310-win_amd64.whl 是下载的 Torch 离线安装包的名称。安装成功后将出现"Successfully installed torch-1.11.0+cu115"字样。

图 2.40　离线安装 Torch

（3）用类似方法在"Anaconda Prompt"窗口中输入 pip install cu115/torchvision-0.12.0%2Bcu115-cp310-cp310-win_amd64.whl 语句并执行，完成 Torchvision 的离线安装，如图 2.41 所示。安装成功后将出现"Successfully installed torchvision-0.12.0+cu115"字样。

图 2.41　安装 Torchvision 离线安装包

（4）Torch 和 Torchvision 安装成功后，可在 Python 环境下执行 import torch 命令，用 print(torch.__version__)语句查看 Torch 的版本信息，如图 2.42 所示。

图 2.42　查看 Torch 的版本信息

2.3 配置 Jupyter Notebook

配置 Jupyter
Notebook

Jupyter Notebook 是一款用于创建和分享计算文档的网络应用程序,也是目前比较流行的 Python 开发和调试环境。由于它可以同时显示丰富的文本和运行代码,并且内置丰富的交互式控件,能够给用户非常直观的体验,因此广泛用于科研、教学等场景。

安装 Anaconda 时,已经把运行 Jupyter Notebook 所需的包安装好了,但在使用 Jupyter Notebook 前,用户需对 Jupyter Notebook 配置文件进行修改,从而保证它能正常运行。

2.3.1 生成 Jupyter Notebook 配置文件

在 "Anaconda Prompt" 窗口中执行 jupyter notebook --generate-config 命令,将在当前目录下生成 Jupyter Notebook 配置文件.jupyter\jupyter_notebook_config.py,如图 2.43 所示。这里的 Jupyter Notebook 配置文件在 C:\Users\lcy\.jupyter\目录下。Jupyter Notebook 目录以 "." 开头,表示该目录是隐藏文件夹。

图 2.43　生成 Jupyter Notebook 配置文件

Jupyter Notebook 配置文件生成后,Windows 用户可以使用文档编辑工具(如记事本)打开 Jupyter Notebook 配置文件并对其进行编辑。

(1)从 "开始" 菜单中打开 "记事本",选择 "文件" 菜单中的 "打开" 命令,在弹出的对话框中将文件类型改为 "所有文件(*.*)",然后进入 Jupyter Notebook 配置文件所在的路径,选择 Jupyter Notebook 配置文件 jupyter_notebook_config.py,单击 "打开" 按钮打开 Jupyter Notebook 配置文件,如图 2.44 所示。

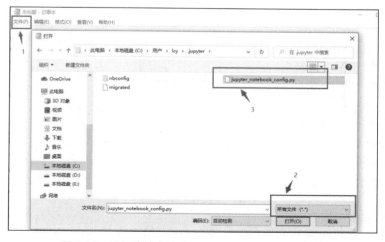

图 2.44　用记事本打开 Jupyter Notebook 配置文件

（2）在记事本中按"Ctrl+F"组合键打开"查找"对话框，使用查找功能在 Jupyter Notebook 配置文件中快速查找"#c.NotebookApp.allow_origin = ''"语句，并在该语句的单引号内输入"*"，如图 2.45 所示，修改后保存文件。

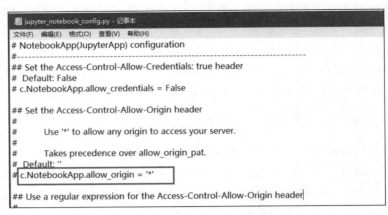

图 2.45　修改 Jupyter Notebook 配置文件

（3）Jupyter Notebook 配置文件修改好后，在"Anaconda Prompt"窗口中输入 jupyter notebook 命令并执行，将显示一系列 Jupyter Notebook 的服务器信息，同时打开浏览器并自动启动 Jupyter Notebook 程序。注意，在使用 Jupyter Notebook 期间一定不能关闭终端，否则 Jupyter Notebook 将无法正常工作。

2.3.2　修改 Jupyter Notebook 的默认浏览器

Jupyter Notebook 默认使用计算机自带的浏览器（如 IE），若想使用其他浏览器需要进行相关设置。下面将 Jupyter Notebook 的默认浏览器修改为 Chrome 浏览器，具体操作如下。

（1）首先打开 Jupyter Notebook 配置文件，然后通过"查找"对话框找到"# c.NotebookApp.browser = """语句，在该语句下面输入图 2.46 所示的代码。

```
import webbrowser
webbrowser.register('chrome', None, webbrowser.GenericBrowser(r'C:\Users\lcy\AppData\
Local\Google\Chrome\Application\chrome.exe'))
c.NotebookApp.browser = 'chrome'
```

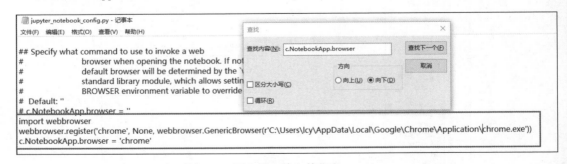

图 2.46　输入的代码

上述代码中，函数 webbrowser.GenericBrowser 中的参数 C:\Users\lcy\AppData\Local\Google\

Chrome\Application\chrome.exe 是 Chrome 浏览器的安装路径，该路径前的 r 用于防止转义。

那 Chrome 浏览器的路径如何获取呢？右击 Chrome 的快捷方式图标，在弹出的菜单中选择"属性"命令，打开"Google Chrome 属性"对话框，打开"快捷方式"选项卡，"目标"文本框中的内容就是 Chrome 浏览器的安装路径，如图 2.47 所示。

（2）修改并保存 Jupyter Notebook 配置文件后，在"Anaconda Prompt"窗口中输入 jupyter notebook 命令并执行，将使用 Chrome 浏览器启动 Jupyter Notebook。修改 Jupyter Notebook 的默认浏览器后的效果如图 2.48 所示。

 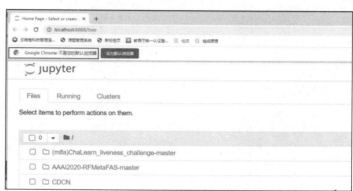

图 2.47　获取 Chrome 浏览器的安装路径　　　图 2.48　修改 Jupyter Notebook 的默认浏览器后的效果

2.3.3　修改 Jupyter Notebook 的默认路径

（1）打开 Jupyter Notebook 配置文件并通过"查找"对话框查找"#c.NotebookApp. notebook_dir = """语句，在该语句后输入"c.NotebookApp.notebook_dir = 'E:\\学习\\face_anti'"语句，其中的 E:\\学习\\face_anti 是新设置的 Jupyter Notebook 的默认路径，如图 2.49 所示。（修改时，也可直接删除"#c.NotebookApp.notebook_dir = """语句前的"#"号，并在单引号中输入 Jupyter Notebook 的默认路径。）

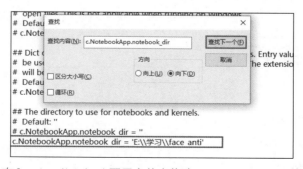

图 2.49　在 Jupyter Notebook 配置文件中修改 Jupyter Notebook 的默认路径

注意：Python 文件路径中用两个"\\"替换一个"\"的作用与在路径前加 r 的作用是一样的。

（2）修改并保存Jupyter Notebook配置文件后，右击Jupyter Notebook的快捷方式图标，在弹出的菜单中选择"属性"，打开"Jupyter Notebook(anaconda3)属性"对话框。打开"快捷方式"选项卡，将"目标"文本框中的"%USERPROFILE%/"修改为默认路径E:\\学习\\face_anti，将"起始位置"文本框中的"%HOMEPATH%"修改为默认路径E:\\学习\\face_anti，单击"确定"按钮即可完成Jupyter Notebook的默认路径的修改，如图2.50所示。

图2.50　在"Jupyter Notebook(anaconda3)属性"对话框中修改Jupyter Notebook默认路径

2.3.4　Jupyter Notebook的基本用法

在"Anaconda Prompt"窗口中执行jupyter notebook命令，启动Jupyter Notebook程序。Jupyter Notebook以网页形式打开，用户可在网页中编写代码、运行代码、展示代码运行结果或编写说明文档。Jupyter Notebook的界面如图2.51所示。

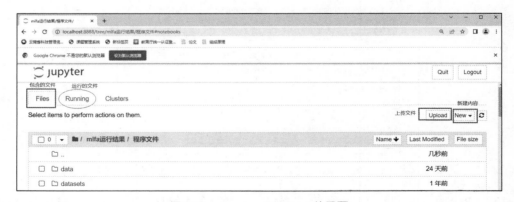

图2.51　Jupyter Notebook的界面

单击"New"按钮,在其下拉菜单中选择"Python 3 (ipykernel)"命令,创建一个新的笔记本,如图2.52所示。

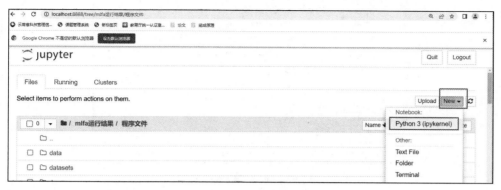

图2.52 创建一个新的笔记本

笔记本的界面如图2.53所示。它主要由菜单栏、工具栏和单元格组成。其中菜单栏涵盖了笔记本的所有功能。工具栏中显示了常用功能对应的按钮。单元格有4种类型,即代码单元格、Markdown单元格、原生nbconvert单元格和标题单元格,目前标题单元格已被Markdown单元格取代。最常用的一种单元格是代码单元格,在该单元格中用户可编写并运行代码。

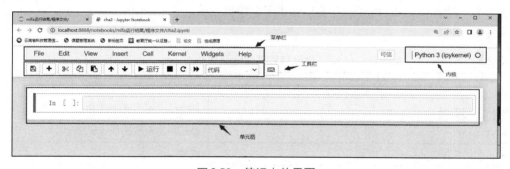

图2.53 笔记本的界面

工具栏中的按钮有"保存""添加单元格""运行""停止"等。在代码单元格中输入代码后单击"运行"按钮,单元格下方会显示输出结果,如图2.54所示。

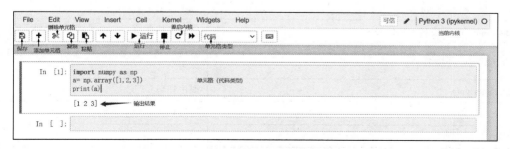

图2.54 工具栏中的按钮、单元格和输出结果

新建的笔记本的默认名字是Untitled。选择"File"菜单下的"Rename"命令可修改笔记本的

名字，如图 2.55 所示。

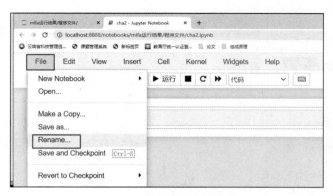

图 2.55　修改笔记本的名字

2.4　安装常用工具包

安装常用工具包

Anaconda 中包含很多工具包，如 pandas、NumPy、Matplotlib、scikit-learn 等。实际应用中，用户可根据需要安装其他工具包。为方便用户查看、安装、卸载或更新工具包，"Anaconda Prompt"窗口提供了包管理功能。表 2.1 列出了部分包管理命令及功能。

表 2.1　　　　　　　　　　　　　部分包管理命令及功能

命令	功能
conda list 或 pip list	列出已安装的库/包的版本等信息
conda --version	显示当前安装的 Conda 的版本号
conda install 库名或 pip install 库名	安装库
conda update 库名	更新库
conda update --all 或 conda upgrade –all	更新所有库
conda uninstall 库名/包名或 conda remove 库名/包名	卸载当前环境中的库/包
conda info --envs 或 conda env list	显示已创建的环境
conda create -n 环境名 python=3.x	创建虚拟环境，其中 3.x 表示 Python 的版本
conda activate 环境名	激活环境，如果不加环境名则默认激活 base 环境
conda deactivate	退出环境
python	进入 Python 交互界面
exit()	退出

pip 是 Python 的包安装程序，可用来管理 Python 标准库中的其他包。pip 也是一个命令行程序，安装 pip 后它会向系统中添加 pip 命令，常用的 pip 命令如下。

- pip install 包名：用于安装指定包。

- pip show --files 包名：用于查看已安装的包。
- pip install --upgrade 包名：用于对包进行升级。
- pip uninstall 包名：用于卸载包。

OpenCV 是一个开源的跨平台计算机视觉库，可以在 Linux、Windows 和 macOS 上运行。OpenCV 由一系列 C 语言函数和少量 C++类构成，提供了 Python、Ruby 等语言的接口，实现了图像处理和计算机视觉方面的很多通用算法。CV2 是 OpenCV 官方的一个扩展库，含有多种函数以及进程。下面以 CV2 为例来介绍通过"Anaconda Prompt"窗口安装库的方法。

1. 使用 pip 安装 CV2 库

打开"Anaconda Prompt"窗口，输入 pip install -i https://pypi.tuna.tsinghua.edu.cn/simple opencv-python 命令并执行，即可安装 CV2 库，如图 2.56 所示。

图 2.56 使用 pip 安装 CV2 库

安装库时通常会因网速慢造成安装超时，从而导致安装失败。此时可使用指定国内源镜像的方法来安装包。指定国内源镜像的格式如下。

```
pip install -i 国内源镜像地址 包名
```

2. 离线安装 CV2 库

CV2 的离线安装方法与 PyTorch 的离线安装方法类似。在下载网页下载与计算机中安装的 Python 版本一致的 CV2 安装包，如图 2.57 所示。

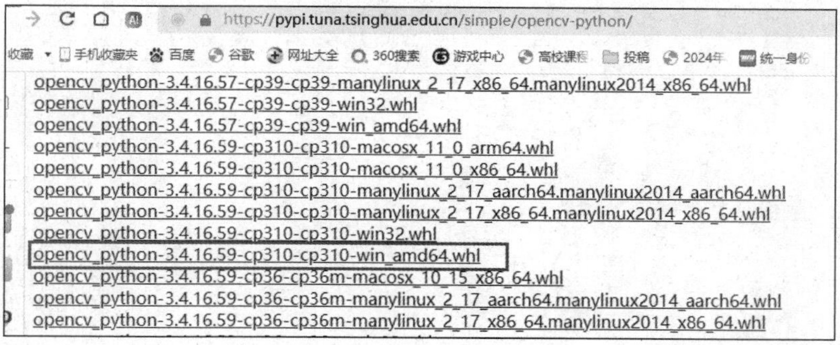

图 2.57 下载 CV2 安装包

CV2 安装包下载好后，在"Anaconda Prompt"窗口中输入 pip install D:\软件\opencv_python-3.4.16.59-cp310-cp310-win_amd64.whl 命令并执行，即可安装 CV2 库，如图 2.58 所示。此命令中的 D:\软件\是 CV2 安装包的存放位置，opencv_python-3.4.16.59-cp310-cp310- win_amd64.whl 是 CV2 安装包的名字。安装成功后将显示"Successfully installed opencv-python-3.4.16.59"字样。

```
Anaconda Prompt (anaconda3)

(base) C:\Users\lcy>pip install D:\软件\opencv_python-3.4.16.59-cp310-cp310-win_amd64.whl
```

图2.58　离线安装CV2库的方法

在Python环境中执行import cv2命令，若没有输出出错信息，则表明CV2库安装成功，如图2.59所示。

```
Type "help", "copyright", "credits" or "license" for more information.
>>> import cv2
>>>
```

图2.59　CV2库安装成功

3．安装visdom

对于较大的包来讲，离线安装是不错的安装方法。但就较小的包而言，可使用conda install或pip install命令来安装。下面使用pip install visdom命令安装visdom包，如图2.60所示。

```
(base) C:\Users\lcy>pip install visdom
Collecting visdom
  Downloading visdom-0.1.8.9.tar.gz (676 kB)
     |████████████████████████████████| 676 kB 19 kB/s
Requirement already satisfied: numpy>=1.8 in d:\anaconda3\lib\site-packages (from visdom) (1.20.3)
Requirement already satisfied: scipy in d:\anaconda3\lib\site-packages (from visdom) (1.7.1)
Requirement already satisfied: requests in d:\anaconda3\lib\site-packages (from visdom) (2.26.0)
Requirement already satisfied: tornado in d:\anaconda3\lib\site-packages (from visdom) (6.1)
Requirement already satisfied: pyzmq in d:\anaconda3\lib\site-packages (from visdom) (22.2.1)
Requirement already satisfied: six in d:\anaconda3\lib\site-packages (from visdom) (1.16.0)
Collecting jsonpatch
  Downloading jsonpatch-1.32-py2.py3-none-any.whl (12 kB)
Collecting torchfile
  Downloading torchfile-0.1.0.tar.gz (5.2 kB)
Collecting websocket-client
  Downloading websocket_client-1.3.2-py3-none-any.whl (54 kB)
     |████████████████████████████████| 54 kB 59 kB/s
Requirement already satisfied: pillow in d:\anaconda3\lib\site-packages (from visdom) (8.4.0)
Collecting jsonpointer>=1.9
  Downloading jsonpointer-2.2-py2.py3-none-any.whl (7.5 kB)
Requirement already satisfied: urllib3<1.27,>=1.21.1 in d:\anaconda3\lib\site-packages (from requests->visdom) (1.26.7)
Requirement already satisfied: idna<4,>=2.5 in d:\anaconda3\lib\site-packages (from requests->visdom) (3.2)
Requirement already satisfied: charset-normalizer~=2.0.0 in d:\anaconda3\lib\site-packages (from requests->visdom) (2.0.
4)
Requirement already satisfied: certifi>=2017.4.17 in d:\anaconda3\lib\site-packages (from requests->visdom) (2021.10.8)
Building wheels for collected packages: visdom, torchfile
  Building wheel for visdom (setup.py) ... done
  Created wheel for visdom: filename=visdom-0.1.8.9-py3-none-any.whl size=655250 sha256=c2d9682155c700b092daed77b11d0126
cda8ec3e35b35a414e4171972ea3e102
  Stored in directory: c:\users\lcy\appdata\local\pip\cache\wheels\79\fc\a0\4673334fd6e732371991f3c7b1617fa2c52692a4e652
18da21
  Building wheel for torchfile (setup.py) ... done
  Created wheel for torchfile: filename=torchfile-0.1.0-py3-none-any.whl size=5710 sha256=caacadcafc57881168b4768c1464a2
a3abee0e405ebb6b19ab28515059e91ead
  Stored in directory: c:\users\lcy\appdata\local\pip\cache\wheels\ba\1c\3b\e99cce0ec343fe86216ef6eab1932eb6595968522ba2
4fb249
Successfully built visdom torchfile
Installing collected packages: jsonpointer, websocket-client, torchfile, jsonpatch, visdom
Successfully installed jsonpatch-1.32 jsonpointer-2.2 torchfile-0.1.0 visdom-0.1.8.9 websocket-client-1.3.2
```

图2.60　使用pip install visdom命令安装visdom包

2.5　本章小结

本章介绍了Anaconda的安装方法，以及如何在Anaconda中安装PyTorch。PyTorch分为CPU版的 PyTorch 和 GPU 版的 PyTorch，GPU 版的 PyTorch 的安装步骤较多，需要注意的事项也很多。读者在安装时需要根据具体情况选择合适的解决方法。Jupyter Notebook 是比较流行的 Python 开发和调试环境，使用前需要对其配置文件进行修改，从而实现 Jupyter Notebook 的正常启动。另外，本章还介绍了 Jupyter Notebook 的默认路径和默认浏览器的修改方法，方便用户今后更好地使用 Jupyter Notebook。本章最后介绍了工具包的安装命令和方法。学习本章内容后，读者能熟练掌握工具的安装和配置技巧。

2.6 习题

1. 请为你的计算机安装 Anaconda，并根据实际环境安装 PyTorch 和所需的工具包。
2. 请修改 Jupyter Notebook 的默认路径和默认浏览器，默认路径和默认浏览器根据自己的情况而定。

第**3**章 NumPy与Tensor基础

在深度学习中，图像、文本或音频等输入数据最终都要转换为数组或矩阵，那如何进行数组或矩阵的有效运算呢？NumPy是科学计算、深度学习的基石，也是一个运行速度非常快的数学库，主要用于数组计算。Tensor是基于深度学习提出的，被称为神经网络界的NumPy。NumPy和Tensor都是数据结构，不同的是Tensor可以在GPU上运行，而NumPy只能在CPU上运行，不能利用GPU加速数值计算。Tensor和NumPy可互相转换，类型兼容。本章着重介绍NumPy和Tensor的基本操作，主要内容如下。

- NumPy基础。
- Tensor基础。
- NumPy数组与Tensor比较。

3.1 NumPy基础

NumPy是Python的一个扩展程序库，支持多维数组与矩阵运算，并针对数组运算提供大量的数学函数。它提供了两种基本对象，即多维数组（ndarray）对象和通用函数（ufunc）对象。多维数组对象是由相同数据类型的元素组成的集合，其中的每个元素均占有相同大小的内存块；通用函数对象是对数组进行处理的函数（如NumPy中的数学函数）。

NumPy与Matplotlib、SciKits等众多Python科学计算库结合在一起，共同构建了一个完整的科学计算生态系统。NumPy支持广泛的硬件及计算平台，可同时针对整个数组中的每个元素进行复杂计算而不需要编写循环语句。另外，NumPy在内部将数据存储在连续的内存空间中，这有利于数据处理速度的加快。

3.1.1 创建NumPy数组

NumPy最核心的一个特性就是其多维数组，它拥有对多维数组进行处理的能力。下面介绍创建多维数组的方法。

创建NumPy数组

1. 从已有的列表或元组创建多维数组

numpy.array函数的功能是将列表或元组等转换为多维数组。其使用格式如下。

```
numpy.array(object, dtype=None, copy=True, order=None, subok=False, ndmin=0)
```

参数说明。

- object：列表或元组等。
- dtype：数据类型，如果未给出，则数据类型为被保存对象所需的最小数据类型。
- copy（布尔类型）：默认为 True，表示复制对象。
- order：顺序。
- subok（布尔类型）：表示子类是否被传递。
- ndmin：生成的数组应具有的最小维数。

下面使用 numpy.array 函数创建一个多维数组，具体示例代码如下。

```
import numpy as np
a = np.array([1,2,3])
b = np.array([[1,2,3],[4,5,6]])
print('a:\n ',a)
print('b:\n ',b)
```

执行上述代码，其输出结果如下。

```
a:
 [1 2 3]
b:
 [[1 2 3]
 [4 5 6]]
```

由于 NumPy 是 Python 的外部库，使用时要用 import numpy as np 语句导入。此语句中的 as 将库名 numpy 简化为 np，方便后续引用。上例中 a 是将列表[1,2,3]传递给 np.array 函数后生成的一维数组，而 b 是将嵌套列表[[1,2,3],[4,5,6]]传递给 np.array 函数后生成的二维数组。

numpy.asarray 与 numpy.array 的功能类似，但 numpy.asarray 只有 3 个参数，它的使用格式如下。

```
numpy.asarray(a, dtype = None, order = None)
```

参数说明。

- a：任意形式的输入参数，可以是列表、列表的元组、元组、元组的元组、元组的列表、多维数组等。
- dtype（可选）：数据类型。
- order（可选）：指在计算机内存中存储元素的顺序；有 C 和 F 两个选项，分别代表行优先和列优先 。

下面使用 numpy.asarray 将元组和元组的列表分别转换为多维数组，具体示例代码如下。

```
x = (1,2,3)
y = [(4,5,6),(7,8,9)]
a = np.asarray(x)
b = np.asarray(y)
print('a:\n ',a)
print('b:\n ',b)
```

执行上述代码，其输出结果如下。

```
a:
 [1 2 3]
b:
 [[4 5 6]
 [7 8 9]]
```

2．使用内置函数创建多维数组

（1）numpy.arange

当要创建一些有规律的数组时，可使用 numpy.arange 函数。该函数的功能是在给定区间内创建一系列间隔均匀的值，其使用格式如下。

```
numpy.arange(start, stop, step, dtype=None)
```

参数说明。

- start（可选）：起始值，默认为0。
- stop：终止值，不包含在内。
- step（可选）：步长，默认步长为1。如果指定了步长，则必须给出起始值。
- dtype：输出数组的数据类型。如果未给出，则从其他输入参数推断数据类型。

numpy.arange 函数的给定区间是半开半闭区间，即[start,stop)。参数 step 用于设置值的间隔。numpy.arange 函数的使用示例代码如下。

```
a = np.arange(10,30,5,dtype='float32')
print('a:\n ',a)
```

执行上述代码，其输出结果如下。

```
a:
  [10. 15. 20. 25.]
```

（2）numpy.linspace

numpy.linspace 函数用于创建一个起始值为 start、终止值为 stop、样本数量为 num 的等差数列数组。其使用格式如下。

```
numpy.linspace(start, stop, num=50, endpoint=True, retstep=False, dtype=None)
```

- start：数组的起始值。
- stop：数组的终止值。
- num：要生成的等步长样本的数量，默认为50。
- endpoint：该值为 True 时，数组中包含 stop 值，反之不包含，默认为 True。
- retstep：该值为 True 时，生成的数组中会显示间隔，反之不显示。
- dtype：多维数组的数据类型。

下面使用 numpy.linspace 函数创建一个起始值为1、终止值为10、样本数量为10的数组，具体示例代码如下。

```
d = np.linspace(1,10,10)
print('d:',d)
```

执行上述代码，其输出结果如下。

```
d: [ 1.  2.  3.  4.  5.  6.  7.  8.  9. 10.]
```

（3）numpy.logspace

numpy.logspace 函数的功能是创建一个等比数列数组，其使用格式如下。

```
numpy.logspace(start, stop, num=50, endpoint=True, base=10.0, dtype=None)
```

在 numpy.logspace 函数中，除参数 base 外，其余参数的含义与 numpy.linspace 的相同。参数 base 是对数的底数。

（4）numpy.empty

numpy.empty 函数的功能是创建指定形状、指定数据类型，且未初始化的数组，其使用格式如下。

```
numpy.empty(shape, dtype = float, order = 'C')
```

部分参数说明。

shape：数组形状。

下面使用 numpy.empty 函数创建一个空数组，具体示例代码如下。

```
empty = np.empty([3,3],dtype=int)
print('empty:\n',empty)
```

执行上述代码，其输出结果如下。

```
empty:
 [[      1       0 4390971]
 [6029370 7471184 6750319]
 [6357106 2097261 6881350]]
```

注意，数组元素是随机值，还未初始化。

（5）numpy.zeros

该函数的功能是创建指定形状的数组，数组元素以0来填充，其使用格式如下。

```
numpy.zeros(shape, dtype = float, order = 'C')
```

（6）numpy.ones

该函数的功能是创建指定形状的数组，数组元素以1来填充，其使用格式如下。

```
numpy.ones(shape, dtype = None, order = 'C')
```

（7）numpy.zeros_like

该函数的功能是创建与给定数组具有相同形状的数组，数组元素以0来填充，其使用格式如下。

```
numpy.zeros_like(a, dtype=None, order='K', subok=True, shape=None)
```

部分参数说明。

a：给定的要创建相同形状的数组。

下面使用该函数创建一个与数组x形状相同的数组，具体示例代码如下。

```
x = np.array([[1,2,3],[4,5,6]])
zeros_x = np.zeros_like(x)
print('zeros_x:\n',zeros_x)
```

执行上述代码，其输出结果如下。

```
zeros_x:
 [[0 0 0]
 [0 0 0]]
```

除此之外，NumPy 中用于创建数组的内置函数还有以下3个。

* numpy.ones_like 函数：创建与指定数组维度相同且元素全为1的数组。

* numpy.eye 函数：创建指定形状的数组，其对角线上的元素为1，其余元素为0。

* numpy.full 函数：创建指定形状且所有元素均为指定值的数组。

3．使用随机库函数创建多维数组

深度学习中经常需要对参数进行初始化，为了提高模型性能，初始化参数时常需满足一定条件，如满足正态分布、均匀分布，而 NumPy 的 random 模块中的函数能帮助用户创建随机数组。下面介绍使用 random 模块中的函数创建随机数组的方法。

（1）numpy.random.random

numpy.random.random 函数的功能是在半开半闭区间[0.0, 1.0)中随机生成标量或 n 维数组，其使用格式如下。

```
numpy.random.random(size=None)
```

参数说明。

* size：输出样本数目，样本为 int 类型或元组类型；默认输出一个多维数组类型的样本。

numpy.random.random 函数的使用示例代码如下。

```
print(np.random.random())            #随机生成标量
print(np.random.random((2,3)))       #二维数组
```

执行上述代码，其输出结果如下。

```
0.7169057151123751
[[0.70764174 0.99149749 0.89153872]
 [0.11396303 0.0016675  0.20556819]]
```

（2）numpy.random.uniform

numpy.random.uniform 函数的功能是在指定区间[low, high)中生成均匀分布的随机数或 n 维数组，其使用格式如下。

```
numpy.random.uniform(low=0.0, high=1.0, size=None)
```
参数说明。

- low: 采样下界，float 类型，默认为 0。

- high: 采样上界，float 类型，默认为 1。

- size: 输出的样本数目，样本可以是 int 类型或元组类型。

（3）numpy.random. randn

numpy.random.randn 函数的功能是返回满足标准正态分布的标量或 n 维数组，其使用格式如下。

```
numpy.random.randn(d0, d1, ..., dn)
```
参数说明。

d0, d1, …, dn（可选）：返回的数组的维度；若未指定则返回一个浮点数。

下面利用该函数生成形状为 $2 \times 4 \times 4$ 的 3 维数组和标量，具体示例代码如下。

```
a = np.random.randn(2,4,4)
b = np.random.randn()
print('a:\n',a)
print('b:\n',b)
```
执行上述代码，其输出结果如下。

```
a:
 [[[ 8.03984428e-02  2.47074864e-01  1.21362674e+00  1.26871882e+00]
   [-3.24695344e-01  8.27691412e-01  2.29547547e-01  8.78902845e-01]
   [-7.28767997e-01 -3.69589756e-01 -2.98502505e-01 -1.06237710e+00]
   [-1.51853873e+00 -1.50650015e-03 -2.62603150e-01 -9.46928490e-01]]

  [[-3.98546298e-01 -9.48695151e-01 -1.09590435e+00  1.16122249e+00]
   [-1.22920924e+00 -2.67172476e-01 -6.82334446e-01 -6.40017449e-01]
   [ 8.57955826e-01 -1.20034661e+00 -1.03399003e+00 -4.58254560e-02]
   [ 1.81199729e-01 -8.64667040e-01  3.28921475e-01  1.05079636e+00]]]
b:
 -0.45678080105948715
```

（4）numpy.random.randint

numpy.random.randint 函数的功能是在指定区间[low,high)中返回随机整数或 n 维数组，其使用格式如下。

```
numpy.random.randint(low, high=None, size=None, dtype='l')
```
部分参数说明。

- low: 最小值。

- high: 最大值。

- size: 数组维度。

- dtype: 数据类型，默认是 int 类型。

（5）numpy.random.normal

numpy.random.normal 函数的功能是生成均值为 loc、标准差为 scale 的正态分布的标量或 n 维数组，其使用格式如下。

```
numpy.random.normal(loc=0.0, scale=1.0, size=None)
```

参数说明。

- loc（浮点数）：正态分布的均值，对应正态分布的中心。当 loc=0 时，表示它是以 y 轴为对称轴的正态分布。

- scale（浮点数）：正态分布的标准差，对应正态分布的宽度。scale 的值越大，正态分布的曲线越"矮胖"；scale 的值越小，曲线越"高瘦"。

- size（整数或整数元组）：输出的样本的维度。如果 size 为 $m×n×k$，就从正态分布中抽取 $m×n×k$ 个样本。如果 size 为 None，且 loc 和 scale 均为标量，则会返回一个值。

下面利用该函数生成均值为 0、标准差为 0.1 的标量和 n 维数组，具体示例代码如下。

```
a = np.random.normal(0,0.1,2)
b = np.random.normal(0,0.1,(2,3,3))
print('a:\n',a)
print('b:\n',b)
```

执行上述代码，其输出结果如下。

```
a:
 [0.06184441 0.14785443]
b:
 [[[ 0.07418189  0.09121798 -0.06076946]
  [ 0.12151606 -0.05149324  0.03676804]
  [ 0.02266615 -0.04382753  0.13891455]]

 [[-0.13605356  0.03391508 -0.08980186]
  [-0.07949468  0.02993296  0.15810617]
  [-0.02426305 -0.11137961  0.1557788 ]]]
```

（6）numpy.random.seed

numpy.random.seed 函数的功能是指定随机数种子。当随机数种子确定后，每次调用 numpy.random 模块的随机函数时会生成相同的随机数，若不设置随机数种子，则每次生成的随机数因时间差异而不同。使用相同的随机数种子会生成相同的随机数，而使用不同的随机数种子则会生成不同的随机数。numpy.random.seed 函数的使用格式如下。

```
numpy.random.seed(self, seed=None)
```

numpy.random.seed 函数的使用示例代码如下。

```
np.random.seed(10)    #设置固定的随机数种子
a = np.random.normal(0,0.1,2)
print('a:\n',a)
```

执行上述代码，其输出结果如下。

```
a:
 [0.13315865 0.0715279 ]
```

上例中，当设置固定的随机数种子后，a 的值固定不变。若删除语句 np.random.seed(10)，则每次运行时，a 的值都会发生变化。

3.1.2 获取数组元素

NumPy 数组的元素可以通过索引或切片来访问和修改。下面介绍几种常见的获取数组数据的方法。

获取数组元素、数组运算、数组变形

对于一维数组，可以利用索引获取一个元素、一段元素或具有固定间隔的元素。如果只有一个索引，则返回该索引对应位置的元素。如果有一个索引和一个冒号，如2:，则返回该索引对应的位置及其后面所有索引对应位置的元素。如果使用 2 个索引和一个冒号，如2:7，则返回两个索引（不包括停止索引）范围内对应位置的元素。如果使用 3 个索引和 2 个冒号，如0:7:2，则返回从索引 0 开始到索引 7 停止，且间隔为 2 的索引对应位置的元素。利用索引获取元素的具体示例代码如下。

```
np.random.seed(155)              #设置种子
a = np.random.randn(6)
print('a:',a)
print('a[3]:',a[3])              #获取指定索引对应位置的元素
print('a[4:]',a[4:])            #获取索引 4 对应位置以后的所有元素
print('a[1:5]',a[1:5])           #获取一段元素
print('a[0:6:2]',a[0:6:2])       #截取具有固定间隔的元素
```

执行上述代码，其输出结果如下。

```
a: [ 0.62435066  0.22583675  0.41618975 -1.12773654 -0.12035922 -1.60987877]
a[3]: -1.1277365380294093
a[4:] [-0.12035922 -1.60987877]
a[1:5] [ 0.22583675  0.41618975 -1.12773654 -0.12035922]
a[0:6:2] [ 0.62435066  0.41618975 -0.12035922]
```

对于多维数组，同样可使用索引获取其元素。下面使用索引和冒号来获取二维数组中的特定行和列，具体示例代码如下。

```
a = np.array([[1,2,3],[4,5,6],[7,8,9]])
print('a:\n',a)
print('第1行第1列的元素: \n',a[1,1])   #获取第1行第1列的元素
print('第1行:\n',a[1])              #获取第1行的元素
print('第1、2行:\n',a[1:])           #获取第1行及其后所有行的元素
print('第1列:\n',a[:,0])             #获取第1列的元素
print('最后一列:\n',a[:,-1])          #获取最后一列的元素
```

执行上述代码，其输出结果如下。

```
a:
 [[1 2 3]
 [4 5 6]
 [7 8 9]]
第1行第1列的元素:
 5
第1行:
 [4 5 6]
第1、2行:
 [[4 5 6]
 [7 8 9]]
第1列:
 [1 4 7]
最后一列:
 [3 6 9]
```

3.1.3　数组运算

1．广播机制

对数组进行算术运算（加、减、乘、除）时，要求数组形状一致，当数组形状不一致时，可使用广播机制调整数组形状，使所有数组形状一致。然而并非所有数组都可使用广播机制来调整

形状，只有满足以下规则的数组才能使用广播机制来调整形状。

（1）让所有输入数组都向其中形状最大的数组"看齐"，不足的部分都通过在前面加"1"补齐。例如a的形状是2×3×2，b的形状是3×2，a的形状最大，所以b向a"看齐"，即在b的前面加一个维度，b的形状变为1×3×2。

（2）输出数组的形状是输入数组的形状在各个维度上的最大值。例如a的形状是2×3×2，b的形状是1×3×2，则a+b的形状是2×3×2。

（3）如果输入数组的某个维度和输出数组的对应维度的长度相同或者其长度为1，这个数组就能够用来计算，否则会出错。

（4）当输入数组的某个维度的大小为1时，沿着此维度运算时都用此维度上的第一组值。

下面使用具体实例来说明广播机制的用法。假设a =[[1,2,3,],[2,3,4],[3,4,5],[4,5,6]]，b = [7,8,9]，计算a+b。

使用广播机制手动运算a+b的过程如下。

（1）由于a和b的形状不同，根据广播机制的规则（2），输出数组的形状为输入数组的形状在各个维度上的最大值，所以a+b的形状是4×3。a的形状已经是4×3，而b的形状是1×3，那b的形状如何由1×3变为4×3呢？

（2）根据广播机制的规则（4），运算时要对b中长度为1的维度上的值进行复制，之后b的形状为4×3。数组a和b的形状相同后，就可进行加法运算了。运用广播机制进行数组的加法运算的过程如图3.1所示。

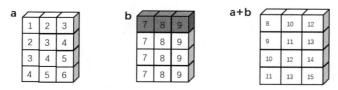

图3.1 运用广播机制进行数组的加法运算的过程

使用代码实现数组a+b运算的过程如下。

```
import numpy as np
a = np.array([[1,2,3,],[2,3,4],[3,4,5],[4,5,6]])
b = np.array( [7,8,9])
c = a+b
print('a+b:\n',c)
print('a+b的形状是: \n',c.shape)
```

执行上述代码，其输出结果如下。

```
a+b:
 [[ 8 10 12]
 [ 9 11 13]
 [10 12 14]
 [11 13 15]]
a+b的形状是:
 (4, 3)
```

2. 算术运算

对数组进行算术运算时，参与运算的数组必须具有相同的形状或符合数组广播机制，否则运算会出错。NumPy的算术运算功能包含加、减、乘、除，对应的函数分别是add、subtract、multiply

和 divide。这些函数的使用示例代码如下。

```
import numpy as np
a = np.ones((3,3), dtype= float)
print('a:\n',a)
b = np.array([4,5,6])
print('b:\n',b)
print('a+b:\n',np.add(a,b))            #a+b
print('a-b:\n',np.subtract(a,b))       #a-b
print('a*b:\n',np.multiply(a,b))       #a*b
print('a/b:\n',np.divide(a,b))         #a/b
```

执行上述代码，其输出结果如下。

```
a:
 [[1. 1. 1.]
 [1. 1. 1.]
 [1. 1. 1.]]
b:
 [4 5 6]
a+b:
 [[5. 6. 7.]
 [5. 6. 7.]
 [5. 6. 7.]]
a-b:
 [[-3. -4. -5.]
 [-3. -4. -5.]
 [-3. -4. -5.]]
a*b:
 [[4. 5. 6.]
 [4. 5. 6.]
 [4. 5. 6.]]
a/b:
 [[0.25      0.2       0.16666667]
 [0.25      0.2       0.16666667]
 [0.25      0.2       0.16666667]]
```

3．数学函数

（1）numpy.around

numpy.around 函数的功能是返回指定数组中元素的四舍五入值，其使用格式如下。

```
numpy.around(a,decimals)
```

参数说明。

• a：数组。

• decimals：四舍五入后的小数位数，默认为0；如果为负数，整数将四舍五入到小数点左侧的相应位置。

numpy.around 函数的使用示例代码如下。

```
a = np.random.randn(2,2)
print('a:\n',a)
print('四舍五入后的结果: \n',np.around(a))
```

执行上述代码，其输出结果如下。

```
a:
 [[-0.76841478  2.09875095]
 [ 0.27468367  0.86567812]]
四舍五入后的结果:
 [[-1.  2.]
 [ 0.  1.]]
```

（2）numpy.floor

numpy.floor 函数的功能是返回小于或者等于指定表达式的最大整数，即向下取整，其使用格式如下。

```
numpy.floor(x, /, out=None, *, where=True, casting='same_kind', order='K', dtype=None,
subok=True[, signature, extobj])
```

部分参数说明。

- x：输入数据。
- out（可选）：其值可以是多维数组、None、多维数组元组或 None 元组，表示存储结果的位置；如果提供其维度，必须与输入数据扩充后的维度保持一致；如果 out 未提供或为 None，则返回一个新分配的数组。

numpy.floor 函数的使用示例代码如下。

```
a = np.random.randn(2,2)
print('a:\n',a)
print('向下取整的结果: \n',np.floor(a))
```

执行上述代码，输出结果如下。

```
a:
 [[ 0.52124383 -1.71225169]
 [ 0.5111243  -1.79978217]]
向下取整的结果:
 [[ 0. -2.]
 [ 0. -2.]]
```

（3）numpy.ceil

numpy.ceil 函数的功能是返回大于或者等于指定表达式的最小整数，即向上取整。numpy.ceil 函数的使用示例代码如下。

```
a = np.random.randn(2,2)
print('a:\n',a)
print('向上取整的结果: \n',np.ceil(a))
```

执行上述代码，输出结果如下。

```
a:
 [[ 0.8251977  -0.60763248]
 [-1.64863562  0.07749623]]
向上取整的结果:
 [[ 1. -0.]
 [-1.  1.]]
```

3.1.4　数组变形

在机器学习或深度学习中，处理好的数据需要转换为模型能接收的形状后才能输入模型中，经过一系列运算后模型返回结果。另外，在矩阵运算或数组运算中，有时需要改变数组形状，从而实现在指定轴上对多个矩阵或数组进行合并或展开运算。下面介绍几种常用的数组变形函数。

1. numpy.reshape

numpy.reshape 函数的功能是在不改变数据的条件下改变数组形状，其使用格式如下。

```
numpy.reshape(arr, newshape, order='C')
```

部分参数说明。

- arr：要改变形状的数组。
- newshape：新数组形状，它应当兼容原有数组形状。新数组形状中可以有一个值为−1，如

$(m,-1)$。-1 代表的维度等于矩阵或数组里所有元素个数/m。

numpy.reshape 函数的使用示例代码如下。

```
a = np.random.randn(2,3)
print('a:\n',a)
print('3行2列: \n', np.reshape(a,(3,2)))
print('1行6列: \n', a.reshape(1,-1))
print('6行1列: \n', a.reshape(-1,1))
```

执行上述代码，输出结果如下。

```
a:
 [[0.54063853 1.20724503 1.2088756 ]
 [1.00900059 1.97908971 0.13314892]]
3行2列:
 [[0.54063853 1.20724503]
 [1.2088756  1.00900059]
 [1.97908971 0.13314892]]
1行6列:
 [[0.54063853 1.20724503 1.2088756  1.00900059 1.97908971 0.13314892]]
6行1列:
 [[0.54063853]
 [1.20724503]
 [1.2088756 ]
 [1.00900059]
 [1.97908971]
 [0.13314892]]
```

2．numpy.ravel

numpy.ravel 函数的功能是将多维数组展平成一维数组，其使用格式如下。

```
numpy.ravel(a, order='C')
```

参数说明。

- a：输入数组。

- order：展平的顺序，其值可以是 C 或 F，分别表示行优先或列优先。

numpy.ravel 函数的使用示例代码如下。

```
a = np.random.randn(2,3)
print('a:\n',a)
print('行优先, 展平: \n',a.ravel())
print('列优先, 展平: \n',a.ravel('F'))
```

执行上述代码，输出结果如下。

```
a:
 [[1.10952129 1.20517532 0.015327  ]
 [0.27258571 0.18612318 1.18043191]]
行优先, 展平:
 [1.10952129 1.20517532 0.015327   0.27258571 0.18612318 1.18043191]
列优先, 展平:
 [1.10952129 0.27258571 1.20517532 0.18612318 0.015327   1.18043191]
```

注意，上例中 a 原来的维度是 2，使用 numpy.ravel 函数展平后，其维度变为 1。

3．numpy.flatten 和 ndarray.flatten

numpy.flatten 函数的功能与 numpy.ravel 函数的相同，但它们也有区别，主要体现在以下几个方面。

- numpy.ravel 函数返回原始数组的引用，若改变数组则原始数组的值也会发生变化；而

numpy.flatten 返回原始数组的副本，改变数组后原始数组的值不受影响。

- numpy.ravel 函数的运算速度比较快，因为它不占用内存。
- numpy.ravel 函数是一个库级函数；numpy.flatten 函数是一个多维数组对象函数。

ndarray.flatten 函数的功能是返回一个展开成一维的数组，其使用格式如下。

```
ndarray.flatten(order='C')
```

参数说明。

order：按指定维度展开数组；为 C 时表示按行展开，为 F 时表示按列展开，为 A 时表示按原顺序展开，为 K 时表示按元素在内存中的出现顺序展开。

ndarray.flatten 函数的使用示例代码如下。

```
a = np.arange(1,10).reshape(3,3)
print('a:\n',a)
print('按行展开: \n',a.flatten())
print('按列展开: \n',a.flatten('F'))
print('按原顺序展开: \n',a.flatten('A'))
```

执行上述代码，输出结果如下。

```
a:
 [[1 2 3]
 [4 5 6]
 [7 8 9]]
按行展开:
 [1 2 3 4 5 6 7 8 9]
按列展开:
 [1 4 7 2 5 8 3 6 9]
按原顺序展开:
 [1 2 3 4 5 6 7 8 9]
```

4．numpy.squeeze

numpy.squeeze 函数是一个降维函数，用于把数组形状中为 1 的维度删除。在机器学习和深度学习中，通常算法的结果是包含两对及以上方括号的数组，如果直接对这种数组进行绘图，会出现显示界面为空的现象。因此，需要先用 numpy.squeeze 函数将表示向量的数组转换为秩为 1 的数组，再用 Matplotlib 库函数绘图。numpy.squeeze 函数的使用格式如下。

```
numpy.squeeze(a,axis = None)
```

参数说明。

- a：输入的数组。
- axis（可选）：用于指定需要删除的维度（但指定的维度必须是单维度，否则会报错），其值可以是 None、整数、整数元组；若为 None，则删除所有单维度的条目。

numpy.squeeze 的使用示例代码如下。

```
a = np.random.randn(1,1,3)
print('a:\n',a)
print('降维后: \n',a.squeeze())
```

执行上述代码，输出结果如下。

```
a:
 [[[-0.51270466  0.04315857  0.88178845]]]
降维后:
 [-0.51270466  0.04315857  0.88178845]
```

5．numpy.transpose

numpy.transpose 函数的功能是对高维数组进行轴对换。该函数在深度学习中经常使用，例如将图片的颜色顺序从 RGB 变成 GBR。numpy.transpose 函数的使用格式如下。

```
numpy.transpose(arr, axes)
```

参数说明。

- arr：要操作的数组。
- axes（整数列表）：对应维度，通常所有维度都会对换。

numpy.transpose 函数的使用示例代码如下。

```
a = np.arange(4).reshape(2,2)
print('a:\n',a)
print('指定参数(1,0): \n',a.transpose((1,0)))
print('指定参数(0,1): \n',a.transpose((0,1)))
```

执行上述代码，输出结果如下。

```
a:
 [[0 1]
 [2 3]]
指定参数(1,0):
 [[0 2]
 [1 3]]
指定参数(0,1):
 [[0 1]
 [2 3]]
```

6. 合并数组

合并数组是常见的数组操作，表 3.1 显示了常见的数组合并函数。值得注意的是，在 append、concatenate 和 stack 函数中，参数 axis 用来控制数组的合并方式。使用 append、concatenate 函数时，待合并的数组必须具有相同的行列数。使用 stack、hstack、vstack 函数时，要求待合并的数组具有相同的形状。

表 3.1　　　　　　　　　　　常见的数组合并函数

函数	功能
append	向指定数组的末尾添加给定的元素
concatenate	完成多个数组的合并
stack	沿着新维度合并数组
hstack	水平堆叠输入的数组序列
vstack	垂直堆叠序列中的数组

（1）numpy.append

下面使用 numpy.append 函数进行一维数组合并，具体示例代码如下。

```
a = np.arange(3)
b = np.array([4,5,6])
c = np.append(a,b)
print('a:\n',a)
print('b:\n',b)
print('c:\n',c)
```

执行上述代码，输出结果如下。

```
a:
 [0 1 2]
b:
 [4 5 6]
```

```
c:
 [0 1 2 4 5 6]
```
使用numpy.append函数进行多维数组合并的示例代码如下。
```
a = np.arange(4).reshape(2,2)
b = a
print('a:\n',a)
print('按0维度（行方向）合并: \n',np.append(a,b,axis=0))
print('按1维度（列方向）合并: \n',np.append(a,b,axis=1))
```
执行上述代码，输出结果如下。
```
a:
 [[0 1]
 [2 3]]
按0维度（行方向）合并:
 [[0 1]
 [2 3]
 [0 1]
 [2 3]]
按1维度（列方向）合并:
 [[0 1 0 1]
 [2 3 2 3]]
```
（2）numpy. concatenate

numpy.concatenate 函数用于沿指定维度合并相同形状的两个或多个数组，其使用格式如下。
```
numpy.concatenate((a1, a2, ...), axis)
```
参数说明。

- a1, a2,…：相同形状的数组。

- axis：用于合并数组的维度，默认为0。

numpy.concatenate 函数的使用示例代码如下。
```
a = np.arange(4).reshape(2,2)
b = np.ones_like(a)
print('a:\n',a)
print('b:\n',b)
print('沿0轴合并a和b:\n',np.concatenate((a,b),axis=0))
print('沿1轴合并a和b:\n',np.concatenate((a,b),axis=1))
```
执行上述代码，输出结果如下。
```
a:
 [[0 1]
 [2 3]]
b:
 [[1 1]
 [1 1]]
沿0轴合并a和b:
 [[0 1]
 [2 3]
 [1 1]
 [1 1]]
沿1轴合并a和b:
 [[0 1 1 1]
 [2 3 1 1]]
```
（3）numpy.stack

numpy.stack 函数用于沿新维度合并数组，其使用格式如下。
```
numpy.stack(arrays, axis)
```

部分参数说明。

arrays：相同形状的数组。

numpy.stack 函数的使用示例代码如下。

```
a = np.array([[1,2],[3,4]])
b = np.array([[5,6],[7,8]])
print('a:\n',a)
print('b:\n',b)
print('沿0轴合并:\n',np.stack((a,b),axis=0))
print('沿1轴合并:\n',np.stack((a,b),axis=1))
```

执行上述代码，输出结果如下。

```
a:
 [[1 2]
 [3 4]]
b:
 [[5 6]
 [7 8]]
沿0轴合并:
 [[[1 2]
 [3 4]]

 [[5 6]
 [7 8]]]
沿1轴合并:
 [[[1 2]
 [5 6]]

 [[3 4]
 [7 8]]]
```

3.2 Tensor基础

Tensor 及其相关操作都可以在 CPU 或 GPU 上运行。对于现代深度神经网络，GPU 能提供更高的加速，Tensor 可利用 GPU 加速数值计算，而 NumPy 不能。因此 NumPy 不足以用于进行深层学习。PyTorch 是一个深度学习框架，它的核心是提供多维数组的库。Torch 模块提供了可对 Tensor 进行扩展操作的库。torch.nn 库是构建神经网络的核心库，它提供了常见的神经网络层（如全连接层、卷积层）和其他架构组件。torch.autograd 库可用来自动求导，PyTorch 允许 Tensor 跟踪对它所做的操作，并通过反向传播（Backward-Propogation，BP）来计算输出相对于输入的导数。

3.2.1 认识PyTorch中的Tensor

Tensor 是 PyTorch 中的基本概念。与 NumPy 数组类似，Tensor 是一种多维数组，也是标量、向量、矩阵等概念的自然推广。例如标量是零维 Tensor，向量是一维 Tensor，矩阵是二维 Tensor，n 维数组就是 n 维 Tensor。然而与普通数组不同的是，Tensor 具有自动求导的特性。

Tensor 是一种数据结构，广泛应用于神经网络模型，用来表示神经网络模型的输入、输出、参数等。Tensor 是深度学习的核心，在神经网络中几乎所有神经网络层都可以表示为 Tensor 的操作，梯度、反向传播也可以表示为 Tensor 或 Tensor 运算。Tensor 在内存中是连续存放的，且从最后一个维度开始存放。我们可以对 Tensor 进行加、减、乘、除等运算，也可对其进行线性变换（如卷积操作等）和激活函数操作，这两种操作方便我们进行神经网络的前向计算。与 NumPy 不同，Tensor 不仅包含数组元素本身，还包含数据类型、梯度、设备等属性。除此之外，Tensor 还有一些重要属性，即秩、轴和形状。

- Tensor 的秩：Tensor 中存在的维度数目。例如，矩阵、二维 Tensor 的秩都是 2。
- Tensor 的轴：Tensor 中某一个特定的维度。一个秩等于 2 的 Tensor 含有两个轴。Tensor 的秩决定了 Tensor 的轴数，而每个轴的长度决定了轴有多少个索引可用。
- Tensor 的形状：将轴和轴的长度结合起来就可以得到 Tensor 的形状。例如形状为 2×3 的 Tensor 有两个轴，第一个轴的长度是 2，第二个轴的长度是 3。

目前，深度学习较为成熟的两大应用方向分别是计算机视觉和自然语言处理（Natural Language Processing，NLP），在其相关应用中，标准的输入数据集至少都是三维以上的。例如图像数据集包含 4 个维度，即样本数×图像维度×图像高度×图像宽度，通常记为 $N \times C \times H \times W$。

3.2.2　创建 Tensor

与 NumPy 数组类似，Tensor 的创建方法也有多种，主要包括直接创建 Tensor、通过 NumPy 数组创建 Tensor、根据数值创建 Tensor、根据概率创建 Tensor。下面将详细介绍创建 Tensor 的方法。

1. 直接创建 Tensor

torch.tensor 函数能通过参数创建一个 Tensor，其使用格式如下。

```
torch.tensor(data, *, dtype=None, device=None, requires_grad=False, pin_memory=False)
```
参数说明。

- data：Tensor 的初始数据，可以是列表、元组或 NumPy 数组。
- dtype（可选）：数据类型，默认与 data 的类型一致。
- device（可选）：Tensor 所在的设备，默认为 None，表示使用当前设备。
- requires_grad（布尔类型，可选）：是否需要梯度。
- pin_memory（布尔类型，可选）：默认为 False，如果为 True，则返回的 Tensor 将被分配到固定内存中，仅适用于 CPU Tensor。

torch.tensor 函数的使用示例代码如下。

```
import torch
a = torch.tensor([[0.1, 0.2], [1.2, 1.1], [4.9, 5.2]])    #用列表创建 Tensor
b = torch.tensor((1,5,8,3))                    #用元组创建 Tensor
print('tensor a:\n',a)
print('tensor b:\n',b)
```
执行上述代码，输出结果如下。

```
tensor a:
 tensor([[0.1000, 0.2000],
        [1.2000, 1.1000],
        [4.9000, 5.2000]])
tensor b:
 tensor([1, 5, 8, 3])
```
在 PyTorch 中，torch.Tensor 和 torch.tensor 都可用来生成新的 Tensor，但它们的运行结果不完全相同。torch.Tensor 是一个类，也是 torch.FloatTensor 的别名，会调用自己的构造函数生成单精度 float 类型的 Tensor；而 torch.tensor 仅是一个函数，返回一个 Tensor。当输入数据是一个常数 n 时，torch.Tensor 会将 n 视为一维 Tensor 的元素个数，并随机初始化；而 torch.tensor 则会将 n 视为一个数字，而不是元素个数。torch.Tensor 与 torch.tensor 的使用示例代码如下。

```
import torch
a = torch.Tensor(3)
b = torch.tensor(3)
print('Tensor a:\n',a)
print('tensor b:\n',b)
```

执行上述代码，输出结果如下。

```
Tensor a:
 tensor([2.3877e-38, 4.5560e-41, 1.4013e-45])
tensor b:
 tensor(3)
```

2. 通过 NumPy 数组创建 Tensor

torch.from_numpy 函数可将 NumPy 数组转换为 Tensor。使用该方法创建的 Tensor 与原来的 n 维数组共享内存，即修改其中一个的数据时，另一个的数据也会被修改。torch.from_numpy 函数的使用示例代码如下。

```
import torch
import numpy as np
a = np.array([7, 8, 9])
t = torch.from_numpy(a)
print('t:\n',t)
```

执行上述代码，输出结果如下。

```
t:
 tensor([7, 8, 9], dtype=torch.int32)
```

3. 根据数值创建 Tensor

根据数值创建 Tensor 的常用函数如表3.2所示。

表3.2　　　　　　　　　　　　根据数值创建 Tensor 的常用函数

函数	功能
torch.eye(r, c)	返回指定行数和列数的二维单位对角 Tensor
torch.zeros(*size)	返回指定形状的 Tensor，元素初始为0
torch.ones(*size)	返回指定形状的 Tensor，元素初始为1
torch.zeros_like(input)	返回与参数 input 的形状相同的 Tensor，且元素初始为0
torch.ones_like(input)	返回与参数 input 的形状相同的 Tensor，且元素初始为1
torch.full(size, fill_value)	返回指定形状的 Tensor，元素初始为指定值
torch.arange(start=0, end, step=1)	返回等差的一维 Tensor，数值区间为[start, end)
torch.linspace(start, end, steps)	返回均分的一维 Tensor，数值区间为 [start, end]
torch.logspace(start, end, steps , base=10.0)	返回对数均分的一维 Tensor，数值区间为 [start, end]，底数为 base

torch.eye、torch.zeros 函数的具体使用示例代码如下。

```
import torch
#创建单位对角 Tensor
a = torch.eye(2)
print('单位对角 Tensor:\n',a)
#创建指定形状，且元素全为0的 Tensor
b = torch.zeros((3,3))
```

```
print('指定形状,且元素全为0的Tensor:\n',b)
```

执行上述代码,输出结果如下。

```
单位对角Tensor:
 tensor([[1., 0.],
        [0., 1.]])
指定形状,且元素全为0的Tensor:
 tensor([[0., 0., 0.],
        [0., 0., 0.],
        [0., 0., 0.]])
```

torch.full、torch.arange、torch.linspace 函数的具体使用示例代码如下。

```
import torch
#创建指定形状,元素为指定值的Tensor
a = torch.full((2,3),4)
print('指定形状,元素为指定值的Tensor:\n',a)
#创建等差的一维Tensor
b = torch.arange(10)
print('等差的一维Tensor:\n',b)
c = torch.linspace(start=1,end=10,steps=5)     #参数steps是元素个数
print('均分的一维Tensor:\n',c)
```

执行上述代码,输出结果如下。

```
指定形状,元素为指定值的Tensor:
 tensor([[4, 4, 4],
        [4, 4, 4]])
等差的一维Tensor:
 tensor([0, 1, 2, 3, 4, 5, 6, 7, 8, 9])
均分的一维Tensor:
 tensor([ 1.0000,  3.2500,  5.5000,  7.7500, 10.0000])
```

4．根据概率创建Tensor

根据概率创建Tensor的常用函数如表3.3所示。

表3.3　　　　　　　　　　根据概率创建Tensor的常用函数

函数	功能
torch.normal(mean, std, size, *, out=None)	生成指定大小的Tensor,其中每个元素都从正态分布中随机抽取,正态分布的均值为mean,方差为std
torch.randn(*size)	生成指定大小的Tensor,其中每个元素都从标准正态分布(均值为0,标准差为1)中随机抽取
torch.randn_like(input)	返回与input大小相同的Tensor,且元素服从标准正态分布
torch.rand(*size)	生成指定大小的Tensor,其中每个元素都从区间为[0,1)的均匀分布中随机抽取
torch.randint(low=0, high, size)	生成指定大小的Tensor,其中每个元素都从区间为[low,high)的均匀分布中随机抽取

torch.normal、torch.randn 函数的使用示例代码如下。

```
import torch
#创建服从正态分布的Tensor
a = torch.normal(mean=2,std=3,size=(2,3))
print('服从正态分布的Tensor:\n',a)
#创建服从标准正态分布的Tensor
b = torch.randn(2,3)
print('服从标准正态分布的Tensor:\n',b)
```

执行上述代码，输出结果如下。

```
服从正态分布的Tensor:
 tensor([[ 0.6422,  3.5069, -0.0493],
        [ 8.5422,  5.1944,  5.6222]])
服从标准正态分布的Tensor:
 tensor([[ 2.8611,  1.5526, -1.1078],
        [ 0.2712, -0.0039, -0.5074]])
```

torch.rand、torch.randint 函数的使用示例代码如下。

```
import torch
#创建服从均匀分布的Tensor
a = torch.rand(3)
print('服从均匀分布的Tensor:\n',a)
aa = torch.rand(2,3)
print('服从均匀分布的Tensor:\n',aa)
#创建服从均匀分布的随机整数Tensor
b = torch.randint(low=2,high=10,size=(2,2))
print('服从均匀分布的随机整数Tensor:\n',b)
```

执行上述代码，输出结果如下。

```
服从均匀分布的Tensor:
 tensor([0.3211, 0.4935, 0.1194])
服从均匀分布的Tensor:
 tensor([[0.8163, 0.6024, 0.8713],
        [0.8943, 0.3287, 0.6049]])
服从均匀分布的随机整数Tensor:
 tensor([[6, 4],
        [6, 2]])
```

3.2.3　修改 Tensor 的形状

Tensor 的形状表示了每个维度由多少个元素组成。在 PyTorch 中，Tensor 的大小和形状是一致的，可用 size 函数查看 Tensor 的形状。在搭建神经网络和处理数据的过程中，我们需要了解 Tensor 的形状，并根据需要修改其形状。

修改 Tensor 的形状、Tensor 的常见操作

1．修改 Tensor 的形状

PyTorch 中 view、reshape 和 resize_ 这 3 个函数都能修改 Tensor 的形状，但这 3 个函数的功能不完全相同，具体表现如下。

- view 返回的对象与源 Tensor 共享内存，即修改其中一个，另一个也会随之改变；view 只能操作 Tensor，且要求 Tensor 是连续的。
- reshape 能生成新的 Tensor，可以对 Tensor 和多维数组进行操作，且 Tensor 无须连续存放。
- resize_ 可以修改 Tensor 的形状，并且可在修改 Tensor 形状的同时改变 Tensor 的大小。在修改 Tensor 尺寸时，如果新尺寸大于原尺寸，Tensor 将会被自动分配新的内存空间；如果新尺寸小于原尺寸，则之前的数据会被保存。

torch.view 函数的使用示例代码如下。

```
import torch
a = torch.tensor([[[1,2,3],[4,5,6]],[[7,8,9],[10,11,12]]])
print('a的形状: \n',a.size())
print('a:\n',a)
b = a.view(3,4)
print('b的形状: \n',b.size())
```

```
print('b:\n',b)
c = a.view(-1)          #view(-1)：展平数组
print('c:\n',c)
```

执行上述代码，输出结果如下。

```
a 的形状：
 torch.Size([2, 2, 3])
a:
 tensor([[[ 1,  2,  3],
         [ 4,  5,  6]],

        [[ 7,  8,  9],
         [10, 11, 12]]])
b 的形状：
 torch.Size([3, 4])
b:
 tensor([[ 1,  2,  3,  4],
        [ 5,  6,  7,  8],
        [ 9, 10, 11, 12]])
c:
 tensor([ 1,  2,  3,  4,  5,  6,  7,  8,  9, 10, 11, 12])
```

torch.reshape 函数的使用示例代码如下。

```
import torch
a = torch.randn((2,3))
print('a 的形状：\n',a.shape)
print('a:\n',a)
b = a.reshape(3,2)
print('b:\n',b)
```

执行上述代码，输出结果如下。

```
a 的形状：
 torch.Size([2, 3])
a:
 tensor([[ 0.0499, -0.1848,  2.0246],
        [ 1.0483,  1.3530,  0.8046]])
b:
 tensor([[ 0.0499, -0.1848],
        [ 2.0246,  1.0483],
        [ 1.3530,  0.8046]])
```

torch.resize_ 函数的使用示例代码如下。

```
import torch
a = torch.rand((1,8))
print('a:\n',a)
b = a.resize_((3,3))          #新尺寸大于原尺寸
print('b:\n',b)
c = a.resize_((2,3))          #新尺寸小于原尺寸
print('c:\n',c)
```

执行上述代码，输出结果如下。

```
a:
 tensor([[0.0021, 0.0505, 0.5724, 0.0563, 0.1311, 0.5425, 0.2373, 0.4553]])
b:
 tensor([[0.0021, 0.0505, 0.5724],
        [0.0563, 0.1311, 0.5425],
        [0.2373, 0.4553, 0.0000]])
c:
 tensor([[0.0021, 0.0505, 0.5724],
        [0.0563, 0.1311, 0.5425]])
```

2．压缩、增加维度

（1）压缩维度

torch.squeeze 函数的功能是压缩维度，即删除 Tensor 中长度为1的维度。例如a的形状是2×3×1，使用 torch.squeeze 压缩后得到的 a 的形状为2×3。torch.squeeze 函数的使用格式如下。

```
torch.squeeze(input, dim=None, *, out=None)
```

部分参数说明。

- input：输入的 Tensor。
- dim（可选）：若指定该参数，则将在指定维度上对输入进行压缩；若不指定该参数，则所有长度为1的维度将被删除。

torch.squeeze 函数的使用示例代码如下。

```
import torch
a = torch.randn((1,2,3))
print('a:\n',a)
b = torch.squeeze(a,dim=0)      #在指定维度上压缩
print('b:\n',b)
aa = torch.randn((2,1,2,1))
c = torch.squeeze(aa)           #将所有长度为1的维度删除
print('c:\n',c)
print('c的形状:\n',c.shape)
```

执行上述代码，输出结果如下。

```
a:
 tensor([[[-0.0670,  2.1968, -0.3094],
        [ 0.3396,  1.2465,  0.6558]]])
b:
 tensor([[-0.0670,  2.1968, -0.3094],
        [ 0.3396,  1.2465,  0.6558]])
c:
 tensor([[ 0.2000, -0.4520],
        [-0.4569,  0.9051]])
c的形状:
 torch.Size([2, 2])
```

（2）增加维度

torch.unsqueeze 函数的功能与 torch.squeeze 的相反，它用于在指定维度上增加一个长度为1的维度。其使用格式如下。

```
torch.unsqueeze(input, dim)
```

torch.unsqueeze 函数的使用示例代码如下。

```
import torch
a = torch.tensor([1, 2, 3, 4])
b = torch.unsqueeze(a, 0)
print('b:\n',b)
```

执行上述代码，输出结果如下。

```
b:
 tensor([[1, 2, 3, 4]])
```

3.2.4　Tensor 的常见操作

1．广播机制

与 NumPy 类似，Tensor 也支持广播机制。广播能将不同形状的 Tensor 转化为相同形状，以方

便后续的逐元素操作。广播的方法是：为较小的 Tensor 添加维度，使其与较大 Tensor 的维度相同，然后把较小的 Tensor 沿着新轴重复。对 Tensor 进行算术运算时，若两个 Tensor 的形状不同，则 Torch 会自动使用广播机制使两个 Tensor 的形状相同。下面是两个形状不同的 Tensor 进行运算的示例代码。

```
import torch
a = torch.arange(1,4)
b = torch.tensor([[2,3,4],[4,5,6]])
c = a+b
print('a:\n',a)
print('b:\n',b)
print('c:\n',c)
```

执行上述代码，输出结果如下。

```
a:
 tensor([1, 2, 3])
b:
 tensor([[2, 3, 4],
        [4, 5, 6]])
c:
 tensor([[3, 5, 7],
        [5, 7, 9]])
```

2．逐元素操作

逐元素操作会对 Tensor 的每一个元素进行，操作后输出的形状与输入的一致。常见的逐元素操作函数如表 3.4 所示。

表3.4　　　　　　　　　　　　　常见的逐元素操作函数

函数	功能
abs、add、sqrt	求绝对值、加法运算、求平方根
mul、div、neg	进行逐元素乘、除、取反
exp、log、pow	求指数、对数、幂
ceil、floor、round、trunc	向上取整、向下取整、四舍五入、只保留整数
cos、sin、cosh	三角函数
Sigmoid、Tanh	激活函数

torch.mul、torch.sqrt 函数的使用示例代码如下。

```
import torch
a = torch.randint(0,10,(2,3))
b = torch.randint(0,10,(2,3))
print('a:\n',a)
print('b:\n',b)
print('a*b:\n',torch.mul(a,b))
print('a的平方根:\n',torch.sqrt(a))
```

执行上述代码，输出结果如下。

```
a:
 tensor([[3, 6, 3],
        [0, 2, 0]])
b:
 tensor([[3, 0, 6],
```

```
       [2, 4, 8]])
a*b:
 tensor([[ 9,  0, 18],
        [ 0,  8,  0]])
a的平方根:
 tensor([[1.7321, 2.4495, 1.7321],
        [0.0000, 1.4142, 0.0000]])
```

3. 归并操作

归并操作可以对整个 Tensor 进行，也可以沿着某一维度进行。归并后输出的形状一般会小于输入的。在归并操作中经常会出现两个参数，即 dim 和 keepdim。dim 用于指定操作将沿哪个维度进行；keepdim 用来指定输出结果中是否保留长度为 1 的维度，默认不保留。常见的归并操作函数如表 3.5 所示。

表 3.5   常见的归并操作函数

函数	功能
sum、mean、median、mode	求和、均值、中位数、众数
norm、dist	求范数、距离
std、var	求标准差、方差

torch.mean 函数的使用示例代码如下。

```
import torch
a = torch.rand((2,3))
print('a:\n',a)
print('对a做求均值运算: \n',torch.mean(a))
print('在0维度上对a做求均值运算',torch.mean(a,dim=0))
```

执行上述代码，输出结果如下。

```
a:
 tensor([[0.3385, 0.3477, 0.1191],
        [0.1773, 0.2869, 0.0089]])
对a做求均值运算:
 tensor(0.2131)
在0维度上对a做求均值运算tensor([0.2579, 0.3173, 0.0640])
```

4. 比较操作

比较函数有两种，即逐元素比较函数和按指定维度比较函数。常见的比较函数如表 3.6 所示。

表 3.6   常见的比较函数

函数	功能
gt、lt、ge、le	判断大于、小于、大于等于、小于等于
eq、ne	判断等于、不等于
topk(t,k,axis)	在指定维度上取较大的 k 个值
max/min(t,axis)	返回最大/最小值；若指定 axis，则同时返回最值的索引

torch.topk、torch.max 函数的使用示例代码如下。

```
import torch
a = torch.randint(1,20,(3,4))
print('a:\n',a)
#在1维度上找较大的两个元素
```

```
topx,inx = torch.topk(a,2,dim=1)
print('较大的两个元素: \n',topx)
print('较大的两个元素的索引: \n',inx)
#在0维度上找最大值
max_x,indx = torch.max(a,dim=0)
print('最大值: \n',max_x)
print('最大值的索引: \n',indx)
```

执行上述代码，输出结果如下。

```
a:
 tensor([[14, 15,  2, 18],
        [16, 10, 15,  6],
        [ 4,  1,  6,  8]])
较大的两个元素:
 tensor([[18, 15],
        [16, 15],
        [ 8,  6]])
较大的两个元素的索引:
 tensor([[3, 1],
        [0, 2],
        [3, 2]])
最大值:
 tensor([16, 15, 15, 18])
最大值的索引:
 tensor([1, 0, 1, 0])
```

3.3　NumPy 数组与 Tensor 比较

　　NumPy 是一个大规模的数值计算库，用来处理大规模数组的数学运算。很多科学计算库（如 SciPy、Matplotlib 等）都依赖于 NumPy。我们经常使用 NumPy 来处理非神经网络的科学计算和数据处理任务。

　　PyTorch 中的 Tensor 是专门针对深度学习而设计的一种数据类型，我们用它来实现大规模的并行计算。NumPy 与 Tensor 有很多相似的地方，它们互相转换方便，且类型兼容。用 print 函数输出张量时，会额外显示 tensor 字样，表示数据的类型是 Tensor。NumPy 与 Tensor 的相互转换示例代码如下。

```
import numpy as np
import torch
a = np.array([[1,2,3],[2,3,4],[3,4,5]])
print('数组a:\n',a)

# NumPy 转换为 Tensor
b = torch.from_numpy(a)
print('张量b:\n',b)

# Tensor 转换为 NumPy
c = b.numpy()
print('数组c:\n',c)
```

执行上述代码，输出结果如下。

```
数组a:
 [[1 2 3]
 [2 3 4]
```

```
      [3 4 5]]
张量b:
 tensor([[1, 2, 3],
        [2, 3, 4],
        [3, 4, 5]], dtype=torch.int32)
数组c:
 [[1 2 3]
 [2 3 4]
 [3 4 5]]
```

值得注意的是，Tensor可以在CPU和GPU上运行，而NumPy只能在CPU上运行。因此，将Tensor转换为NumPy时，若Tensor在CPU上，则直接使用numpy函数即可进行转换；若Tensor在GPU上，则需先使用cpu函数将Tensor移动到CPU上，然后使用numpy函数将Tensor转换为NumPy，例如data.cpu().numpy()。

那么，何时需要将Tensor转换为NumPy呢？

由于Matplotlib、SciPy等科学计算库依赖于NumPy，因此在使用这些库之前需要将Tensor转换为NumPy。另外，若要将Tensor数据保存到硬盘中，或对Tensor数据进行不同平台或不同机器间的数据共享，需要将Tensor转换为NumPy，这样才能使用NumPy的保存和读取功能。

3.4 本章小结

本章介绍了NumPy数组的创建、元素的获取、数组运算和数组变形等操作；还介绍了PyTorch中Tensor的概念、Tensor的多种创建方法、形状修改及常见操作等，并在此基础上对NumPy和Tensor进行了比较，介绍了其相互转换的方法和各自的应用场景。这些内容在后续会经常使用。NumPy内容十分丰富，若要了解其更多内容，读者可以到NumPy官网上查看。

3.5 习题

一、填空题

1．NumPy是Python的一个扩展程序库，支持_____与矩阵运算，并针对数组运算提供大量的数学函数库。

2．对数组进行算术运算（加、减、乘、除）时，要求输入数组的_____一致，当数组形状不一致时可使用_____调整数组形状，使输入的所有数组形状一致。

3．若数组a的形状是$2\times3\times3$，b的形状是$1\times3\times1$。根据广播机制，a+b的形状是_____。

4．_____及其相关操作都可以在CPU或GPU上运行。

5．形状为$2\times3\times4$的Tensor的秩是_____。

6．由于_____、SciPy等科学计算库依赖于NumPy，因此在使用这些库之前需要将Tensor转换为_____。

二、多项选择题

1．下列哪些函数可以创建NumPy数组？（　　　）

A．np.array   B．np.arange

C．np.linspace   D．np.random. uniform

2．执行下列代码后，输出的结果是（　　）。

```
a = np.random.randn(2,3)
b = a.reshape(1,-1)
print('b的形状: \n',b.shape)
```

A．(1, 6)　　　　　　B．(1, −1)　　　　　C．(6, 1)　　　　D．(2, 3)

3．执行下列代码后，输出的结果为（　　）。

```
a = np.array([[1,2,3],[4,5,6]])
b = a.flatten( )
print(b)
```

A．[1 4 2 5 3 6]　　　　　　　　　　B．[1 2 3 4 5 6]

C．[[1 2 3 4 5 6]]　　　　　　　　　D．[[1 2 3],[4 5 6]]

4．执行下列代码后，a和t分别是（　　）。

```
a = np.array([2, 5, 9])
t = torch.from_numpy(a)
```

A．数组、数组　　　　　　　　　　B．Tensor、Tensor

C．Tensor、数组　　　　　　　　　D．数组、Tensor

5．下列哪些函数可以修改Tensor的形状？（　　）

A．view　　　　　　B．reshape　　　　　C．resize　　　　D．resize_

6．下列关于Tensor和NumPy的叙述中正确的是（　　）。

A．Tensor可以在CPU和GPU上运行

B．NumPy只能在GPU上运行

C．NumPy只能在CPU上运行

D．Tensor只能在GPU上运行

第 **4** 章 数据集

深度学习是一个典型的迭代过程，即在多次迭代中找到最佳模型，高质量的数据集有助于提高迭代效率。公开的深度学习图像数据集有MNIST、COCO、ImageNet、CIFAR-10等。数据集通常由训练集、验证集和测试集这3个部分组成：训练集用来训练模型和网络参数；验证集用来确定网络结构、调整模型的超参数；测试集用来检验模型的泛化能力。PyTorch将训练模型所需的原始数据定义为Dataset类，对该类进行实例化后使用数据加载器（DataLoader）加载数据，每次返回一个批次的数据供模型训练。本章的主要内容如下。

- 数据集。
- 构造图片的地址列表。
- 利用地址列表定义图片数据集。

4.1 数据集

在深度学习中用于训练的数据往往非常多，模型通常不可能一次性完成所有数据的计算。因此模型在训练时通常将数据集打乱，然后将其划分为多个批次（Batch），再依次处理各个批次的数据。

数据集

PyTorch中常用的数据处理工具包是 **torch.utils.data** 和 **torchvision**。Dataset 和 DataLoader是 torch.utils.data 包中的两个类；Dataset 负责数据的定义；DataLoader是用于定义迭代器，用于实现数据的批量读取。下面简要介绍这两个类的功能。

（1）Dataset

Dataset 是一个抽象类，其他数据集需要继承这个类，并且要重写其中的两个方法，即_ _getitem_ _方法和_ _len_ _方法。

（2）DataLoader

DataLoader用于定义迭代器，实现批量读取数据，提供并行加速、打乱数据等功能。

torchvision 是 PyTorch 的一个视觉数据处理工具包，独立于 PyTorch，需要单独安装。torchvision包含有4个子类，各子类及其主要功能如下。

（1）datasets

datasets用于加载常用的数据集，常用的数据集有MNIST、CIFAR-10、ImageNet等。

（2）models

models提供深度学习中各种经典的模型结构及预训练模型，如 AlexNet、VGG 系列模型、

ResNet系列模型等。

（3）transforms

transforms提供常用的数据预处理操作，包括对 Tensor 及 PIL.Image 对象的操作。

（4）utils

utils包含两个函数，即 make_grid 和 save_img。make_grid能将多张图片拼接在一个网格中；save_img能将 Tensor 保存为图片格式。

4.1.1 定义数据集

1. 自定义数据集

训练模型前通常要定义数据集，所有自定义数据集都要继承 Dataset 类，并重写 __len__ 和 __getitem__ 这两个方法。其中，__len__ 返回数据集的大小，__getitem__ 通过给定索引获取数据和标签。（注意：__getitem__ 一次只能获取一个数据。）

下面定义一个简单的数据集Mydataset。该数据集中的数据用二维向量data表示，标签用一维向量label表示。其完整示例代码如下。

```
import torch
from torch.utils import data
import numpy as np

class Mydataset(data.Dataset):                          #继承 Dataset 类
    def __init__(self):
        self.data=np.asarray([[1,2],[3,4],[5,6],[7,8]])   #定义数据
        self.label=np.asarray([0,1,2,0])                  #定义标签
    def __getitem__(self,index):
        Data=torch.from_numpy(self.data[index])       #取指定索引的数据
        Label=torch.tensor(self.label[index])         #取指定索引的标签
        return Data,Label
    def __len__(self):
        return len(self.data)
```

📖 Dataset类是所有自定义数据集的父类。

在上述代码中，__init__ 函数定义了数据集中的数据和标签，数据是二维数组 [[1,2],[3,4],[5,6],[7,8]]，标签是一维数组[0,1,2,0]。__getitem__ 能根据指定索引（参数index）获取数据和标签。由于 __getitem__ 返回的是 Tensor，所以使用 torch.from_numpy 和 torch.tensor 函数分别将数据和标签转换为 Tensor。

数据集Mydataset是一个类，使用前需对其进行实例化，然后才能通过索引查看数据集中的数据及数据集的长度。实现Mydataset类实例化和查看操作的示例代码如下。

```
mydata=Mydataset()
print("数据集中的第一个数据和标签: ",mydata[0])
print("数据集的长度是: ",mydata.__len__())
```

上述代码中，变量mydata是 Mydataset类的实例，mydata[0]返回数据集中的第一个数据和标签。执行上述代码，可查看Mydataset数据集的相关信息，如图4.1所示。

```
数据集中的第一个数据和标签: (tensor([1, 2], dtype=torch.int32), tensor(0, dtype=torc
h.int32))
数据集的长度是: 4
```

图4.1 Mydataset数据集的相关信息

2．使用 ImageFolder 类构造图像数据集

ImageFolder 是 torchvision.datasets 类的子类，可以加载文件夹中的图像，并将其转换为 Tensor。当图像数据集的目录结构较为简单时，可使用 ImageFolder 构造图像数据集。ImageFolder 的使用格式如下。

```
ImageFolder(root,transform=None,target_transform=None,
loader=datasets.folder.default_loader,is_valid_file=None)
```

参数说明。

- root：存储图片的根目录。
- transform：对图片进行的预处理操作。
- target_transform：对图片类别（图片标签 label）进行的预处理操作。如果不传入该参数，则不对标签做任何转换，返回的顺序索引是 0、1、2 等。
- loader：数据集加载方式。
- is_valid_file：获取图像文件的路径并检查图像文件是否为有效文件。

猫狗数据集 cat_dog_data 仅包含 cat 和 dog 两类图片，每类图片各有 150 张，猫狗数据集 cat_dog_data 的存储结构如图 4.2 所示。下面使用 ImageFolder 类来构造猫狗数据集 dataset，具体示例代码如下。

图 4.2　猫狗数据集 cat_dog_data 的存储结构

```
from torch.utils import data
from torchvision import datasets,transforms,utils
import matplotlib.pyplot as plt
import os
os.environ["KMP_DUPLICATE_LIB_OK"]="TRUE"

transform = transforms.Compose([transforms.ToTensor(),transforms.CenterCrop(224)])    #对
图片进行多种转换操作
root = 'D:\cat_dog_data'            #指定存储图片的根目录
dataset = datasets.ImageFolder(root,transform=transform)      #定义数据集
data_loader = data.DataLoader(dataset,batch_size=2,shuffle=True)      #加载数据集

for i,img in enumerate(data_loader):      #显示数据集中的部分图片
    if i== 0:
        print(img[1])
        fig = plt.figure()
        grid = utils.make_grid(img[0])
        plt.imshow(grid.numpy().transpose((1,2,0)))
        plt.show()
    break
```

执行以上代码后，显示数据集中第一个批次的图片，如图 4.3 所示。以上代码中将批次的大小

设为 2，即 batch_size=2，因此第一个批次的数据是 2 张图片；若要显示多张图片，更改 batch_size 的值即可。

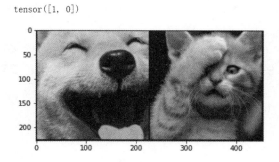

图 4.3 数据集中第一个批次的图片

组合函数 transforms.Compose 的功能是对图片进行多种转换操作（如水平翻转、随机裁剪、调整亮度等）。for 循环语句的功能是显示第一个批次的图片，循环语句中相关函数的用法将在后面进行详细介绍。

4.1.2 加载数据集

DataLoader 是 PyTorch 中用来处理模型输入数据的一个类。它组合了数据集和采样器，为数据集提供单线程或多线程的可迭代对象。DataLoader 的使用格式如下。

```
data.DataLoader(
    dataset,
    batch_size = 1,
    shuffle = False,
    sampler = None,
    batch_sampler = None,
    num_workers = 0,
    collate_fn = <function default_collate at 0x7f108ee01620>,
    pin_memory = False,
    drop_last = False,
    timeout = 0,
    worker_init_fn = None,
)
```

部分参数说明。

- dataset：加载的数据集。
- batch_size：批大小，即每个批次包含多少个数据。
- shuffle：每一个迭代是否为乱序，默认为 False。
- sampler：样本抽样方式。
- num_workers：读取数据的进程数，默认为 0。
- collate_fn：如何将多个样本数据拼接成一个批次，通常使用默认拼接方法。
- pin_memory：为 True 时会将数据放置到 GPU 上，默认为 False。
- drop_last：数据集中的数据个数可能不是 batch_size 的整数倍，当 drop_last 为 True 时，不足一个批次的数据将被丢弃。

使用 DataLoader 加载数据时，首先要定义好数据集，对数据集进行实例化后即可使用

DataLoader 实现数据的分批加载。值得注意的是，加载数据时，一定要将图片数据统一为相同尺寸。下面使用 DataLoader 类加载数据集 Mydataset 中的数据，具体示例代码如下。（注意：在上述代码下输入下面的语句）。

```
mydata=Mydataset()
my_loader=data.DataLoader(mydata,batch_size=2,shuffle=False)
```

上述代码中，将 DataLoader 的 batch_size 设为 2，将 shuffle 设为 False，即不打乱数据。为验证数据集是否加载成功，可使用循环依次输出每个批次的数据和标签。查看数据集中数据和标签的具体示例代码如下。

```
for i,j in enumerate(my_loader):
    print("batch:",i)
    dataa,labell=j
    print("data:",dataa)
    print("label:",labell)
```

执行上述代码后，数据集中的数据将分批加载并显示，分批加载的部分结果如图4.4所示。

```
batch: 0
data: tensor([[1, 2],
              [3, 4]], dtype=torch.int32)          第一个批次的数据和标签
label: tensor([0, 1], dtype=torch.int32)
batch: 1
data: tensor([[5, 6],
              [7, 8]], dtype=torch.int32)
label: tensor([2, 0], dtype=torch.int32)
```

图 4.4　分批加载的部分结果

4.1.3　PyTorch 自带的数据集

torchvision 是 PyTorch 框架中一个非常重要的工具包，其中 datasets、models 和 transforms 这 3 个子类的使用较为频繁，这 3 个子类的主要功能如下。

* datasets 中包含一些经典的数据集，如 MNIST、COCO、ImageNet、CIFAR-10、CIFAR-100、STL-10、CelebA 等。

* models 中包含常用的模型结构和预训练模型，如 AlexNet、Inception、ResNet、VGG 等，用户可以通过简单调用来读取模型结构和预训练模型，这部分知识将在第 6 章介绍。

* transforms 中包含一些常用图片转换函数，如用于裁剪、旋转、翻转等转换的函数。

1．torchvision.datasets

torchvision.datasets 提供了常用的数据集，用户可轻松地加载并使用这些数据集。PyTorch 中加载数据集的一般格式如下。

```
torchvision.datasets.*( root, train=True,
transform=None,target_transform=None,download=False )
```

📖　以上语句中的 "*" 表示数据集的名称。

参数说明。

* root：存放数据集的路径。

- train（布尔类型）：为True时表示从训练集中创建数据集；为False时表示从测试集中创建数据集。
- transform：对数据进行的预处理操作。
- target_transform：标签的预处理方式。
- download（布尔类型）：为True时将从互联网下载数据集并存放在根目录下（如果数据集已下载，则不会再次下载）。

下面用torchvision.datasets加载CIFAR-100数据集，具体示例代码如下。

```
transform=transforms.Compose([transforms.Resize((320,320)),
                              transforms.ToTensor(),
                              transforms.RandomRotation(20)])
dataset=datasets.CIFAR100(root='./data',train=True,download=True,transform=transform)
```

2. torchvision.transforms

深度学习是数据驱动方式，数据的数量以及分布对模型的优劣起到决定性作用。因此，进行深度学习时通常要对数据进行一定的预处理或数据增强（Data Augmentation）操作，从而提升模型的泛化能力。PyTorch中使用torchvision.transforms实现数据的预处理和数据增强。torchvision.transforms中常见的图形转换函数如下。

- Resize函数：调整图形的尺寸（图形的长宽比保持不变）。
- CenterCrop、RandomCrop、RandomSizedCrop函数：CenterCrop、RandomCrop用于固定尺寸的裁剪，而RandomSizedCrop用于随机尺寸的裁剪。
- RandomHorizontalFlip、RandomVerticalFlip函数：依据概率水平、垂直翻转图片。
- ColorJitter函数：调整图像的亮度、对比度、饱和度及色相。
- Pad函数：对图片边缘进行填充。
- Grayscale函数：将图片转换为灰度图。
- RandomErasing函数：对图像进行随机遮挡。
- ToTensor函数：把一个取值范围是0～255的PIL.Image对象转换成Tensor，即将形状为$H \times W \times C$的多维数组转换成形状为$C \times H \times W$的Tensor。
- Normalize函数：进行标准化操作，即对数据减均值再除以标准差。

用torchvision.transforms进行图形转换的具体示例代码如下。

```
transforms.CenterCrop(10)        #裁剪图片
transforms.ToTensor()            #将PIL.Image对象转换为Tensor
```

3. transforms.Compose

预处理数据时，通常要对图片进行多种转换，如裁剪、旋转、翻转、调整亮度等。transforms.Compose函数能将多种操作组合起来，让它们顺序执行。下面使用transforms.Compose函数将Resize、ToTensor和RandomErasing这些转换操作进行组合，具体示例代码如下。

```
transform=transforms.Compose([transforms.Resize((48,48)),
                              transforms.ToTensor(),
                              transforms.RandomErasing(p=0.5, scale=(0.02, 0.33), ratio=(0.3,
3.3), value=0, inplace=False)])
```

4. 加载PyTorch自带数据集的示例

CIFAR-10数据集由60000张32像素×32像素的彩色图片组成，共有10个类别。每个类别包含6000张图片。其中有50000张训练图片、10000张测试图片。下面使用torchvision.datasets和DataLoader来加载CIFAR-10数据集，完整示例代码如下。

```
import torch
import torchvision.datasets as datasets
import torchvision.transforms as transforms

transform=transforms.Compose([transforms.Resize((224,224)),
                              transforms.ToTensor(),
                              transforms.RandomRotation(20)])
trainset=datasets.CIFAR10(root='./data',train=True,download=True,transform=transform)
trainloader=torch.utils.data.DataLoader(trainset,batch_size=128,shuffle=True,num_workers=2)
```

上例中使用 transforms.Resize、transforms.RandomRotation 函数对图片进行数据增强，用transforms.ToTensor函数将数据转换为Tensor。设置数据加载时的批大小为128，即每次输出128张图片。每次加载时将返回一个大Tensor，其维度是批大小×通道数×图片高度×图片宽度。

📖 CIFAR-10数据集的下载速度较慢，建议直接到官网下载，在"Download"下选择"CIFAR-10 python version"。该数据集下载完成后，使用datasets.CIFAR10函数加载该数据集，此时参数root设为存放该数据集的路径，download设为False，表示无须下载。

路径中的"./"表示当前文件所在的目录，"../"表示当前文件的上一级目录；"/"表示根目录。

为了验证图片是否加载成功，用户可对Tensor进行数据可视化。加载CIFAR-10数据集并可视化数据的完整示例代码如下。

```
import torch,torchvision
import torchvision.datasets as datasets
import torchvision.transforms as transforms
import matplotlib.pyplot as plt
import numpy as np
import os
os.environ["KMP_DUPLICATE_LIB_OK"]="TRUE"

transform=transforms.Compose([transforms.Resize((320,320)),
                              transforms.ToTensor(),
                              transforms.RandomRotation(20)])
trainset=datasets.CIFAR10(root='./data',train=True,download=True,transform=transform)
trainloader=torch.utils.data.DataLoader(trainset,batch_size=4,shuffle=True,num_workers=2)
for batch_n,(img,label) in enumerate(trainloader):
    if batch_n==0:              #显示第一个批次的第一张图片
        print('the shape of img:',img.size())       #输出第一个批次数据的维度（形状）
        print('the value of label:',label)          #输出第一个批次数据的标签
        fig=plt.figure()
        pic=img[0]     #第一个批次数据的第一张图片
        plt.imshow(pic.numpy().transpose((1,2,0)))
        plt.show()
    break
```

加载的数据包含图片数据和标签。图片的维度是4×3×320×320，其中4表示每个批次数据包含的图片数量；3表示每张图片的通道数；两个 320分别表示图片的高度和宽度；变量img[0]表示第一个批次数据的第1张图片。第一个批次数据的标签值分别是7、8、5、2，表示这4张图片分别属于第7、8、5、2类。

使用pyplot显示图像时，需要将神经网络中的 Tensor 转换为 NumPy 数组，并对其进行转置变

换后图片才能正常显示。函数transpose的功能是实现数组的转置，该函数的用法在第 3 章已介绍，在此不赘述。执行上述代码后，将输出第一个批次数据的相关信息，包括图片的维度、标签，及第一个批数据的第一张图片。CIFAR-10数据集的可视化效果如图4.5所示。

```
the shape of img: torch.Size([4, 3, 320, 320])
the value of label: tensor([7, 8, 5, 2])
```

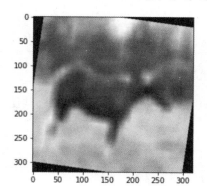

图4.5　CIFAR-10数据集的可视化效果

4.2　构造图片的地址列表

构造图片的地址
列表

当数据集的数据较少或其存储结构较为简单时，可使用4.1节介绍的方法定义数据集。但是，当数据集的数据较多且其存储结构较为复杂时，若定义数据集，在init函数中直接提供数据是不现实的，对于图片数据集，通常在该函数中提供图片的地址列表，该列表中包含图片的路径和标签。构造图片的地址列表时需要用到os和glob模块的相关函数。下面先介绍os和glob模块的基础知识，进而介绍地址列表的构造方法。

4.2.1　os和glob模块

Python内置的os模块拥有操作系统的大部分功能，如创建、删除文件，对路径和文件进行相关操作，检查某个路径下是否存在某个文件，检查某个路径是否存在，等等。Python内置的glob模块提供文件名模式匹配功能。

1．os.path.join

os.path.join函数的作用是拼接文件路径，即将多个路径组合后返回。它可以有多个参数。其使用格式如下。

```
os.path.join(path1,path2,*)
```
参数说明。
- path1：初始路径。
- path2：需要拼接的路径。

使用os.path.join函数时需要注意以下几个方面。

（1）如果各路径的首字母不包含"/"，则函数会自动加上。

（2）如果有一个路径是绝对路径，则在它之前的所有路径均会被舍弃。

（3）如果最后一个路径为空，则生成的路径以一个"/"分隔符结尾。

os.path.join 函数的使用示例代码如下。

```
import os
path='D:\data'
print(os.path.join(path,'cat'))
```

执行上述代码，其输出结果如下。

```
D:\data\cat
```

📖 表示路径时 Python 是不区分正斜线和反斜线的，它会自动处理。

2．os.listdir

os.listdir 函数返回指定目录下的文件和文件夹的名称列表。其使用格式如下。

```
os.listdir( path )
```

参数说明。

path：指定的目录。

os.listdir 函数的使用示例代码如下。

```
import os
path='D:\data'
join_path=os.path.join(path,'cat')
print(os.listdir(join_path))
```

执行上述代码，其输出结果如下。

```
['1.jpeg', '2.jpeg', '3.jpeg', '4.jpeg', 'cat04.jpeg']
```

3．glob.glob

glob.glob 函数是 Python 的内置模块 glob 提供的函数。它支持使用通配符来查找某个目录的文件，找到的文件以列表格式返回；如果目录不存在或者查找结果为空，则返回一个空列表。常见的通配符有"*"（用于匹配0个或多个字符）、"**"（用于匹配所有文件、目录、子目录以及子目录中的文件）、"？"（用于匹配一个字符）、"[]"（用于匹配指定范围内的字符，如[0-9]用于匹配数字，[a-z]用于匹配小写字母）。

glob.glob 函数可以将某目录下所有与通配符匹配的文件放到一个列表中。其使用格式如下。

```
glob.glob(pathname, *, recursive=False)
```

参数说明。

pathname：文件路径。

glob.glob 函数的使用示例代码如下。

```
import glob
print(glob.glob('D:\data\cat\*.jpeg'))       #显示cat文件夹下所有JPEG图片的路径
```

执行上述代码，其输出结果如下。

```
['D:\\data\\cat\\1.jpeg', 'D:\\data\\cat\\2.jpeg', 'D:\\data\\cat\\3.jpeg',
'D:\\data\\cat\\4.jpeg', 'D:\\data\\cat\\cat04.jpeg']
```

4.2.2　构造地址列表案例

1．简单存储结构

地址列表一般指包含图片的路径和标签的文本文件。下面以图4.2中的 cat_dog_data 数据集为例，使用 os 和 glob 模块的相关函数读取 cat_dog_data 数据集中所有图片的路径和标签，将猫图片的标签设为0，狗图片的标签设为1，并将地址列表保存到文本文件catanddog.txt中。构造cat_dog_data数据集的地址列表的完整示例代码如下。

```
import os
import glob
'''功能描述：读取cat_dog_data中的猫、狗图片的路径及标签，并将地址列表保存到catanddog.txt文件中'''

root = 'D:\cat_dog_data'
cat_dog = open('.\data\catanddog.txt','w')   #打开当前目录下data文件夹中的catanddog.txt文件，
若没有则创建一个catanddog.txt文件
cat_dog.write('path'+','+'label'+'\n')    #在文本文件的第一行写入path和label
pathlist=glob.glob(os.path.join(root,'*\*.jpeg'))    #获取cat_dog_data文件夹下所有JPEG图片
的路径
for i in range(len(pathlist)):
    p=pathlist[i]
    p1=p.split('\\')          #用"\\"对路径进行拆分，得到路径的字符串列表
    if 'cat' in p1:           #字符串列表中若包含'cat'字符串，则将图片的标签设为0，否则将其设为1
        la='0'
    else:
        la='1'
    cat_dog.write(p +','+la+'\n')      #将图片的路径和标签写入catanddog.txt文件中
cat_dog.close()                       #关闭文件
```

📖 上述代码中""""所包含的内容，以及#后所跟的内容是代码的注释，练习时可以不用输入。

运行代码后将在当前目录的**data**文件夹下生成地址列表文件catanddog.txt。cat_dog_data数据集的地址列表文件的部分内容如图4.6所示。

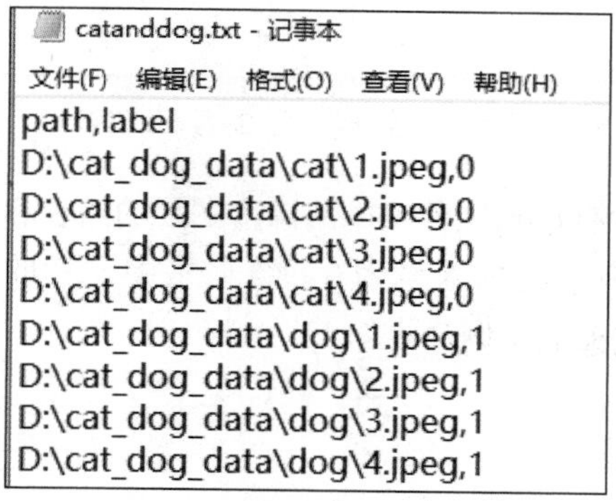

```
📄 catanddog.txt - 记事本
文件(F)  编辑(E)  格式(O)  查看(V)  帮助(H)
path,label
D:\cat_dog_data\cat\1.jpeg,0
D:\cat_dog_data\cat\2.jpeg,0
D:\cat_dog_data\cat\3.jpeg,0
D:\cat_dog_data\cat\4.jpeg,0
D:\cat_dog_data\dog\1.jpeg,1
D:\cat_dog_data\dog\2.jpeg,1
D:\cat_dog_data\dog\3.jpeg,1
D:\cat_dog_data\dog\4.jpeg,1
```

图4.6　cat_dog_data数据集的地址列表文件的部分内容

部分函数功能说明。

（1）open('.\data\catanddog.txt','w')语句以写入方式在D:\data文件夹下新建catanddog.txt文件。

（2）glob.glob(os.path.join(root,'**.jpeg'))语句能获取cat_dog_data文件夹下的所有JPEG图片的路径。

（3）根据图片的类别来设置其标签，即设置猫图片的标签为0，狗图片的标签为1。cat_dog_data数据集中所有猫图片存放在cat文件夹下，所有狗图片存放在dog文件夹下。因此若某图片的路径中包含'cat'字符串，则将该图片的标签设置为0，否则将其设置为1。代码中使用split函数对图片的路径进行拆分，得到路径的字符串列表；再用if in语句判断该列表中是否包含字符串'cat'，若包含则将图片的标签设为0，否则将其设为1。

（4）write 函数的功能是将指定文本写入文件。

（5）close 函数的功能是将 open 函数打开的文件关闭。

2. 复杂存储结构

实际应用中数据集的目录结构较为复杂。例如数据集 CSF 由 fake 和 real 两大类组成，每个大类分别包含 test、train 和 val 这 3 个小类。train 类下又包含 12 个子文件夹，且每个子文件夹下含有 color 和 depth 两个文件夹，分别存放彩色图片和深度图片。数据集 CSF 的存储结构如图 4.7 所示。

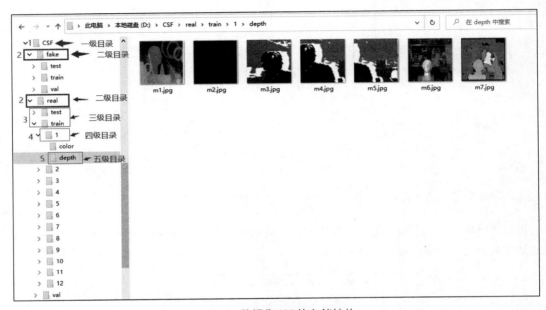

图 4.7　数据集 CSF 的存储结构

现要读取 CSF 数据集下所有 train 文件夹中的深度图片的路径和标签，将 real 文件夹下的深度图片标签设为 1，fake 文件夹下的标签设为 0，数据集中图片的路径和标签保存到文本文件 train_depth.txt 中。实现上述功能的示例代码如下。

```
import os
import glob

ft=open('data\\train_depth.txt','w')
ft.write('depth'+','+'label'+'\n')
root = 'D:\\CSF\\'
#获取数据集中所有深度图片的路径
file=glob.glob(root+'\\*\\train\\*\\depth\\*.jpg')
for i in range(len(file)):
    pp=file[i]
    s=pp.split('\\')
    if 'real' in s:
        label=1
    else:
        label=0
    ft.write(pp+','+str(label)+'\n')
ft.close()
```

上述代码中，glob.glob(root+'*\\train*\\depth*.jpg')语句的功能是获取 D 盘中 CSF 文件夹下

所有 train 文件夹中，depth 文件夹下的所有 JPG 图片。在 glob 函数的参数中，"+"用于实现地址拼接；第一个"*"代表二级目录 fake 或 real 文件夹；第二个"*"表示 train 文件夹下的所有文件夹。

执行上述代码后，生成地址列表文件 train_depth.txt，train_depth.txt 文件的部分内容如图 4.8 所示。

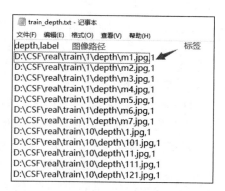

图 4.8 train_depth.txt 文件的部分内容

4.3 利用地址列表定义图片数据集

4.2 节介绍了图片数据集地址列表的构造方法，下面使用地址列表定义图片数据集。如何通过地址列表获取图片的路径和标签呢？首先用 pandas 库中的 read_csv 函数打开地址列表文件，然后用 iloc 函数读取地址列表中图片的路径和标签，最后使用 Image 类的相关函数打开或处理图片。下面先介绍 pandas 和 Image 的相关知识，然后用案例介绍利用地址列表定义图片数据集的方法。

4.3.1 pandas

pandas 库是一个免费、开源的第三方 Python 库，也是进行 Python 数据分析必不可少的工具之一。它为 Python 数据分析提供了高性能、易使用的数据结构，即 Series 和 DataFrame。Series 是一维数组结构，相当于一维数据类型；DataFrame 是二维数组结构，相当于二维数据类型。pandas 库的引用格式如下，其中的 as 将库名 pandas 简化为 pd。

```
import pandas as pd
```

1. CSV 格式

CSV（Comma-Separated Value，逗号分隔值）文件以纯文本形式存储表格数据，由任意数目的记录组成，记录以某种换行符分隔。记录由若干字段组成，字段一般使用","分隔符分隔，也可使用其他字符或字符串分隔。从某种意义上说，CSV 格式就是纯文本格式。在实践中，CSV 文件泛指具有以下特征的任何文件。

- 使用某个字符集（如 ASCII、Unicode、EBCDIC 或 GB/T 2312 等）的纯文本文件。
- 由记录组成（通常一行对应一条记录）。
- 每条记录被分隔符分隔为字段，典型的分隔符有半角逗号、半角分号或制表符，分隔符也可以包括空格。

- 每条记录都有同样的字段序列。

CSV 文件遵循以下规则。

- 文件开头不留空，且以行为单位。
- 文件可包含或不包含列名，若包含列名，则列名放在文件的第一行。
- 行数据不允许跨行，文件中无空行。
- 以半角逗号为分隔符时，列为空也要表示其存在。

2．DataFrame 结构

DataFrame 是一个表格型的数据结构，相当于一张二维表，既有行索引，也有列索引。

序号	姓名	性别	年龄
0	1	李兰	女	20
1	2	张超	男	21
2	3	李晨	男	19
3	4	张丽丽	女	19

图 4.9　DataFrame 结构

DataFrame 结构如图 4.9 所示。DataFrame 包含一组有序的列，各列的类型可以不同。例如图 4.9 中第 0 列是数值类型，第 1 列是字符串类型，第 2 列是布尔类型。

（1）创建 DataFrame 结构

使用 pandas.DataFrame 函数，用户可用列表、NumPy 数组或字典来创建 DataFrame 结构，pandas.DataFrame 函数的使用示例代码如下。

```
import pandas as pd
data = [['Alex', 10], ['Bob', 12], ['Clarke', 13]]
df = pd.DataFrame(data, columns=['Name', 'Age'])    #使用列表创建DataFrame结构
print(df)
msg=pd.DataFrame({'Name':['Bob','Sue','Jue'],'Age':['20','19','36'],'Sex':['M','F','M']})                #使用字典创建DataFrame结构
print(msg)
```

执行上述代码，其输出结果如下。

```
   Name  Age
0   Alex   10
1    Bob   12
2 Clarke   13
   Name Age Sex
0  Bob  20   M
1  Sue  19   F
2  Jue  36   M
```

（2）保存 DataFrame 结构

DataFrame 结构可保存为 CSV 或 JSON（JavaScript Object Notation，JavaScript 对象表示法）文件。保存 DataFrame 结构的示例代码如下。（在上述代码下输入以下代码。）

```
msg.to_csv('table.csv')
msg.to_json('stu_inf.json', force_ascii=False)
```

3．CSV 文件的读操作

（1）利用 pandas.read_csv 函数读取指定内容

pandas.read_csv 函数不仅可以读取 CSV 文件，还可以直接读取文本文件。pandas.read_csv 函数可将 CSV 文件内容转换为 DataFrame 结构。该函数功能强大，但参数众多。pandas.read_csv 函数的使用示例代码如下。

```
import pandas as pd
pd.read_csv('table.csv')        #读取当前文件夹下的table.csv文件
pd.read_csv('./data/train.txt')     #读取当前文件夹（用"./"表示）下data文件夹中的train.txt文件
```

（2）利用索引读取指定内容

在用pandas.read_csv函数将文件的内容全部读出后，若只提取文件中某行或某列内容，可使用iloc函数。它可按索引提取相应数据，其使用格式如下。

```
.iloc[a,b]
```

参数说明。

- a：行索引。

- b：列索引。

使用iloc函数时若只提取指定行的内容，设置行索引参数即可，具体示例代码如下。

```
import pandas as pd
f = pd.read_csv(' ./data/catanddog.txt')
print(f.iloc[0:2])          #读取第0、1行的内容
```

执行上述代码，其输出结果如下。

```
                       path   label
0   D:\cat_dog_data\cat\1.jpeg      0
1   D:\cat_dog_data\cat\2.jpeg      0
```

使用iloc函数提取指定列的内容的示例代码如下。

```
print(f.iloc[:,1])          #读取第1列的内容
```

执行上述代码，其输出结果如下。

```
0    0
1    0
2    0
3    0
4    1
5    1
6    1
7    1
Name: label, dtype: int64
```

使用iloc函数提取指定行、列的内容时，需同时设置行索引和列索引，示例代码如下。

```
print(f.iloc[0,1])                  #读取第0行、第1列的内容
```

执行上述代码，其输出结果如下。

```
0
```

（3）利用列名读取指定内容

iloc函数利用索引可读取CSV文件中指定行、列的内容。除此之外，我们可直接使用列名提取CSV文件中指定列的内容。示例代码如下。

```
print( f.path )
```

执行上述代码，其输出结果如下。

```
0    D:\cat_dog_data\cat\1.jpeg
1    D:\cat_dog_data\cat\2.jpeg
2    D:\cat_dog_data\cat\3.jpeg
3    D:\cat_dog_data\cat\4.jpeg
4    D:\cat_dog_data\dog\1.jpeg
5    D:\cat_dog_data\dog\2.jpeg
6    D:\cat_dog_data\dog\3.jpeg
7    D:\cat_dog_data\dog\4.jpeg
Name: path, dtype: object
```

（4）利用混合方式读取内容

利用索引和列名可实现iloc函数的混合读取，其使用示例代码如下。

```
print(f.path.iloc[0])
```

执行上述代码，其输出结果如下。

```
D:\cat_dog_data\cat\1.jpeg
```

4.3.2　Image 类

PIL（Python Image Library，Python 图像库）是一个免费图像处理工具库。它包含基本的图像处理功能，如图像大小改变、图像旋转、图像模式转换、色彩空间转换、图像增强、直方图处理、插值和滤波等。

Image 类是 PIL 中的核心类，包含许多功能函数，例如从文件中加载图像的 open 函数，转换图像模式的 convert 函数，等等。

1．Image.open

Image.open 函数能读取指定路径的图片，返回 PIL 支持的格式。Image.open 函数的使用示例代码如下。

```
from PIL import Image

img = Image.open('E:/flower.jpg')
print(img.size)                 #输出图像大小
```

执行上述代码，其输出结果如下。

```
(889, 500)
```

2．Image.convert

PIL 有 9 种不同模式，即 1、L、P、RGB、RGBA、CMYK、YCbCr、I、F。其中 1 表示二值图像，单色通道；0 表示黑色，1 表示白色。L 表示灰度图像，单色通道；0 表示黑色，255 表示白色，其他数字表示不同的灰度；P 表示彩色图像，单色通道；使用调色板映射到任何其他模式。RGB 表示真彩色图像，三色通道，每个通道的取值范围为 0～255。RGBA 表示真彩色图像，透明通道。CMYK 为四色通道，适用于打印图片。YCbCr 是彩色视频格式，三色通道。I 表示 32 位 int 类型灰度图像，单色通道。F 表示 32 位 float 类型灰度图像，单色通道。Image.convert 函数能进行不同图像模式的转换，具体示例代码如下。

```
imgL = img.convert("L")            #将图像转换为灰度图像
imgL.show()
```

执行上述代码后，RGB 图像转换为灰度图像，如图 4.10 所示。

图 4.10　RGB 图像转换为灰度图像

4.3.3　定义图片数据集案例

1．使用read_csv函数读取地址列表

图像数据集的地址列表制作好后，就可使用4.1.1小节的方法定义图像数据集，即在＿＿init＿＿函数中提供图片的地址列表，然后改写＿＿getitem＿＿和＿＿len＿＿方法。使用地址列表定义图像数据集的示例代码如下。

```
import torch
from torch.utils import data
from PIL import Image
import pandas as pd
import numpy as np

class CsfDepth(data.Dataset):
    def _ _init_ _(self,data_list, transform=None):
        super(CsfDepth, self)._ _init_ _()
        self.df = pd.read_csv(data_list)
        self.transform = transform

    def _ _getitem_ _(self,index):
        depth_path = self.df.depth.iloc[index]    #读取index行、depth列的内容
        target = self.df.label.iloc[index]
        label = np.array(int(target))             #将标签转换为数组
        depth_img = Image.open(depth_path)        #打开指定路径的图片
        depth_img = depth_img.convert('RGB')      #将图片模式设置为RGB
        if self.transform:
            depth_img = self.transform(depth_img)     #对图片做指定转换操作
        return depth_img,label

    def _ _len_ _(self):
        return len(self.df)
```

上述代码中，data_list和transform是＿＿init＿＿函数的参数，分别用于指定地址列表和对图片进行的转换操作。在＿＿init＿＿函数中使用read_csv函数读取地址列表，得到包含图片的路径和标签信息的DataFrame结构self.df。

在＿＿getitem＿＿方法中，self.df.depth.iloc [index]语句的功能是读取self.df结构中index行、depth列的内容。convert函数用于将图片模式设为RGB。

2．使用open函数读取地址列表

open函数也可用于读取地址列表，使用open函数读取地址列表并定义图片数据集的示例代码如下。

```
def _ _init_ _(self,data_list, transform=None):
    super(CsfDepth, self)._ _init_ _()
    with open(data_list, 'r') as f:
        self.df = f.read().splitlines()        #读取地址列表
    self.transform = transform

def _ _getitem_ _(self,index):
    item = self.df[index]            #读取地址列表中某行的内容
    ss=item.split(',')               #将行的内容拆分为两个部分
    depth_path = ss[0]               #图片的路径
```

```
            target = ss[1]              #标签
            label = np.array(int(target))        #将标签转换为数组
            depth_img = Image.open(depth_path)
            depth_img = depth_img.convert('RGB')
            if self.transform:
                depth_img = self.transform(depth_img)
            return depth_img,label
```

上述代码中 f.read().splitlines()语句的功能是打开文件 f，并将文件按行划分，最终得到一个地址列表。地址列表的长度等于文件的行数，其中的一个元素对应文件中的一行。列表中元素的内容由图片的路径、标签和换行符组成，各部分间用“,”分隔。self.df[index]语句用于返回指定位置的列表元素，相当于提取文件 f 中指定行的内容。语句 item.split(',')的功能是将列表元素按“,”分开，最终得到一个字符串列表。

图片数据集 CsfDepth 定义好后就可进行加载和可视化了。使用地址列表定义图片数据集并对其进行加载和可视化的完整示例代码如下。

```
import torch,torchvision
from torch.utils import data
from PIL import Image
import pandas as pd
import numpy as np
import matplotlib.pyplot as plt
import os
os.environ["KMP_DUPLICATE_LIB_OK"]="TRUE"

class CsfDepth(data.Dataset):
    def __init__(self,data_list, transform=None):
        super(CsfDepth, self).__init__()
        self.df = pd.read_csv(data_list)
        self.transform = transform

    def __getitem__(self,index):
        depth_path = self.df.depth.iloc[index]
        target = self.df.label.iloc[index]
        label = np.array(int(target))
        depth_img = Image.open(depth_path)
        depth_img = depth_img.convert('RGB')
        if self.transform:
            depth_img = self.transform(depth_img)
        return depth_img,label

    def __len__(self):
        return len(self.df)

'''对图片进行预处理'''
transform=torchvision.transforms.Compose([
    torchvision.transforms.Resize(256),      # 将图片短边缩放至256像素，其长宽比保持不变
    torchvision.transforms.CenterCrop(224),  # 将图片从中心裁剪成3像素×224像素×224像素大小的图片
    torchvision.transforms.ToTensor()        #把数据转换成Tensor类型
])
'''加载数据'''
path=os.getcwd() +'/data/train_depth.txt'        #生成train_depth.txt文件的绝对路径
dataset = CsfDepth(path,transform=transform)
data_loader = data.DataLoader(dataset=dataset, batch_size=4, shuffle=False)
```

```
'''显示图片'''
for i, data in enumerate(data_loader):
    if i==0:    #仅显示第一个批次的图片
        images, labels = data
        img = torchvision.utils.make_grid(images)    # make_grid()函数用于将小图片拼接为大图
片再保存
        plt.imshow(img.numpy().transpose((1, 2, 0)))    # transpose( )的作用是交换坐标轴
        plt.show()
    break
```

执行上述代码后，将显示数据集中的第一个批次的数据，如图4.11所示。

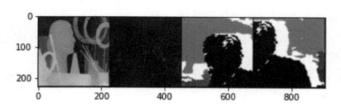

图4.11　数据集中的第一个批次的数据

4.4　本章小结

本章主要介绍了 torch.utils.data 的两个重要类，即 Dataset 和 DataLoader。利用 Dataset 类可自定义数据集，实现__len__和__getitem__方法的重写。使用 DataLoader 可分批加载数据集的数据。此外，本章还介绍了图片数据集的两种定义方法，即使用 ImageFolder 类构造图片数据集，使用地址列表构造图片数据集。当数据集存储结构较为简单时，推荐使用 ImageFolder 类构造图片数据集；当数据集存储结构较为复杂时，建议使用地址列表方法构造图片数据集。数据集是训练神经网络的基础，本章的内容将为后续的学习打下基础。

4.5　习题

一、填空题

1．DataLoader 是 PyTorch 中用来处理模型输入数据的一个类。它组合了数据集和采样器，实现批量_____，并提供并行加速、_____数据等功能。

2．torchvision.datasets 中包含的数据集有_____、COCO、ImageNet、_____、CIFAR-100、STL-10、CelebA 等。

3．os.path.join 函数的作用是_____。

4．glob 支持使用_____来查找某个目录的文件，找到的文件以_____格式返回。

5．pandas.read_csv 函数可以读取_____文件和_____文件。

6．Image.open 函数能读取指定路径的图片，其打开的图像模式默认为_____。

二、多项选择题

1．所有自定义的数据集都要继承 Dataset 这个类，并重写（　　）和（　　）这两个方法。

A．__len__　　　　B．__getitem__　　　　C．__init__　　　　D．Compose

2．torchvision.transforms 中常见的图形转换操作有（　　　）。

A．Resize   B．RandomCrop

C．ColorJitter   D．RandomErasing

3．os.listdir 函数能返回指定目录下（　　　）的名称列表。

A．路径   B．文件夹   C．文件   D．标签

4．CSV 文件的规则有（　　　）。

A．文件开头不留空   B．文件以行为单位

C．列名放在文件的第一行   D．文件中无空行

5．下列哪项可以读取 CSV 文件中指定行的内容？（　　　）

A．f.iloc[:,1]   B．f.iloc[1]   C．f.Sex   D．f.iloc[0:2]

6．PIL 的图像模式有（　　　）。

A．RGB   B．RGBA   C．CMYK   D．YCbCr

第 **5** 章　卷积神经网络

在众多深度学习模型中，卷积神经网络独领风骚，是研究计算机视觉的主要工具之一。它在图像识别、对象检测、语义分割等任务中有着广泛的应用，在 NLP 领域也逐渐流行起来。神经网络的核心组件有层、模型、损失函数和优化器，本章先介绍卷积层、池化（Pooling）层、全连接层等的原理，然后介绍常见的 CNN 以及搭建实例。本章的主要内容如下。

- 卷积神经网络概述。
- 卷积。
- 卷积层、批量归一化层、激活函数层。
- 池化层、全连接层。
- 常见的 CNN 及搭建实例。

卷积神经网络
概述

5.1　卷积神经网络概述

卷积神经网络（CNN）是一类包含卷积计算且具有深度结构的前馈神经网络，也是深度学习的代表算法之一。CNN 仿造生物的视知觉机制构建，能进行监督学习和非监督学习。

5.1.1　CNN

1987 年，Alexander Waibel 等人提出了第一个 CNN——时延神经网络（Time-Delay Neural Network，TDNN）。它是一个用于解决语音识别问题的 CNN，其隐含层由两个一维卷积核组成，用来提取频率域上的平移不变特征。1989 年，Yann LeCun 构建了用于解决计算机视觉方面问题的 CNN，即最初的 LeNet。LeNet 由两个卷积层、两个全连接层构成，有 60000 多个学习参数。在结构上它与现代的 CNN 十分接近。Yann LeCun 对神经网络的权重进行随机初始化，并使用 SGD 进行学习，这一策略被后面的深度学习研究所保留。

在 CNN 出现之前，图像处理是一个很棘手的问题，因为图像处理的数据量太大。例如处理 224 像素×224 像素×3 像素的图像时，它的输入参数达到 150528 个，处理它的成本十分高，且效率极低。另外，对图像进行扁平化将失去所有的空间信息，很难保留图像原有的特征。但 CNN 能够很好地将复杂的问题简单化，将大量的参数降维成少量的参数再做处理。CNN 利用类似人类视觉的方式保留了图像的特征，当图像翻转、旋转或者移动时，它能有效地识别出类似图像。CNN 具有局部区域连接和权值共享的特点。

CNN 一般由输入层、卷积层、池化层、全连接层和 Softmax 层构成，CNN 的一般结构如图 5.1 所示。在此结构中，卷积层一般负责提取特征，池化层负责选择特征，全连接层负责分类。除卷积层、池化层、全连接层等常用层外，CNN 通常还包括正则化层、激活层、批量归一化层等。

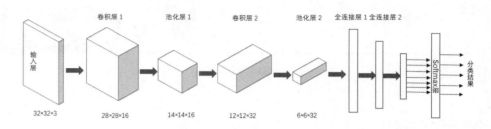

图 5.1　CNN 的一般结构

CNN 虽然看起来很复杂，但其核心组件并不多。CNN 的核心组件如下。

（1）层

层是神经网络的基本结构，其功能是将输入 Tensor 转换为输出 Tensor。

（2）模型

模型由层构成，即将多个层连接在一起就可以构成一个模型。输入数据进入模型后将被转换为输出预测值。

（3）损失函数

损失函数的作用是对预测值和真实值进行比较，得到两者的差值（即损失值）。该值可以是距离或概率等，其大小可衡量预测值与真实值的匹配度或相似度。

（4）优化器

优化器的主要功能是根据损失值更新网络权重参数，从而使损失值越来越小。当损失值达到某个阈值或循环达到指定次数时，优化器停止工作。

5.1.2　torch.nn

torch.nn 是 PyTorch 中自带的一个函数库，包含神经网络中常用的一些函数和类，其导入方式通常为 import torch.nn as nn 或 import torch.nn.functional as F。torch.nn 是神经网络的模块化接口，可以用来定义和运行神经网络。torch.nn 模块中常用的函数和类有 Module、Linear、Conv2d、Sequential、ReLU、BatchNorm2d、Dropout、MaxPool2d、CrossEntropyLoss、MSELoss、Tanh、Sigmoid、AvgPool2d、LeakyReLU、Softmax、RNN、LogSoftmax、DataParallel、Upsample、PReLU、RNNCell、NLLLoss2d 等。

nn.Module 和 nn.functional 是 torch.nn 中两个常用的模块，它们都能够实现层的定义。nn.**Module** 中实现的层是特殊的**类**，它继承了 nn.Module 的属性。nn.Module 中层的命名格式一般为 **nn.×××**，注意类名的首字母必须大写，如卷积层 nn.Conv2d、池化层 nn.AvgPool、全连接层 nn.Linear、批量归一化（Batch Normalization，BN）层 nn.BatchNorm2d 等。而 nn.**functional** 中实现的层是**函数**，其命名格式一般为 **nn.functional.×××**，函数名全部小写，如全连接函数 nn.functional.linear、二维卷积函数 nn.functional.conv2d、交叉熵损失函数 nn.functional.cross_entropy 等。

nn.Module 中的大多数层在 nn.functional 中都有对应的函数算子，它们的功能相近，性能相差不大。两者的区别在于 nn.Module 中的层继承了 nn.Module 类的层结构，能够自动提取可学习参数，不需要自定义和管理参数，且层内部已实现了 forward 函数，使用层前需先进行实例化并传入参数；而 nn.functional 中的层是函数，需要自定义和管理参数，调用前不需要实例化，直接调用即可。nn.Module 和 nn.functional 中层的使用示例代码如下。

```
import torch
import torch.nn.functional as F

x = torch.randn(1,1,3,3)      #创建Tensor x
relu = torch.nn.ReLU()        #nn.Module 中的ReLU层使用前需先实例化
y1 = relu(x)
y2 = F.relu(x)                #nn.functional中的层relu可直接调用
```

此外，在搭建神经网络时，若某一层是具有可学习参数的层，则使用 nn.Module 中的相应类，如 nn.Conv2d 或 nn.Linear 等；若某一层是不具备可学习参数的层，则使用 nn.functional 或 nn.Module 中的相应函数，如 nn.functional.linear 或 ReLU。值得注意的是，搭建 Dropout 层时最好使用 nn.Module 中的相应函数，nn.Dropout 虽然没有可学习参数，但在模型训练和测试时的执行过程是有区别的，会影响模型性能，该知识点将在第 6 章中讲解。

nn.Sequential 的功能是将几个层（如 nn.Conv2d、nn.Linear 等）封装在一起构成一个较大的层或模块。搭建网络模型时，简单的序列模型可直接使用 PyTorch 中的 nn.Sequential 类来实现。搭建多输入输出、多分支、跨层连接等复杂模型时须遵循以下规则。

（1）搭建的模型要**继承 nn.Module 类**，并**实现 forward 方法**。继承 nn.Module 类之后，模型的构造函数中要调用 nn.Module 的构造函数。

（2）搭建模型时具有**可学习参数的层**（如卷积层、全连接层）**要放在构造函数 __init__ 中**；不具有可学习参数的层（如激活函数层）可放在构造函数中，也可在 forward 方法中直接使用 nn.functional 中的函数。构造函数中的可学习参数通过 nn.Parameter 类以 parameters（一种 Tensor，默认自动求导）的形式存在 nn.Module 中，并通过 parameters 或 named_parameters 函数以迭代器的方式返回。

（3）**重写 forward 方法**。forward 方法是实现各层连接关系的核心，可实现模型的功能。值得一提的是，只要在 nn.Module 中定义了 forward 方法，backward 方法就会被自动实现。

搭建神经网络模型的实例将在 5.5.7 小节中介绍，无论是简单模型还是复杂模型，搭建时都必须遵循上述规则。

5.2 卷积

卷积

深度学习中的卷积与严格意义上的数学卷积是不同的。在深度学习里卷积运算是互相关运算，比严格意义上的数学卷积运算要简洁。在 CNN 中，卷积是一种特殊的线性变换。卷积核在输入数据上滑动，每滑动一次都计算输入数据与卷积核重叠部分的点乘和，从而得到输入数据的局部特征。本节将介绍卷积核、图像卷积运算、特征图尺寸运算和深度可分离卷积。

5.2.1 卷积核

卷积核是一种可学习的滤波器（或权重过滤器），通常用一个大小为 $m \times n$ 的二维矩阵表示，矩阵中的元素 w_{ij} 就是滤波器的参数。卷积核的结构如图 5.2 所示。卷积核的作用是提取输入数据的局部特征，如边缘、纹理和角落等特征；不同卷积核可以提取不同类型的特征。训练模型时神经网络会自动学习卷积核的值。

$$W = \begin{pmatrix} w_{11} & w_{12} & \cdots & w_{1n} \\ w_{21} & w_{22} & \cdots & w_{2n} \\ \vdots & \vdots & & \vdots \\ w_{m1} & w_{m2} & \cdots & w_{mn} \end{pmatrix}$$

图 5.2　卷积核的结构

5.2.2　图像卷积运算

1．单通道卷积

单通道卷积是指在一个图像或特征图上滑动卷积核，通过卷积运算得到一组新的特征值。设输入图像的大小是 3×3，使用 2×2 的卷积核对它进行卷积，将得到一个 2×2 的特征图矩阵。图像的单通道卷积过程如图 5.3 所示。

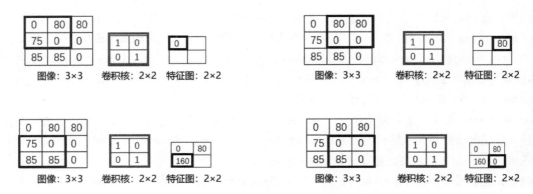

图 5.3　图像的单通道卷积过程

2．多通道卷积

做多通道卷积运算时，**卷积核的通道数**必须与**输入图像**的**通道数**保持**一致**。例如输入数据是3通道的 RGB 图像，进行卷积时其卷积核的通道数也应该是 3。通道数不同，卷积核的值也是不同的。多通道卷积运算一次可提取多种特征，图像的多通道卷积过程如图 5.4 所示。该图中，图像的大小是 9×9，通道数是 3，对图像做多通道卷积运算时，使用 3 个大小为 3×3 的卷积核（一个卷积核组），卷积后得到一个大小为 7×7 的特征图。多通道卷积的步骤如下。

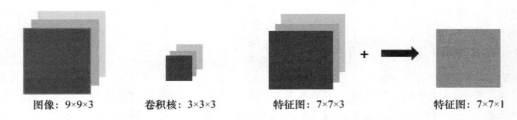

图 5.4　图像的多通道卷积过程

（1）对各个通道的图像做单通道卷积运算。即第一个通道的图像与第一个通道的卷积核做单通道卷积运算，第二个通道的图像与第二个通道的卷积核做单通道卷积运算，以此类推，得到 3 个大小为 7×7 的特征图。

（2）将这 3 个特征图对应位置的元素相加，最终得到一个大小为 7×7 的特征图。7×7×1 的特征图就是多通道卷积的结果。

从图5.4可看出，进行多通道卷积运算时，通过一个卷积核组能输出一个特征图；若要输出 n 个特征图，则需要 n 个卷积核组。多个卷积核组卷积的过程如图5.5所示。该图中每个卷积核组（如卷积核组1）包含3个通道，其通道数与输入图像的通道数一致；输入图像依次与各个卷积核组做多通道卷积运算，最终输出4个特征图。

图5.5　多个卷积核组卷积的过程

做多通道卷积运算时，每个卷积核组的通道数必须与输入图像的通道数相同，且卷积核组的个数与输出的特征图的通道数相同。

3. 步长

滑动卷积核时，一般从图像的左上角开始。每次往右滑动一列或往下滑动一行。深度学习中将每次滑动的行数或列数称为步长。图5.3所示为步长为1的卷积运算，而图5.6所示为步长为2的卷积运算。其中，图像的大小是 5×5，卷积核的大小是 3×3，卷积运算的步长是2，卷积后最终输出 2×2 的特征图。步长为2时输出的特征图只有原图像的一半，即 $\left\lfloor \dfrac{5}{2}, \dfrac{5}{2} \right\rfloor$（说明：$\lfloor\ \rfloor$ 表示向下取整）。在设计CNN时，通常通过池化和步长大于1的卷积运算来减小特征图的尺寸。

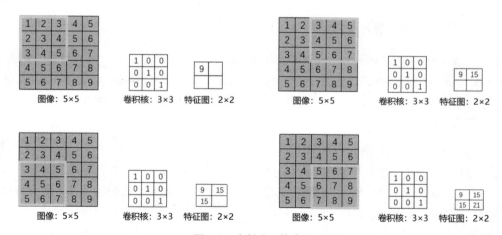

图5.6　步长为2的卷积运算

步长能按比例缩小输入图像的尺寸，步长值对应缩小的比例。例如，对于步长为3的卷积，输出特征图的尺寸是输入图像的 $\left\lfloor \dfrac{1}{3} \right\rfloor$；同理，对于步长为4的卷积，输出特征图的尺寸是输入图像的 $\left\lfloor \dfrac{1}{4} \right\rfloor$，以此类推。

4．填充

对图像做卷积运算时，输出的特征图会损失部分值，这是因为图像边缘的像素永远不会位于卷积核中心，因此卷积核无法扩展到边缘区域以外。做卷积运算时，对输入图像的边缘只检测了部分像素，丢失了边缘处的众多信息。为减少信息丢失，做卷积操作前可在原矩阵边缘填充一些值（通常用0填充），以增大矩阵。矩阵填充后的效果如图5.7所示。

0	0	0	0	0	0	0
0	1	2	3	4	5	0
0	2	3	4	5	6	0
0	3	4	5	6	7	0
0	4	5	6	7	8	0
0	5	6	7	8	9	0
0	0	0	0	0	0	0

图5.7　矩阵填充后的效果

可在输入图像的上、下、左、右填充一层或多层0。这样对填充后的矩阵做卷积运算时就能延伸到边缘以外的伪像素，使图像边缘的像素也能位于卷积核中心，从而检测到更多的信息。填充会影响卷积的结果。由于填充增大了图像，因此填充后的图像与未填充图像的卷积结果在尺寸上是不同的。

5.2.3　特征图尺寸运算

通过前面的学习我们知道，进行卷积运算时，卷积核组中卷积核的个数决定了输出特征图的维度，卷积的步长、填充的层数会影响输出特征图的尺寸。那特征图的尺寸如何计算呢？

假设输入图像的大小是$n \times n$，卷积核的大小是$k \times k$，卷积的步长是s，填充的层数是p，则输出特征图的尺寸为：

$$\left\lfloor \frac{n+2p-k}{s}+1 \right\rfloor \times \left\lfloor \frac{n+2p-k}{s}+1 \right\rfloor$$

从以上公式可看出卷积的步长、卷积核的大小、填充的层数都会影响输出特征图的尺寸。当步长s大于1时，输出特征图的尺寸缩小为输入图像的$1/s$。另外，卷积核越大，卷积的范围越大，在网络中的感受野也越大，但输出特征图的尺寸越小。

5.2.4　深度可分离卷积

深度可分离卷积（Depthwise Separable Convolution，DSC）最早出现在一篇博士学位论文中，Xception和MobileNet模型中就使用了DSC。DSC由逐通道卷积（Depthwise Convolution，DW）和逐点卷积（Pointwise Convolution，PW）两部分组成。与常规卷积相比，DSC的运算简单，参数量少，运算成本比较低。

1．DW

与常规卷积不同的是，DW中卷积核的通道数固定为1，卷积核组的个数由输入图像的通道数决定，输出特征图的个数与卷积核的个数相同，即输入图像的通道数＝卷积核组的个数＝输出特征图的个数。例如，3通道的输入图像的大小是$5 \times 5 \times 3$，对该图像做DW运算时，每个通道与一个卷积核做卷积运算，得到3个大小相同的特征图。这3个特征图拼接在一起就是DW的结果。DW的过程如图5.8所示。

进行卷积运算时参数的总数量=卷积核高度×卷积核宽度×卷积核通道数×卷积核组个数。

由于DW中卷积核的通道数固定为1，因此DW的运算量少，计算相对简单。例如，对同一图像分别做DW和常规卷积，卷积核的大小均为3×3，输出特征图的通道数为3，则DW中参数的总数量为$3 \times 3 \times 1 \times 3=27$，常规卷积中参数的总数量为$3 \times 3 \times 3 \times 3=81$。因此，DW能减少卷积的参数数量。

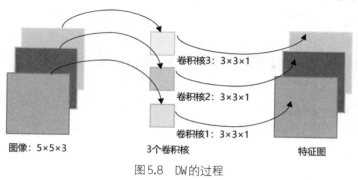

图 5.8　DW 的过程

2．PW

PW 与常规卷积非常相似，不同的是 PW 中卷积核的尺寸固定是 1×1，其通道数与输入图像的通道数一致。PW 在深度方向上对输入图像做加权组合，生成新的特征图。与常规卷积一样，PW 中有几个卷积核组，就输出几个特征图。PW 的过程如图 5.9 所示。

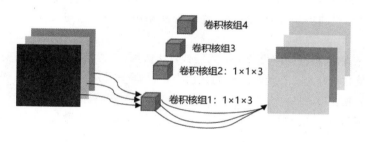

图 5.9　PW 的过程

在深度学习中，常用 PW 实现特征的升维（增加通道数）和降维（减少通道数），甚至可以用 PW 实现全连接的效果，这样能大大减少模型的参数数量，提高模型的训练速度。

5.3　卷积层、批量归一化层、激活函数层

卷积层、批量归一化层、激活函数层

CNN 采用不同的叠加方式可得到不同结构的网络模型。当网络模型用于图像分类时，输入层由图片的像素矩阵组成；卷积层负责提取图像特征；激活函数层通常在卷积层后，对图像特征进行非线性激活；池化层用于减少数据和参数量，扩大感受野，实现平移、旋转和尺度不变性；全连接层在网络模型中起到分类器的作用。卷积层和全连接层包含众多需要学习的参数（如神经元的权重 w 和偏差 b），它们会随着梯度下降被训练，这在第 6 章会进行详细介绍。激活函数层和池化层会做固定不变的函数操作，不包括需要学习的参数。

5.3.1　卷积层

1．常规卷积

卷积层是 CNN 的核心层，能对输入数据进行特征提取。卷积层的参数由可学习卷积核构成，

卷积核的每个元素都对应一个权重系数和一个偏差量。卷积核在工作时，会有规律地扫描输入特征，在感受野内对输入特征做矩阵元素乘法求和，并可能会叠加偏差量。

常规卷积运算在 PyTorch 中是用 nn.Conv2d 类实现的，其使用格式如下。

```
torch.nn.Conv2d(in_channels,
                out_channels,
                kernel_size,
                stride=1,
                padding=0,
                dilation=1,
                groups=1,
                bias=True,
                padding_mode='zeros')
```

参数说明。

- in_channels：指输入通道数。
- out_channels：指输出通道数。
- kernel_size：指卷积核的尺寸，若为 int 类型，表示一个正方形卷积核，如 3×3；若为元组类型，卷积核可被设置为期望的形状，如 3×5，其中 3 表示卷积核的高度，5 表示卷积核的宽度。
- stride：指卷积的步长，默认为 1；与 kernel_size 一样，它可以是 int 类型，也可以是元组类型。
- padding：在输入特征矩阵四周补 0 的层数，默认为 0，若为 int 类型，则表示在矩阵上、下、左、右方向填充整数行（列）0 元素；若为元组类型，则表示分别在矩阵上、下和左、右方向上填充 x 行和 y 列 0 元素。
- dilation：卷积核元素的间距，默认为 1。通过调节 dilation 的取值，可实现不同大小卷积核的空洞卷积运算。
- groups：输入、输出通道的分组数，默认为 1，即不分组，表示常规卷积；当 groups 的值大于 1 时，表示分组卷积。特别地，当 groups＝in_channels 时，表示 DW。
- bias：布尔类型，为 True 时表示卷积后添加偏差量。
- padding_mode：表示填充模式，默认采用 0 填充。

📖 常规卷积的参数（忽略偏差）量为卷积核高度×卷积核宽度×输入通道数×输出通道数；分组卷积的参数（忽略偏差）量为卷积核高度×卷积核宽度×(输入通道数/组数)×(输出通道数/组数)×组数。即分组卷积的参数量=常规卷积的参数量/组数，因此分组卷积能实现减少参数的目的。

做卷积运算时，Tensor 的维度必须是 4，即 $N×C×W×H$，分别表示批大小、通道数、宽度和高度。

下面使用 nn.Conv2d 对 4 维 Tensor a 做卷积运算，具体示例代码如下。

```
import torch
a=torch.randn(1,2,4,4)          #生成服从正态分布的4维（N×C×W×H）Tensor
print('a:\n',a)
conv=torch.nn.Conv2d(2,3,kernel_size=3)     #输入通道数为2，输出通道数为3，卷积核的尺寸为3×3
print('卷积的结果:\n',conv(a))
print('卷积核参数:\n',conv.weight)
```

执行上述代码后，输出结果如下。

```
a:
 tensor([[[[ 0.2592,  0.3435,  0.3692,  1.7306],
          [-0.6582, -0.0941, -0.3578, -0.6433],
```

```
        [ 0.3593,  0.1047, -0.7359,  0.1265]],

       [[ 0.7354, -0.4630,  0.9592, -0.6333],
        [ 0.2258, -0.8465, -0.6102, -1.0954],
        [-0.8705,  0.7080, -0.2437, -0.3521],
        [-0.4497,  1.0215, -0.5550,  1.1206]]]])
卷积的结果:
tensor([[[[ 0.0076,  0.6743],
          [-0.0997,  0.1371]],

         [[-0.3708, -0.7120],
          [-0.5922, -0.0589]],

         [[-0.2546, -0.3115],
          [-0.3781, -0.3287]]]], grad_fn=<ThnnConv2DBackward>)
卷积核参数:
Parameter containing:
tensor([[[[ 0.0536, -0.1305,  0.1604],
          [-0.2314, -0.0206, -0.0402],           ◄──────  kernel_size：3×3
          [ 0.0511,  0.0757,  0.0773]],

         [[ 0.0450,  0.0065, -0.2042],
          [ 0.0167, -0.0944, -0.1333],
          [ 0.2021,  0.0680, -0.1042]]],


        [[[-0.0337, -0.1835, -0.0202],
          [ 0.1700, -0.0752,  0.1444],
          [ 0.0678,  0.1058,  0.0384]],

         [[ 0.0540,  0.0886, -0.0536],
          [ 0.2042, -0.1431,  0.1867],
          [-0.1141, -0.0749,  0.0194]]],


        [[[ 0.0602, -0.1291, -0.1119],
          [ 0.2194, -0.1614, -0.0726],           第三个卷积核组
          [-0.1167, -0.0224,  0.0564]],       ◄──────  卷积核组个数与输出特征数相同

         [[ 0.0665,  0.1686,  0.1406],
          [ 0.0909, -0.0010,  0.0787],
          [-0.0993, -0.1506, -0.2085]]]], requires_grad=True)
```

　　上述代码中，torch.randn 函数用于生成服从正态分布的 4 维 Tensor a，其形状是[1, 2, 4, 4]。其中 1 表示批大小（即每批的图片数量），2 表示通道数，两个 4 分别表示矩阵的高度和宽度。

　　类 nn.Conv2d 中参数 in_channels 的值设为 2，它与输入通道数一致，若不一致会导致运行出错；参数 out_channels 的值设为 3，表示卷积运算后输出特征的通道数是 3；参数 kernel_size 的值是 3，表示卷积核的尺寸是 3×3。对 a 做卷积运算后输出的特征图大小为：

$$\left\lfloor \frac{n+2p-k}{s}+1 \right\rfloor \times \left\lfloor \frac{n+2p-k}{s}+1 \right\rfloor = \left(\frac{4-3}{1}+1\right) \times \left(\frac{4-3}{1}+1\right) = 2 \times 2$$

　　conv.weight 用来查看卷积运算中卷积核的权重。由于 in_channels=2、out_channels=3、kernel_size=3，因此，卷积核的维度是 2×3×3，权重是(2×3×3)×3=54。

2. DSC

DSC 的两部分是 DW 和 PW。DW 中一个卷积核负责一个通道，运算后得到一个特征图。n 个通道的输入特征需要 n 个卷积核，输出 n 个特征图。因此 DW 运算中输出特征图的通道数与输入特征图的通道数一致。PW 与常规卷积非常相似，且有几个卷积核就输出几个特征图；不同的是，PW 中卷积核的尺寸固定是 1×1。由于卷积核的大小是 1×1，因此可把 PW 看作在深度方向上对输入矩阵进行加权组合，输出一个与输入矩阵大小相同的特征图。

PyTorch 中没有专门的 DSC 函数。但 DW 和 PW 均可用 nn.Conv2d 类来实现，即将**参数 groups** 设置为 in_channels 即可实现 DW，将**参数 kernel_size** 设置为 1 即可实现 PW。因此，**自定义**的 DSC 函数 conv_dsc 为：

```python
def conv_dsc(in_ch, out_ch,stride):
    conv_dsc = nn.Sequential(
            nn.Conv2d(in_ch, in_ch, kernel_size=3, stride=stride, groups=in_ch),
            nn.Conv2d(in_ch, out_ch, kernel_size=1)
        )
    return conv_dsc
```

DSC 函数 conv_dsc 包含 3 个参数，即 in_ch、out_ch、stride，分别表示输入的通道数、输出的通道数和步长。torch.nn.Sequential 是一个有序容器，它允许用户将多个计算层按顺序组合成一个模块。nn.Sequential 类将 DW 和 PW 组合起来，得到 conv_dsc。

DW 的输入通道数与输出通道数相同，所以在第一个 nn.Conv2d 类中参数 in_channels = out_channels = in_ch。另外，为确保 DW 的输出通道数与 PW 的输入通道数一致，在第二个 nn.Conv2d 类中，参数 in_channels=in_ch、out_channels=out_ch。

下面使用自定义的 DSC 函数 conv_dsc 对 Tensor a 进行运算，完整示例代码如下。

```python
import torch.nn as nn
import torch

def conv_dsc(in_ch, out_ch,stride):                 #定义DSC函数
    conv_dsc = nn.Sequential(
            nn.Conv2d(in_ch, in_ch, kernel_size=3, stride=stride, groups=in_ch),
            nn.Conv2d(in_ch, out_ch, kernel_size=1)
        )
    return conv_dsc
a = torch.randn(1,2,9,9)    #生成服从正态分布的4维Tensor（卷积核大小为9×9，通道数为2）
print('张量a的尺寸:',a.size())
conv_dp = conv_dsc(2,4,2)           #实例化conv_dsc
print('对a执行DSC，输出特征图的尺寸: ',conv_dp(a).size())
```

执行上述代码后，输出结果如下。

```
张量a的尺寸: torch.Size([1, 2, 9, 9])
对a执行DSC，输出特征图的尺寸: torch.Size([1, 4, 4, 4])
```

对 conv_dsc 实例化时，传入的参数是 2、4、2，它们分别表示 DSC 的输入通道数、输出通道数、步长。根据特征图尺寸运算公式，输出特征图的尺寸为 $\left\lfloor \dfrac{9-3}{2}+1 \right\rfloor \times \left\lfloor \dfrac{9-3}{2}+1 \right\rfloor = 4 \times 4$。

5.3.2　批量归一化层

训练神经网络时每次只训练一个批次的数据，并非全部数据。训练过程中由于每个批次数据的分布会发生变化，这会给下一层网络的学习带来困难。为解决这一问题，可使用批量归一化。

批量归一化也叫批量标准化，它可提高深度学习模型的性能和稳定性。批量归一化是指在小批次数据上减去数据的平均值，并除以激活值的标准差来对每个神经元的输出进行归一化，从而减小内部协变量变化，即因权重更新（Weight Update，WU）而引起的层输入分布变化，以帮助模型更快、更好地学习并推广到新数据。

在神经网络中加入批量归一化层可加快训练速度，提高模型精度。多数情况下是在卷积层和激活函数层间加入批量归一化层，即先对数据进行批量归一化，然后做非线性激活。这样，在激活时不会因为数据过大而导致网络性能不稳定。

PyTorch 中使用 nn.BatchNorm2d 类来实现对输入 Tensor 的批量归一化处理，其使用格式如下。

```
nn.BatchNorm2d(num_features, eps=1e-05, momentum=0.1, affine=True,
track_running_stats=True, device=None, dtype=None)
```

部分参数说明。

- num_features：输入通道数。
- eps：稳定系数，防止分母出现 0。
- momentum：均值和方差更新时的参数。
- affine：布尔类型，默认情况下 gamma 为 1，beta 为 0。如果 affine 设为 True，指 gamma、beta 两个参数可通过学习得到；如果 affine 设为 False，指 gamma、beta 两个参数是固定值。
- track_running_stats：nn.BatchNorm2d 中存储的均值和方差是否需要更新，若为 True，表示需要更新。

使用 nn.BatchNorm2d 时，一般只需设置参数 num_features，即待处理数据的通道数，其他参数使用默认值即可。nn.BatchNorm2d 的具体用法的示例代码如下。

```
import torch.nn as nn

a=torch.randn(1,3,8,8)
conv=nn.Conv2d(3,16,3)
bn=nn.BatchNorm2d(16)
a=conv(a)
a=bn(a)
print(a.size())
```

执行上述代码后，输出结果如下。

```
torch.Size([1, 16, 6, 6])
```

语句 nn.Conv2d(3,16,3) 指定了卷积运算时，输入通道数是 3，输出通道数是 16，卷积核大小为 3×3。由于卷积运算的输出通道数是 16，因此 nn.BatchNorm2d 中的参数 num_features 必须为 16，否则会出错。nn.BatchNorm2d 类只会做归一化操作，不会改变 Tensor 的尺寸。因此，a 做归一化操作前后其维度保持不变。

5.3.3 激活函数层

卷积运算属于线性运算。因此，由卷积层、全连接层堆叠构造的神经网络，无论结构多么复杂，其最终输出仍然是输入的线性组合。而纯粹的线性组合不能解决更为复杂的问题，所以神经网络中需要引入非线性函数来增强网络的性能。

激活函数是一种非线性函数，它使用数学转换函数将输入数据转换为输出。激活函数能给神经网络提供非线性建模能力，它负责将来自节点的加权输入转换为该输入节点的激活值。常用的激活函数有 Sigmoid、Tanh、ReLU、Softmax 等。

1．Sigmoid

Sigmoid 函数是一种特殊的非线性激活函数，以实数为输入，以 0～1 的数值为输出。当输入是一个无穷小的负数时，Sigmoid 输出的值接近于 0；当输入是一个无穷大的正数时，Sigmoid 输出的值接近于 1。Sigmoid 函数的数学公式为：

$$\sigma(x) = \frac{1}{1+e^{-x}}$$

Sigmoid 函数的输出如图 5.10 所示。

从 Sigmoid 函数的输出可看出，输入值为负数时，Sigmoid 的输出值为 0～0.5；输入值为正数时，Sigmoid 的输出值为 0.5～1。

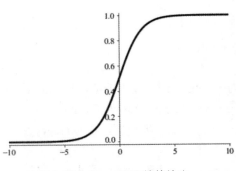

图 5.10　Sigmoid 函数的输出

PyTorch 中 Sigmoid 函数的使用格式为：

```
nn.Sigmoid( )
```

nn.Sigmoid 函数没有参数，其使用示例代码如下。

```
import torch.nn as nn
import torch

a=torch.randn(2)
print('未激活前的a: ',a)
sig=nn.Sigmoid()
print('使用Sigmoid激活后的a: ',sig(a))
```

执行上述代码后，输出结果如下。

```
未激活前的a:  tensor([ 1.2079, -0.9441])
使用Sigmoid激活后的a:  tensor([0.7699, 0.2801])
```

在神经网络中使用 Sigmoid 函数时，存在一个弊端，当 Sigmoid 的输出值接近于 0 或 1 时，Sigmoid 函数前一层学习参数的梯度会接近于 0。由于前一层学习参数的梯度接近于 0，这使得网络的权重不能经常调整，从而产生无效神经元。

2．Tanh

Tanh 函数将输入的实数值输出为 -1～1。当 Tanh 函数的输入值为负数时，输出值为 -1～0；当 Tanh 函数的输入值为正数时，Tanh 的输出值为 0～1。Tanh 的数学公式为：

$$\sigma(x) = \frac{1-e^{-2x}}{1+e^{2x}}$$

Tanh 函数的输出如图 5.11 所示。

当 Tanh 的输出值接近于 -1 和 1 时，与 Sigmoid 函数相似，它也会面临梯度饱和问题。但 Tanh 的输出值以 0 为中心，它能将一个 0～1 的高斯分布映射为 0 附近的分布，保持零均值的特性。因此 Tanh 的收敛速度较 Sigmoid 的快一些。

PyTorch 中 Tanh 函数的使用格式为：

```
nn.Tanh( )
```

nn.Tanh 函数的使用示例代码如下。

```
import torch.nn as nn
import torch
```

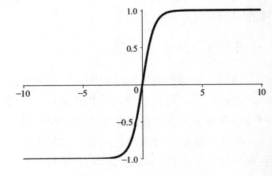

图 5.11　Tanh 函数的输出

```
a=torch.randn(4)
print('未激活前的a: ',a)
tan=nn.Tanh()
print('使用Tanh激活后的a: ',tan(a))
```

执行上述代码后，输出结果如下。

```
未激活前的a: tensor([-1.4076,  0.1579, -0.1549, -2.6573])
使用Tanh激活后的a: tensor([-0.8870,  0.1566, -0.1537, -0.9902])
```

3. ReLU

神经网络中若使用Sigmoid和Tanh函数，在反向传播时，梯度计算会涉及除法，计算量较大；另外对于深层网络，在反向传播时，Sigmoid函数很容易出现梯度消失的情况，从而无法完成深层网络的训练。

ReLU是一个分段线性函数，当输入值为正时，它直接输出输入值；当输入值为负时，它输出0。ReLU的数学公式为：

$$\sigma(x) = \max(0, x)$$

ReLU函数的输出如图5.12所示。

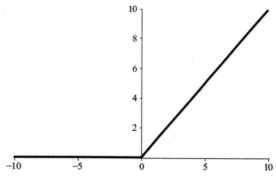

图5.12   ReLU函数的输出

ReLU使一部分神经元的输出为0，得到稀疏的网络，减弱参数的相互依存关系，从而在一定程度上缓解了过拟合问题。目前，ReLU已是很多神经网络的默认激活函数，因为它能使模型更容易训练，且能获得更好的性能。

PyTorch中ReLU函数的使用格式为：

```
nn.ReLU(inplace=True)
```

参数说明。

inplace：布尔类型，为True时，表示用输出的数据覆盖输入的数据，从而节省内存空间。

nn. ReLU函数的使用示例代码如下。

```
import torch.nn as nn
import torch

a=torch.randn(5)
print('a: \n',a)
relu=nn.ReLU()
print('激活后的a: \n',relu(a))
```

执行上述代码后，输出结果如下。

```
a:
 tensor([ 1.4195,  0.5565, -1.6623, -0.6222,  0.5086])
激活后的a:
 tensor([1.4195, 0.5565, 0.0000, 0.0000, 0.5086])
```

ReLU6 函数与 ReLU 函数类似，其区别在于 ReLU 不限制输出，允许正侧的值非常大；而 ReLU6 将正侧的最大值限制为6。ReLU6 的数学公式为：

$$\sigma(x) = \min(\max(0, x), 6)$$

ReLU6 函数的输出如图5.13所示。

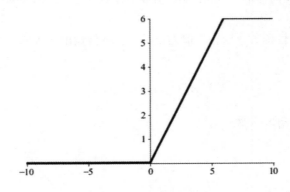

图5.13　ReLU6 函数的输出

nn. ReLU6 函数的使用格式与 nn.ReLU 函数的相同，其具体使用示例代码如下。

```
import torch.nn as nn
import torch

a=torch.linspace(-5,10,6)
print('a: \n',a)
relu6=nn.ReLU6()
print('激活后的a: \n',relu6(a))
```

执行上述代码后，输出结果如下。

```
a:
 tensor([-5., -2., 1., 4., 7., 10.])
激活后的a:
 tensor([0., 0., 1., 4., 6., 6.])
```

4．Softmax

Softmax 函数可用于解决多分类问题，返回数据点属于每个单独类的概率。Softmax 会将多个神经元的输出映射到[0,1]区间内，且其和为1，输出值可以看作当前输出属于各个分类的概率，从而实现多分类。Softmax 的数学公式为：

$$\sigma_i(z) = \frac{e^{z_i}}{\sum_{j=1}^{k} e^{z_j}}$$

以上公式中z_i表示第i个数据点的输出值，z_j表示第j个数据点的输出值，k表示输出数据点的个数，即分类数。

PyTorch 中 Softmax 函数的使用格式为：

```
nn.Softmax(dim=None)
```

参数说明。

dim：指计算的维度。

📖 Softmax 函数对 N 维输入进行归一化，归一化之后每个输出 Tensor 的范围为 [0, 1]。

当输入数据是二维数据时，dim=0 表示对列进行归一化（即数据在列方向上的总和是 1 或非常接近 1 的值）；dim=1 表示对行进行归一化（即数据在行方向上的总和是 1 或非常接近 1 的值）。

---

nn.Softmax 函数的使用示例代码如下。

```
import torch.nn as nn
import torch

a = torch.Tensor([[1,2,3], [4,5,6], [7,8,9]])
sofl = nn.Softmax(dim=0)    # 对列进行归一化
sofh = nn.Softmax(dim=1)    # 对行进行归一化
print("张量a:\n ", a)
print( '在列方向进行归一化: \n',sofl(a))
print( '在行方向进行归一化: \n',sofh(a))
```

执行上述代码后，输出结果如下。

```
张量a:
 tensor([[1., 2., 3.],
        [4., 5., 6.],
        [7., 8., 9.]])
在列方向进行归一化:
 tensor([[0.0024, 0.0024, 0.0024],
        [0.0473, 0.0473, 0.0473],
        [0.9503, 0.9503, 0.9503]])
在行方向进行归一化:
 tensor([[0.0900, 0.2447, 0.6652],
        [0.0900, 0.2447, 0.6652],
        [0.0900, 0.2447, 0.6652]])
```

5.4 池化层、全连接层

池化层、全连接层

池化层是 CNN 的常用组件之一，最早见于 LeNet 相关文章，被称为下采样，自 AlexNet 后被重命名为池化。池化层通过模仿人的视觉系统对数据进行降维，用更高层次的特征表示图像。池化能降低信息冗余度，提升模型的尺度不变性、旋转不变性，防止过拟合。

全连接层在整个 CNN 中起到分类器的作用。如果说卷积层、池化层和激活函数层等将原始数据映射到隐含层特征空间，那全连接层则将学习到的分布式特征表示映射到样本标记空间。

5.4.1 池化层

搭建 CNN 时，通常会在卷积层间周期性地插入池化层，这是因为池化具有减小特征尺寸、加快运算速度、减弱噪声影响等功能。池化是一种非线性操作，包括最大值池化（Max Pooling）、均值池化（Mean Pooling）、全局最大值池化（Global Max Pooling）和全局平均池化（Global Average Pooling）等多种形式。池化先将输入图像划分为若干个矩形区域，然后从每个区域中输出它们的最大值或均值。4 种池化形式的过程如图 5.14 所示。

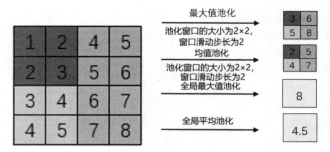

图5.14　4种池化形式的过程

1. 最大值池化

PyTorch 中使用 nn.MaxPool2d 类来实现最大值池化，其使用格式为：

```
torch.nn.MaxPool2d(
    kernel_size,
    stride=None,
    padding=0,
    dilation=1,
    return_indices=False,
    ceil_mode=False
)
```

参数说明。

• kernel_size：池化窗口的大小。当池化窗口是正方形时，输入一个整数来表示正方形的边长；当池化窗口不是正方形时，需输入一个元组来表示池化窗口的高度和宽度。

• stride：窗口滑动步长，其默认值是 kernel_size。

• padding：指在输入特征矩阵四周补0的层数。

• dilation：控制窗口中元素的间距。

• return_indices：为 True 时会返回最大值对应的索引。

• ceil_mode：若为 True，计算输出信号大小的时候，会使用向上取整，默认使用向下取整。

nn.MaxPool2d 类的使用示例代码如下。

```
import torch
import torch.nn as nn

a=torch.randn(1,1,4,4)              #创建 Tensor
print('a:\n',a)
mp=nn.MaxPool2d(2,stride=2)              #池化窗口的大小为 2×2，窗口滑动步长为 2
print('最大值池化的结果：\n', mp(a))
```

执行上述代码后，输出结果如下。

```
a:
 tensor([[[[ 0.7037, -0.8386,  1.3261,  1.4520],
        [-1.9425, -0.1331,  1.2550,  0.1278],
        [-0.2444,  0.8745, -0.8467,  1.7537],
        [ 0.9334,  0.0887,  0.0420, -1.0888]]]])
最大值池化的结果：
 tensor([[[[0.7037,  1.4520],
        [0.9334,  1.7537]]]])
```

nn.MaxPool2d(2,stride=2)语句将池化窗口的大小设置为 2×2，窗口滑动步长设置为2。对a做最大值池化时，池化窗口在a上按从左到右、从上到下的顺序滑动，每次从池化窗口内的4个元素中找出一个最大值，作为池化结果中的一个元素，最大值池化过程可参见图5.14。

2. 均值池化

PyTorch中使用nn.AvgPool2d类来实现均值池化，其使用格式为：

```
torch.nn.AvgPool2d(kernel_size, stride=None, padding=0, ceil_mode=False,
count_include_pad=True, divisor_override=None)
```

参数说明。

- kernel_size、stride、padding、ceil_mode：它们的含义与nn.MaxPool2d中的一致。
- count_include_pad：为True时将在均值计算中包括0填充。
- divisor_override：若指定该参数值，它将用作除数；否则将使用池化窗口的大小作为除数。

nn.AvgPool2d类的使用示例代码如下。

```
import torch
import torch.nn as nn

a=torch.randn(1,1,4,4)
ap=nn.AvgPool2d(2,stride=2)
print('均值池化的结果: /n',ap(a))
```

上述代码中，nn.AvgPool2d的参数kernel_size和stride均设为2。均值池化的步骤与最大值池化的大致相同，不同的是均值池化选取池化窗口内所有元素的平均值作为池化结果中的一个元素，而非最大值。

3. 全局最大池化

分类任务中通常用全连接层作为CNN的最后一层，但这会大大增加模型的参数量和计算量。为此有人提出替换全连接层的解决方案，常见的方案是用全局最大池化或均值池化替换全连接层，然后将它产生的值输入Softmax函数中，从而获得所需的多类概率分布。全局最大池化或均值池化中没有参数需要学习，因此避免了过拟合问题。

全局最大池化先将池化窗口的大小设置为输入特征的大小，然后在整个输入中求最大值。全局最大池化的过程如图5.15所示。在每个通道中选取一个最大值作为输出，然后将各通道的输出拼接起来作为全局最大池化的结果。一般地，若输入数据的维度为$N \times C \times H \times W$，则输出数据的维度是$N \times C \times 1 \times 1$。全局最大池化可汇总空间信息，对输入的空间转换而言稳健性更强。

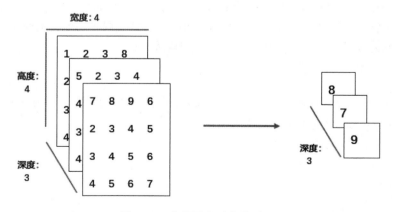

图5.15　全局最大池化的过程

PyTorch 中使用 nn.AdaptiveMaxPool2d 类来实现全局最大池化，其使用格式为：

```
torch.nn.AdaptiveMaxPool2d(output_size, return_indices=False)
```

参数说明。

- output_size：输出特征的尺寸，可以为整数或元组。
- return_indices：为 True 时返回输出的索引，默认为 False。

nn.AdaptiveMaxPool2d 类的使用示例代码如下。

```
import torch
import torch.nn as nn

a=torch.randn(1,3,4,4)
print('a:\n',a)
ap=nn.AdaptiveMaxPool2d(1)
print('全局最大池化的结果：\n',ap(a))
```

执行上述代码后，输出结果如下。

```
a:
 tensor([[[[-0.3063, -0.5895,  0.5747, -0.3550],
          [ 0.0712,  1.2525,  0.5711, -0.3315],
          [-0.2152,  0.4175,  0.7588, -1.5276],
          [ 0.5095, -0.4758,  1.1623, -0.9269]],

         [[ 0.5295,  1.1539, -1.3669,  0.0610],
          [ 1.3449,  0.2609, -0.5022,  0.2688],
          [-0.1299,  0.0103, -0.0064,  0.2746],
          [ 0.7274,  0.2297, -0.0635, -1.0217]],

         [[-0.8404, -1.2591,  0.1653,  2.2143],
          [ 0.4090,  2.3709,  0.1318, -0.1018],
          [-0.5634, -0.1350, -0.5228, -0.2766],
          [-1.2389,  0.7709, -0.3400, -0.2255]]]])
全局最大池化的结果：
 tensor([[[[1.2525]],

         [[1.3449]],

         [[2.3709]]]])
```

4. 全局平均池化

全局平均池化与全局最大池化的操作相似，只是它会对每个通道内的所有元素计算平均值，并将该值作为每个通道的输出，拼接各通道的输出即可得到全局平均池化的输出。PyTorch 中使用 AdaptiveAvgPool2d 来实现全局平均池化，其使用格式为：

```
torch.nn.AdaptiveAvgPool2d(output_size)
```

参数说明。

output_size：可以为元组类型 (H, W)，也可以为 int 类型数字 H，表示为 (H, H)。

nn.AdaptiveAvgPool2d 的使用示例代码如下。

```
import torch
import torch.nn as nn

a=torch.randn(1,2,3,3)
print('a:\n',a)
ap=nn.AdaptiveAvgPool2d(1)
```

```
print('全局平均池化的结果: \n',ap(a))
```
执行上述代码后，输出结果如下。
```
a:
 tensor([[[[-0.3255,  0.4888, -0.7026],
         [ 0.0863, -2.0160,  1.1658],
         [ 0.9483, -0.1225, -2.4809]],

         [[ 0.1144, -1.3137,  2.3106],
         [ 1.0419, -0.5606, -0.7579],
         [-1.4876,  0.5182,  0.9409]]]])
全局平均池化的结果:
 tensor([[[[-0.3287]],

         [[ 0.0896]]]])
```

5.4.2 全连接层

全连接层又称为线性层。在全连接层中，每个神经元与上一层的所有神经元相连，实现对前一层的线性组合，全连接层的操作如图5.16所示。由于全相连的特性，所以全连接层的参数是最多的。在CNN中，经多个卷积层和池化层后，连接着一个或一个以上的全连接层。全连接层可以整合卷积层或池化层中具有类别区分性的局部信息。

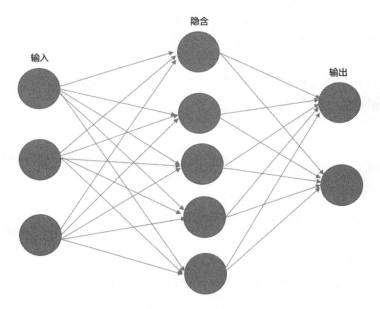

图5.16 全连接层的操作

PyTorch中使用nn.Linear类来实现全连接，其使用格式为：
```
torch.nn.Linear(in_features, out_features, bias=True, device=None, dtype=None)
```
部分参数说明。

- in_features（int类型）：输入样本的大小。
- out_features（int类型）：输出样本的大小。
- bias（布尔类型）：默认为True，设置为False时表示不添加偏差。

在图像处理任务中，全连接层的输入与输出都是二维 Tensor；而卷积层、池化层的输入与输出都是 4 维 Tensor。

nn.Linear 类的使用示例代码如下。

```
import torch
import torch.nn as nn

inp=torch.randn(1,10)
print('张量inp:\n',inp)
linelayer=nn.Linear(in_features=10,out_features=5,bias=True)
print('对inp做全连接操作，输出为: \n',linelayer(inp))
```

执行上述代码后，输出结果如下。

```
张量inp:
 tensor([[-1.2501, -0.9921,  1.3987, -0.0578, -1.0574, -0.7799,  0.1705, -0.5241,
         -2.3743, -0.3042]])
对inp做全连接操作，输出为:
 tensor([[ 0.1724,  1.0351, -0.6338,  0.4938, -1.4384]],
       grad_fn=<AddmmBackward>)
```

变量 inp 是一个 1 行 10 列的二维 Tensor。使用 nn.Linear 类时要先进行实例化，此处将 nn.Linear 类的输入样本的大小设为 10，输出样本的大小设为 5。之后对 inp 做全连接操作，得到一个 1 行 5 列的 Tensor。

值得注意的是，对多维 Tensor 应用 nn.Linear 类时，要先将多维 Tensor 调整为二维 Tensor，然后才能使用 nn.Linear 类执行全连接，可使用 view 函数调整多维 Tensor 的形状。例如，经过一系列处理后神经网络输出的特征图的维度是 32×128×7×7，其中 32 是批大小，128 是通道数，7×7 是特征图的高度和宽度。对该特征图应用 nn.Linear 类时，应先用 view 函数将特征图调整为二维 Tensor，即将其形状调整为 32×6272（6272=128×7×7），然后才能对它进行全连接操作。调整的具体示例代码如下。

```
a=torch.randn(32,128,7,7)
b=a.view(32,-1)
print(b.size())
```

执行上述代码后，输出结果如下。

```
torch.Size([32, 6272])
```

5.5 常见的 CNN 及搭建实例

常见的 CNN 及搭建实例

CNN 通常由输入层、卷积层、池化层、全连接层和 Softmax 层构成。输入层是整个神经网络的入口。在用于图像处理的神经网络中，图像被输入输入层，神经网络按照定义的网络结构依次处理输入的图像，将前一层的输出作为后一层的输入，直到最后的全连接层。

5.5.1 AlexNet

2012 年，由 Hinton 和他的学生 Alex Krizhevsky 等人提出的 AlexNet 在 ILSVRC 上以远超第二名的成绩夺冠，使 CNN 乃至深度学习重新引起广泛的关注。AlexNet 在 LeNet 的基础上加深了网络结构，能学习更丰富、更高维的图像特征。AlexNet 有 8 个带权重的层，前 5 个层是卷积层，后 3 个层是全连接层，AlexNet 的结构如图 5.17 所示。AlexNet 中最后一个全连接层的输出作为 Softmax 函数的输入，Softmax 会产生 1000 类标签的分布。

Layer Type	Output Size	Filter Size、Stride、K
Input Image	227×227×3	
Conv1	57×57×96	11×11、4、K=96
ReLU1	57×57×96	
Norm1	57×57×96	
Pool1	28×28×96	3×3、2
Conv2	28×28×256	5×5、1、K=256、padding=2
ReLU2	28×28×256	
Norm2	28×28×256	
Pool2	13×13×256	3×3、2
Conv3	13×13×384	3×3、1、K=384、padding=1
ReLU3	13×13×384	
Norm3	13×13×384	
Conv4	13×13×384	3×3、1、K=384、padding=1
ReLU4	13×13×384	
Norm4	13×13×384	
Conv5	13×13×256	3×3、1、K=256、padding=1
ReLU5	13×13×256	
Norm5	13×13×256	
Pool5	6×6×256	3×3、2
FC6	4096	
ReLU6	4096	
Norm6	4096	
Dropout6	4096	
FC7	4096	
ReLU7	4096	
Norm7	4096	
Dropout7	4096	
FC8	1000	
Softmax	1000	

图5.17 AlexNet的结构

图5.17中,Conv表示卷积层;ReLU表示激活函数;Norm表示批量归一化层;Pool表示池化层;FC表示全连接层;Dropout表示随机失活,具有正则化作用。Output Size表示输出特征的形状。Filter Size表示卷积核尺寸;Stride表示卷积核步长;K表示输出特征的通道数。

AlexNet的特点如下。

- 与LeNet相比,AlexNet具有更深的网络结构。
- AlexNet由堆叠的卷积层和全连接层构成,即卷积层+卷积层+…+全连接层+…+全连接层。
- AlexNet使用数据增强和随机失活避免过拟合。
- AlexNet使用ReLU替换之前的Tanh或Sigmoid激活函数,加快训练速度,解决网络较深时的梯度弥散问题。

5.5.2 VGG

VGG是Visual Geometry Group(视觉几何小组)提出的,它在2014年的ILSVRC中获得了亚军。与AlexNet不同的是,VGG使用了更深的网络结构,其层数高达16甚至19。这证明了增加网络深度能在一定程度上影响网络性能。VGG的结构如图5.18所示。该图中A列是11层的VGG结构,C列是16层的VGG结构,E列是19层的VGG结构。尽管VGG有多种变形结构,但总体上这些结构非常相似,其输入图像大小为224像素×224像素,且由输入层、5个卷积层、5个池化层、3个全连接层和Softmax组成。不同的是,层数较多的VGG在卷积层中包含多个卷积操作。

ConvNet Configuration					
A	A-LRN	B	C	D	E
11 weight layers	11 weight layers	13 weight layers	16 weight layers	16 weight layers	19 weight layers
input (224×224 RGB image)					
Conv3-64	Conv3-64	Conv3-64	Conv3-64	Conv3-64	Conv3-64
	LRN	**Conv3-64**	Conv3-64	Conv3-64	Conv3-64
maxpool					
Conv3-128	Conv3-128	Conv3-128	Conv3-128	Conv3-128	Conv3-128
		Conv3-128	Conv3-128	Conv3-128	Conv3-128
maxpool					
Conv3-256	Conv3-256	Conv3-256	Conv3-256	Conv3-256	Conv3-256
Conv3-256	Conv3-256	Conv3-256	Conv3-256	Conv3-256	Conv3-256
			Conv1-256	**Conv3-256**	Conv3-256
					Conv3-256
maxpool					
Conv3-512	Conv3-512	Conv3-512	Conv3-512	Conv3-512	Conv3-512
Conv3-512	Conv3-512	Conv3-512	Conv3-512	Conv3-512	Conv3-512
			Conv1-512	**Conv3-512**	Conv3-512
					Conv3-512
maxpool					
Conv3-512	Conv3-512	Conv3-512	Conv3-512	Conv3-512	Conv3-512
Conv3-512	Conv3-512	Conv3-512	Conv3-512	Conv3-512	Conv3-512
			Conv1-512	**Conv3-512**	Conv3-512
					Conv3-512
maxpool					
FC-4096					
FC-4096					
FC-1000					
Softmax					

图 5.18　VGG 的结构

VGG 的特点如下。

• VGG 使用 3×3 的小卷积核（少数情况下使用 1×1 的卷积核）替代大卷积核，从而减少参数量。

• 池化使用小卷积核。VGG 的池化全部使用 2×2 的卷积核。

• VGG 的网络更深、更宽。网络深度指层的数量；网络宽度指神经元的数量。

5.5.3　GoogLeNet

GoogLeNet 在 2014 年的 ILSVRC 上获得冠军，而 VGG 获得亚军。VGG 主要是在 LeNet、AlexNet 的基础上进行设计的，而 GoogLeNet 在网络结构上做了创造性改进。GoogLeNet 虽然拥有 22 层，但其参数量比 AlexNet 和 VGG 的少很多（AlexNet 的参数量是 GoogLeNet 的 12 倍），且其性能更加优越。GoogLeNet 模型采用模块化结构 Inception 搭建，其结构如图 5.19 所示。其中 patch size/stride 表示卷积核尺寸、步长。Output Size 表示特征图尺寸。depth 表示网络深度（池化层无训练参数，故其深度为 0）。#1×1 表示 1×1 卷积核的个数，#3×3、#5×5 与其含义类似。#3×3 reduce 表示在执行 3×3 卷积之前，使用 1×1 卷积核的个数，#5×5 reduce 与其含义类似。pool proj 表示 Inception 模块中第 4 个分支的最大池化层输出通道数。params 表示某层待训练的参数量。ops 表示某层的计算量。

Type	patch size/stride	Output Size	depth	#1×1	#3×3 reduce	#3×3	#5×5 reduce	#5×5	pool proj	params	ops
convolution	7×7/2	112×112×64	1							2.7k	34M
max pool	3×3/2	56×56×64	0								
convolution	3×3/1	56×56×192	2		64	192				112k	360M
max pool	3×3/2	28×28×192	0								
Inception (3a)		28×28×256	2	64	96	128	16	32	32	159k	128M
Inception (3b)		28×28×480	2	128	128	192	32	96	64	380k	304M
max pool	3×3/2	14×14×480	0								
Inception (4a)		14×14×512	2	192	96	208	16	48	64	364k	73M
Inception (4b)		14×14×512	2	160	112	224	24	64	64	437k	88M
Inception (4c)		14×14×512	2	128	128	256	24	64	64	463k	100M
Inception (4d)		14×14×528	2	112	144	288	32	64	64	580k	119M
Inception (4e)		14×14×832	2	256	160	320	32	128	128	840k	170M
max pool	3×3/2	7×7×832	0								
Inception (5a)		7×7×832	2	256	160	320	32	128	128	1072k	54M
Inception (5b)		7×7×1024	2	384	192	384	48	128	128	1388k	71M
avg pool	7×7/1	1×1×1024	0								
Dropout (40%)		1×1×1024	0								
linear		1×1×1000	1							1000k	1M
Softmax		1×1×1000	0								

图5.19 GoogLeNet 的结构

GoogLeNet 中采用的 Inception 模块化结构如图5.20所示。

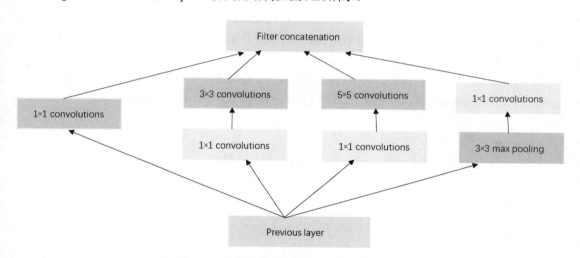

图5.20 GoogLeNet 中采用的 Inception 模块化结构

在 GoogLeNet 的结构中，前4层由2层卷积层和2层池化层构成。第一层卷积层的参数设置分别是 kernel_size=7、stride=2、padding=3、out_channels=64，该层输出的特征图的尺寸为112×112。对其使用 ReLU 激活函数和进行最大值池化，池化的参数设置分别是 kernel_size=3、stride=2、ceil_mode=True，池化后得到尺寸为56×56的特征图，继续对该特征图使用 ReLU 进行操作。

第二层卷积层的参数设置分别是 kernel_size=3、stride=1、padding=1、out_channels=192，该层输出的特征图尺寸为56×56。与第一层卷积层类似，对其使用 ReLU 激活函数和进行最大值池化操作（其参数设置与第一层卷积层的最大值池化的一样），输出28×28的特征图，对特征图继续使用ReLU进行操作。

GoogLeNet的第5层由Inception(3a)模块构成，Inception(3a)由4个分支组成，每个分支采用不同尺寸的卷积核进行处理，下面介绍各分支。

（1）第1个分支

对输入特征做PW操作，其中卷积核个数是64，输出$28\times28\times\mathbf{64}$的特征图，对特征图使用ReLU进行激活。

（2）第2个分支

对输入特征做PW操作，其中卷积核个数是96，输出$28\times28\times96$的特征图，此次卷积目的是减少特征图的通道数。对特征图使用ReLU进行激活和卷积，卷积的参数设置为kernel_size=3、stride=1、padding=1、out_channels=128，该分支最终输出$28\times28\times\mathbf{128}$的特征图。

（3）第3个分支

对输入特征做PW操作，其中卷积核个数是16，输出$28\times28\times16$的特征图。对特征图使用ReLU进行激活和卷积，卷积的参数设置为kernel_size=5、stride=1、padding=2、out_channels=32，该分支最终输出$28\times28\times\mathbf{32}$的特征图。

（4）第4个分支

对输入特征做最大值池化，其参数分别设置为kernel_size=3、padding=1，输出$28\times28\times192$的特征图。对特征图做PW（卷积核个数是32）操作，最终输出$28\times28\times\mathbf{32}$的特征图。

分别计算这4个分支后，Inception(3a)模块将在通道维度上对这4个分支的输出结果进行拼接，得到Inception(3a)模块的输出特征图。该特征图的维度是$28\times28\times256$，其中256是4个分支输出特征的通道数之和，即64+128+32+32=256。

GoogLeNet 的下面几层主要由 Inception(3b)、Inception(4a)、Inception(4b)、Inception(4c)、Inception(4d)、Inception(4e)、Inception(5a)、Inception(5b)模块组成。这些模块的构成与Inception(3a)的类似，在此不赘述。

GoogLeNet 的特点如下。

- GoogLeNet采用模块（Inception模块）化结构搭建网络，方便增添和修改。
- GoogLeNet最后采用均值池化层代替全连接层。
- GoogLeNet虽已移除全连接，但依然使用了随机失活机制。

5.5.4 ResNet

在ResNet提出之前，几乎所有的神经网络都是通过堆叠卷积层和池化层构成的。人们普遍认为模型中的卷积层和池化层越多，获得的特征图信息越全，预测效果越好。然而，在实际操作中，人们发现随着卷积层和池化层的增多，模型的预测效果并非越来越好，反而会出现梯度消失和梯度爆炸问题。梯度消失是指每一层的误差梯度小于1，网络越深，反向传播时梯度越趋近于0；梯度爆炸是指每一层的误差梯度大于1，网络越深，反向传播时梯度越大。

为了解决梯度消失或梯度爆炸问题，有研究者在论文中提出使用数据预处理和批量归一化层；对于深层网络中的退化问题，则采用调整网络结构的方法解决，即让神经网络中的某些层实现隔层相连，从而弱化层之间的强联系。这种隔层相连的网络称为残差网络，即ResNet。ResNet中使用**残差结构**弱化深层网络的退化问题，因此在网络很深的情况下，模型的效果并不差，反而变得更好。残差结构使用Shortcut（捷径）连接方式实现特征矩阵的隔层相加。根据残差结构中卷积的不同设置，残差结构分为两种，如图5.21所示。

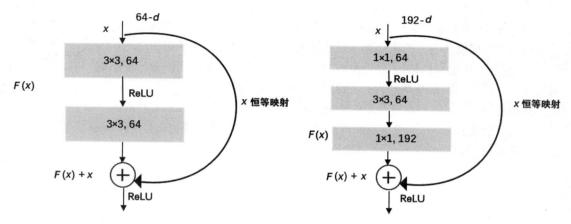

图5.21　两种残差结构

图5.21左边是**BasicBlock（基本块）**结构，右边是**Bottleneck（瓶颈结构）**结构。BasicBlock结构由两个分支构成，第一个分支对输入x依次做两次卷积运算，输出$F(x)$；第二个分支对输入x不做任何处理，直接将x送到相加层，与第一个分支的结果相加，得到BasicBlock的输出结果$F(x)+x$。Bottleneck的结构与BasicBlock的类似，但它们的第一个分支的构成不同。Bottleneck的第一个分支使用了3个卷积，其中第2个卷积是常规卷积，第1个和第3个卷积采用PW。PW实现特征矩阵的降维和升维，降维是为了减少运算量，升维是为了使卷积后的输出通道数与输入通道数一致。

图5.22所示为不同深度的ResNet的结构配置。图中的"[ ]×N"表示残差结构的重复执行，其中N表示执行次数，[ ]表示残差结构中主分支上卷积的个数和配置。例如[3×3,64]×1，表示做1次卷积运算，卷积核的大小是3×3，输出通道数是64。

Layer Name	Output Size	18-layer	34-layer	50-layer	101-layer	152-layer
Conv1	112×112	7×7, 64, stride: 2				
Conv2_x	56×56	3×3 max pool, stride: 2				
Conv2_x	56×56	$\begin{bmatrix}3\times3,64\\3\times3,64\end{bmatrix}\times2$	$\begin{bmatrix}3\times3,64\\3\times3,64\end{bmatrix}\times3$	$\begin{bmatrix}1\times1,64\\3\times3,64\\1\times1,256\end{bmatrix}\times3$	$\begin{bmatrix}1\times1,64\\3\times3,64\\1\times1,256\end{bmatrix}\times3$	$\begin{bmatrix}1\times1,64\\3\times3,64\\1\times1,256\end{bmatrix}\times3$
Conv3_x	28×28	$\begin{bmatrix}3\times3,128\\3\times3,128\end{bmatrix}\times2$	$\begin{bmatrix}3\times3,128\\3\times3,128\end{bmatrix}\times4$	$\begin{bmatrix}1\times1,128\\3\times3,128\\1\times1,512\end{bmatrix}\times4$	$\begin{bmatrix}1\times1,128\\3\times3,128\\1\times1,512\end{bmatrix}\times4$	$\begin{bmatrix}1\times1,128\\3\times3,128\\1\times1,512\end{bmatrix}\times8$
Conv4_x	14×14	$\begin{bmatrix}3\times3,256\\3\times3,256\end{bmatrix}\times2$	$\begin{bmatrix}3\times3,256\\3\times3,256\end{bmatrix}\times6$	$\begin{bmatrix}1\times1,256\\3\times3,256\\1\times1,1024\end{bmatrix}\times6$	$\begin{bmatrix}1\times1,256\\3\times3,256\\1\times1,1024\end{bmatrix}\times23$	$\begin{bmatrix}1\times1,256\\3\times3,256\\1\times1,1024\end{bmatrix}\times36$
Conv5_x	7×7	$\begin{bmatrix}3\times3,512\\3\times3,512\end{bmatrix}\times2$	$\begin{bmatrix}3\times3,512\\3\times3,512\end{bmatrix}\times3$	$\begin{bmatrix}1\times1,512\\3\times3,512\\1\times1,2048\end{bmatrix}\times3$	$\begin{bmatrix}1\times1,512\\3\times3,512\\1\times1,2048\end{bmatrix}\times3$	$\begin{bmatrix}1\times1,512\\3\times3,512\\1\times1,2048\end{bmatrix}\times3$
	1×1	avg pool,1000-d fc, Softmax				
浮点数运算次数		1.8×10^{9}	3.6×10^{9}	3.8×10^{9}	7.6×10^{9}	11.3×10^{9}

图5.22　不同深度的ResNet的结构配置

5.5.5 倒残差结构案例

MobileNetV2 提出的倒残差结构现已成为移动端网络的基础构建模块。倒残差结构采用中间粗（这里的粗指卷积时的输出通道数较多）、两头细的结构，即"扩展—卷积—压缩"结构。在倒残差结构中，首先用 $1×1$ 的卷积增加特征图的通道数，然后用 DW 提取高维的特征信息，最后用 PW 减少特征图的通道数。与残差结构相比，它可以提取更高维的特征信息。倒残差结构中 $1×1$ 的卷积有助于编码通道间的信息，DW 能获取空间信息。另外，为避免降维时特征出现零化现象导致信息丢失，通常在降维的 $1×1$ 卷积后不再添加激活函数。倒残差结构如图 5.23 所示。

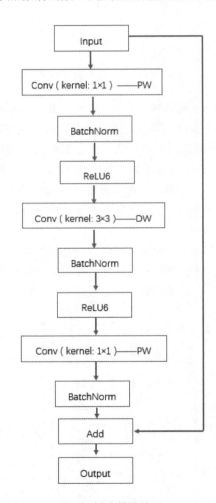

图 5.23　倒残差结构

torch.nn.Module 是 nn 模块中的核心结构。它是一个抽象的概念，可以表示神经网络中的一个组合层，也可以表示一个包含多个层的神经网络。nn.Module 是所有神经网络模块的基类，定义模型结构时都要继承 nn.Module 类，并重写初始化函数＿＿init＿＿和前向传播（Forward-Propagation，FP）函数 forward。＿＿init＿＿函数用于实现模型子模块的构建，forward 函数用于实现子模块的拼接。

nn.Sequential 是一个序列容器，可以用来搭建模型结构。用户将各个层（如卷积层、池化层）或模块（多层的组合）按顺序依次添加到 nn.Sequential 容器中后，就可获得具有特定结构的网络模型。模型前向传播时，输入数据被送入 nn.Sequential 容器中的第一层或模块，层或模块对数据进行相关处理，并将处理结果作为输入传递给下一层。重复执行上述操作，数据按照定义好的结构顺序依次从一层流向另一层，直到 nn.Sequential 容器的最后一层。搭建神经网络时可以直接使用卷积层、池化层等，也可用 nn.Sequential 将多个层封装成一个模块，然后用模块或层组合搭建网络。下面使用 nn.Sequential 容器构建 self.shortcut 模块，具体代码如下。

```
self.shortcut = nn.Sequential(
        nn.AvgPool2d(2, stride=2),
        nn.BatchNorm2d(in_c),
        nn.Conv2d(in_c, out_c, 1, 1, 0, bias=False)
        )
```

使用 nn.Sequential 构建模块后，若要访问该模块中的某一层，可使用模块名加索引的方式。例如访问 self.shortcut 模块的第一层（nn.AvgPool2d(2, stride=2)），可使用 self.shortcut[0]。

利用前面所学的知识，我们自定义一个倒残差结构，即 InvertedResidual 类，它继承了基类 nn.Module 的属性和方法。InvertedResidual 类包括__init__和 forward 两个函数：在__init__函数中使用 nn.Sequential 定义模型的子模块 self.conv 和 self.shortcut；在 forward 函数中实现子模块的拼接。定义倒残差结构的示例代码如下。

```
import torch.nn as nn
import torch

class InvertedResidual(nn.Module):
    def _ _init_ _(self, in_c, out_c, stride, expand_ratio):
        super(InvertedResidual, self)._ _init_ _()
        self.stride = stride
        assert stride in [1, 2]
        hidden_dim = int(in_c * expand_ratio)
        self.conv = nn.Sequential(
                # 使用1×1的卷积升维
                nn.Conv2d(in_c, hidden_dim, 1, 1, 0, bias=False),
                nn.BatchNorm2d(hidden_dim),
                nn.ReLU6(inplace=True),
                # 使用DW（卷积核尺寸为3×3）提取特征
                nn.Conv2d(hidden_dim, hidden_dim, 3, stride, 1, groups=hidden_dim,
bias=False),
                nn.BatchNorm2d(hidden_dim),
                nn.ReLU6(inplace=True),
                # 使用1×1的卷积降维
                nn.Conv2d(hidden_dim, out_c, 1, 1, 0, bias=False),
                nn.BatchNorm2d(out_c),
                )
        self.shortcut = nn.Sequential(
            #将特征图的尺寸减小
            nn.AvgPool2d(2, stride=2),
            nn.BatchNorm2d(in_c),
            #使用1×1的卷积升维
            nn.Conv2d(in_c, out_c, 1, 1, 0, bias=False),

            )
        self.pw = nn.Conv2d(in_c, out_c, 1, 1, 0, bias=False)
```

```
def forward(self, x):
    if self.stride==1:
        x1= self.pw(x)                #只改变通道数，特征图尺寸不变
        return x1 + self.conv(x)
    else:
        x2=self.shortcut(x)           #特征图尺寸减小，并改变特征图的通道数
        return x2 + self.conv(x)
```

在 __init__ 函数中，参数 in_c、out_c、stride 和 expand_ratio 分别表示输入通道数、输出通道数、卷积步长和扩展率。扩展率指通道的扩展倍数。例如，hidden_dim = int(in_c * expand_ratio) 语句中 hidden_dim 的通道数等于输入通道数 in_c×扩展率 expand_ratio。

InvertedResidual 类使用 nn.Sequential 容器构造了两个模块，即 self.conv 和 self.shortcut。self.conv 是倒残差结构，用于实现高维特征的提取，包括升维、DW 和降维 3 个部分。升维操作由 1×1 的卷积、批量归一化、ReLU6 激活函数组成；DW 部分由 DW、批量归一化、ReLU6 激活函数组成；降维部分由 1×1 的卷积、批量归一化组成。self.shortcut 是短连接模块，用来减小特征图的尺寸，增加特征图的通道数；self.shortcut 模块由均值池化、批量归一化和 1×1 的卷积组成，它用 1×1 的卷积调整输入数据的通道数，用均值池化缩小输入数据的尺寸。

从图 5.23 可知，self.conv 模块输出的通道数由最后一个 1×1 的 PW 的通道数确定，输出尺寸由 DW 的步长决定。当 stride＝1 时，输出尺寸＝输入尺寸；当 stride＝2 时，输出尺寸 ＝1/2 输入尺寸。

InvertedResidual 类的最终输出 Output＝Input＋倒残差结构（self.conv）的输出。相加时 Input 和 self.conv 模块的输出的**尺寸**和**通道**数必须**一致**，否则会出错。根据 stride 的不同取值，forward 函数将返回不同的倒残差结果：当 stride＝1 时，forward 函数返回 Input 与 self.conv 的输出之和；当 stride＝2 时，forward 函数返回 self.shortcut 的输出与 self.conv 的输出之和。

与其他类一样，InvertedResidual 类定义好后要先实例化，然后才能使用。InvertedResidual 类的使用示例代码如下。

```
a=torch.randn(5,6,64,64)
ir=InvertedResidual(in_c=6, out_c=12, stride=2, expand_ratio=3)
print('对a执行倒残差后，得到的输出特征大小为: \n',ir(a).size())
```

执行上述代码，输出结果如下。

```
对a执行倒残差后，得到的输出特征大小为:
torch.Size([5, 12, 32, 32])
```

5.5.6 MobileNetV2 案例

MobileNetV2 是谷歌团队在 2018 年提出的，相比于 MobileNetV1，其准确率更高，模型更小。MobileNetV2 的亮点如下。

（1）使用倒残差结构

残差结构是"压缩—卷积—扩展"，即中间细、两头粗。倒残差结构与残差结构相反，即先扩展，再卷积、压缩。残差结构中由于先用 1×1 的卷积压缩特征图的通道数，致使输出的低维特征经过 ReLU 激活后信息丢失严重。因此，倒残差结构中先对特征图的通道数进行扩展，这样输出的高维特征分布在 ReLU 激活带上的概率较大，经过 ReLU 激活后信息丢失较少。

（2）使用瓶颈结构作为倒残差结构的最后一层

瓶颈结构是指从高维空间映射到低维空间，缩减特征图的通道数；输出维度较低时，若使用

ReLU激活函数很容易造成信息丢失，因此，倒残差结构中最后一层使用线性激活函数代替ReLU激活函数。

　　MobileNetV2由1个常规卷积（Conv）、17个倒残差结构（InvertedResidual）、1个1×1的卷积（Conv(1×1)）和1个全连接（Linear）组成，MobileNetV2的结构如图5.24所示。从MobileNetV2的结构可看出，倒残差结构是MobileNetV2的基石，在17个倒残差结构中，有4个的步长为2，其余的步长为1。当步长为2时，输出的特征图尺寸将缩小为输入的一半。

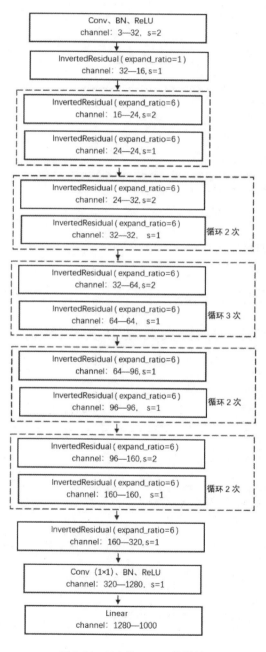

图5.24　MobileNetV2的结构

MobileNetV2 的完整示例代码如下。

```python
import torch.nn as nn
import torch
import math

def conv_bn(in_c, out_c, stride):    #常规卷积、批量归一化、激活函数（Conv（3×3）+ BN + ReLU）
    return nn.Sequential(
        nn.Conv2d(in_c, out_c, 3, stride, 1, bias=False),
        nn.BatchNorm2d(out_c),
        nn.ReLU6(inplace=True)
    )

def conv_1x1_bn(in_c, out_c):    #1×1卷积、批量归一化、激活函数（Conv（1×1）+ BN + ReLU）
    return nn.Sequential(
        nn.Conv2d(in_c, out_c, 1, 1, 0, bias=False),
        nn.BatchNorm2d(out_c),
        nn.ReLU6(inplace=True)
    )

class InvertedResidual(nn.Module):
    def __init__(self, in_c, out_c, stride, expand_ratio):
        super(InvertedResidual, self).__init__()
        self.stride = stride
        assert stride in [1, 2]

        hidden_dim = int(in_c * expand_ratio)
        self.use_res_connect = self.stride == 1 and in_c == out_c

        if expand_ratio == 1:
            self.conv = nn.Sequential(
                # DW
                nn.Conv2d(hidden_dim, hidden_dim, 3, stride, 1, groups=hidden_dim,
bias=False),
                nn.BatchNorm2d(hidden_dim),
                nn.ReLU6(inplace=True),
                # PW-Linear
                nn.Conv2d(hidden_dim, out_c, 1, 1, 0, bias=False),
                nn.BatchNorm2d(out_c),
            )
        else:
            self.conv = nn.Sequential(
                # PW
                nn.Conv2d(in_c, hidden_dim, 1, 1, 0, bias=False),
                nn.BatchNorm2d(hidden_dim),
                nn.ReLU6(inplace=True),
                # DW
                nn.Conv2d(hidden_dim, hidden_dim, 3, stride, 1, groups=hidden_dim,
bias=False),
                nn.BatchNorm2d(hidden_dim),
                nn.ReLU6(inplace=True),
                # PW-Linear
                nn.Conv2d(hidden_dim, out_c, 1, 1, 0, bias=False),
                nn.BatchNorm2d(out_c),
            )
```

```python
    def forward(self, x):
        if self.use_res_connect:
            return x + self.conv(x)
        else:
            return self.conv(x)


class MobileNetV2(nn.Module):
    def __init__(self, n_class=2, input_size=224):
        super(MobileNetV2, self).__init__()
        block = InvertedResidual          #倒残差结构
        input_channel = 32                #输入通道数为32
        last_channel = 1280               #输出通道数为1280
        interverted_residual_setting = [
            # t、c、n、s
            [1, 16, 1, 1],    # t: 扩展率。c: 输出通道数。n: 倒残差循环次数。s: 步长
            [6, 24, 2, 2],
            [6, 32, 3, 2],
            [6, 64, 4, 2],
            [6, 96, 3, 1],
            [6, 160, 3, 2],
            [6, 320, 1, 1],
        ]                                 #倒残差配置

        # 输入图像尺寸是32的整数倍
        assert input_size % 32 == 0
        self.last_channel = last_channel
        # 构建模型的第一层，模型放在features列表中
        self.features = [conv_bn(3, input_channel, 2)]

        # 构建模型的主干层（由多个倒残差结构组成）
        for t, c, n, s in interverted_residual_setting:
            output_channel = c
            for i in range(n):       #将n个倒残差加入列表features中
                if i == 0:       #第一个倒残差的步长可变，由s的值决定
                    self.features.append(block(input_channel, output_channel, s,
expand_ratio=t))
                else:            #剩余倒残差的步长均为1
                    self.features.append(block(input_channel, output_channel, 1,
expand_ratio=t))
                #执行完一个倒残差后，将输入通道数设置为output_channel
                input_channel = output_channel

        # 构建模型的倒数第二层，即Conv(1*1) + BN + ReLU
        self.features.append(conv_1x1_bn(input_channel, self.last_channel))
        self.features = nn.Sequential(*self.features)

        # 构建模型的最后一层（全连接层）
        self.classifier = nn.Linear(self.last_channel, n_class)
        #初始化模型权重
        self._initialize_weights()

    def forward(self, x):
        x = self.features(x)
        #在特征图的最后两个维度（即H和W）上分别取它们的均值，结果是Batch×Channel×1×1
        x = x.mean(3).mean(2)       #将x转换为二维Tensor
```

```
        x = self.classifier(x)
        return x

    def _initialize_weights(self):
        for m in self.modules():
            if isinstance(m, nn.Conv2d):
                n = m.kernel_size[0] * m.kernel_size[1] * m.out_channels
                m.weight.data.normal_(0, math.sqrt(2. / n))
                if m.bias is not None:
                    m.bias.data.zero_()
            elif isinstance(m, nn.BatchNorm2d):
                m.weight.data.fill_(1)
                m.bias.data.zero_()
            elif isinstance(m, nn.Linear):
                n = m.weight.size(1)
                m.weight.data.normal_(0, 0.01)
                m.bias.data.zero_()

if __name__ == '__main__':
    net = MobileNetV2()      #将MobileNetV2实例化为net
    x = torch.randn(1,3,224,224)    #定义批次为1、通道数为3、高度和宽度均为224的Tensor
    x = net(x)
    print('模型的输出: \n',x)
    print(net)      #输出模型的结构
```

执行上述代码，输出结果如下。

模型的输出:
```
 tensor([[-0.0106,  0.2161]], grad_fn=<AddmmBackward>)
```
下面是关于MobileNetV2的示例代码的几点说明。

（1）在__init__函数中，参数n_class表示类别。n_class=2时表示模型做二分类。input_size指输入图像的尺寸，即图像的高度和宽度。last_channel指最后一个卷积层的输出通道数，这里将last_channel设为1280。

（2）矩阵interverted_residual_setting中定义了MobileNetV2中倒残差结构的扩展率、输出通道数、倒残差循环次数、步长参数值。其中t表示扩展率；c表示输出通道数；n表示倒残差循环次数，即执行倒残差结构的次数；s表示卷积步长。当n>1时，第一个倒残差结构的参数使用矩阵中定义的值；其余倒残差结构的步长固定为1，且输入通道数＝输出通道数。例如，interverted_residual_setting矩阵中第3行的值分别是6、32、3、2，表示要执行3次倒残差结构，其中，第1个倒残差结构的扩展率是6，输入通道数由上层的输出决定，输出通道数是32，步长为2；剩余两个倒残差结构的扩展率仍然是6，但输入通道数＝输出通道数＝32，且步长为1。

（3）MobileNetV2中除最后的全连接层外，其余层都被放在列表features中。执行self.features = nn.Sequential(*self.features)语句后，神经网络模块将按照传入构造器的顺序依次被添加到计算图中执行。PyTorch中的*的传参用法如下。

```
nn.Sequential(*layers)
```
- 当*作用在形参上时，代表这个位置接收任意多个非关键字参数，并转化成元组形式。
- 当*作用在实参上时，代表将输入迭代器拆成一个个元素。

（4）输入模型的图像的初始尺寸为224×224，经过第一个常规卷积后，输出特征图的尺寸为112×112；经过4个步长为2的倒残差结构后，输出特征图的尺寸为7×7。模型的最后一层是全连接层，做全连接操作前，须先用x.mean(3).mean(2)语句将4维Tensor转换为二维Tensor。

torch.mean 函数用于沿 Tensor 中的某个维度求平均值，其使用格式如下。

```
torch.mean(input, dim, keepdim=False, *, dtype=None, out=None)
```

部分参数说明。

- input：要处理的 Tensor。
- dim：要求平均值的维度。
- keepdim：是否保留长度为1的维度，默认为False，即压缩长度为1的维度，返回值维数比原 Tensor 的小1；当 keepdim 为 True 时，返回值维数和原 Tensor 的一样。

📖 语句 torch.mean(x,dim) 与 x.mean(dim) 的效果是相同的。

（5）_initialize_weights 函数用来初始化卷积层、批量归一化层和全连接层的权重和偏置。

5.5.7 从零开始构建 CNN 模型案例

下面利用前面所学的知识构建一个简单的 CNN 模型，该模型由卷积（Conv2d）、池化（MaxPool2d）、批量归一化（BN）、激活函数（ReLU）、随机失活（Dropout）和全连接（Linear）构成。自定义 CNN 模型的结构如图 5.25 所示。

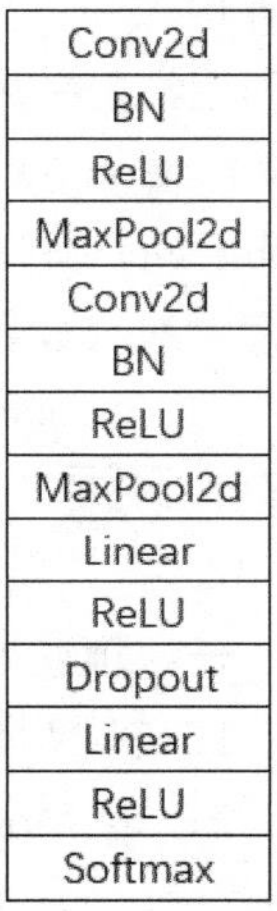

用 PyTorch 实现该模型的完整示例代码如下。

```python
import torch
import torch.nn as nn
import torch.nn.functional as F

class MyModel(nn.Module):
    def __init__(self):
        super(MyModel,self).__init__()
        self.conv1 = nn.Conv2d(in_channels=3,
out_channels=16,kernel_size=5,stride=2,padding=2)
        self.BN1 = nn.BatchNorm2d(16)
        self.conv2 = nn.Conv2d(in_channels=16,
out_channels=48,kernel_size=3,stride=2,padding=1)
        self.BN2 = nn.BatchNorm2d(48)
        self.fc1 = nn.Linear(9408,512)
        self.drop = nn.Dropout(p=0.2,inplace=False)
        self.fc2 = nn.Linear(512,10)
    def forward(self,x):
        x =self.conv1(x)
        x = F.max_pool2d(F.relu(self.BN1(x)),2)
        x = self.conv2(x)
        x = F.max_pool2d((F.relu(self.BN2(x))),2)
        x = x.view(x.size(0),-1)
        x = self.drop(self.fc1(x))
        x = self.fc2(x)
        return F.log_softmax(x ,dim=1)

if __name__ == '__main__':
    model = MyModel()    #模型实例化
    x = torch.randn(1,3,224,224)    #随机生成一个形状为[1,3,224,224]的 Tensor
    x = model(x)
    print('模型的输出: \n',x)
```

Conv2d
BN
ReLU
MaxPool2d
Conv2d
BN
ReLU
MaxPool2d
Linear
ReLU
Dropout
Linear
ReLU
Softmax

图 5.25　自定义 CNN 模型的结构

```
    print(model)    #输出模型的结构
```

执行上述代码，输出结果如下。

```
模型的输出:
 tensor([[-2.6879, -2.4250, -2.9895, -1.9459, -2.6036, -1.9074, -3.2111, -2.0119,
         -2.4978, -1.7630]], grad_fn=<LogSoftmaxBackward>)
MyModel(
  (conv1): Conv2d(3, 16, kernel_size=(5, 5), stride=(2, 2), padding=(2, 2))
  (BN1): BatchNorm2d(16, eps=1e-05, momentum=0.1, affine=True, track_running_stats=True)
  (conv2): Conv2d(16, 48, kernel_size=(3, 3), stride=(2, 2), padding=(1, 1))
  (BN2): BatchNorm2d(48, eps=1e-05, momentum=0.1, affine=True, track_running_stats=True)
  (fc1): Linear(in_features=9408, out_features=512, bias=True)
  (drop): Dropout(p=0.2, inplace=False)
  (fc2): Linear(in_features=512, out_features=10, bias=True)
)
```

5.6　本章小结

本章主要介绍了 CNN 的常用层和常见的模型。首先介绍了卷积核、图像卷积运算、步长、填充等相关知识和工作原理，进而介绍了卷积层、批量归一化层、池化层和全连接层等的 PyTorch 实现和用法，并用实例加深读者对相关函数、类的理解；然后介绍了常见的 CNN 模型，如 AlexNet、VGG、GoogLeNet 等。CNN 模型是将多个层连接在一起得到的结构。本章通过介绍倒残差结构、MobileNetV2 模型的搭建实例，加深读者对卷积层、池化层、激活层、全连接层等的理解和应用，使读者对搭建模型有初步的认识。

5.7　习题

一、填空题

1．CNN 具有_____和_____的特点。

2．nn.Module 中实现的层是_____，它继承了 nn.Module 的属性，其命名格式一般为_____，如卷积层 nn.Conv2d。_____中实现的层是函数，其命名格式一般为_____，如 nn.functional.linear。

3．卷积核是一种_____，通常是一个大小为 $m \times n$ 的二维矩阵，具有 $m \times n$ 个_____。卷积核的作用是_____（如边缘、纹理、角落等）。卷积核的值通常是由神经网络自动学习得到的。不同卷积核可以提取不同类型的特征。

4．现对大小为 9×9 的图像做卷积运算，若卷积核大小为 3×3，步长为 2，则卷积后输出的特征图大小为_____。

5．卷积层的参数由可学习的卷积核组构成，卷积核的每个元素都对应一个_____系数和一个_____。

6．全连接层又称为_____。在全连接层中，每个神经元与上一层的所有神经元相连，实现对前一层的_____。

二、多项选择题

1．CNN 一般由（　　）构成。

A．输入层　　　　　　　B．卷积层　　　　　　　C．池化层　　　　　　　D．全连接层

2．6通道图像做卷积运算时，每个卷积核组的维度是（　　　），且卷积核组的个数与输出特征图的维度相同。

A．6　　　　　　　　　　　　　B．3

C．与输入图像通道数一致　　　D．与输入图像通道数无关

3．下列关于DW的说法正确的是（　　　）。

A．输入图像的通道数与输出图像的通道数一致

B．一个卷积核对应输入图像的一个通道

C．进行卷积运算时参数的总数量=卷积核宽度×卷积核高度×卷积核通道数×卷积核个数

D．DW的参数量与常规卷积的参数量相同

4．下列关于PW的说法正确的是（　　　）。

A．卷积核的尺寸固定是1×1

B．卷积核的通道数固定是1

C．卷积核的通道数与输入图像的通道数一致

D．卷积核的个数决定了输出特征图的通道数

5．常见的激活函数有（　　　）。

A．Sigmoid　　　　　　　　　B．Softmax

C．ReLU6　　　　　　　　　　D．pooling

6．下列哪些属于池化函数？（　　　）

A．MaxPool2d　　　　　　　　B．MeanPool2d

C．AdaptiveAvgPool2d　　　　D．AdaptiveMaxPool2d

第 6 章　模型训练与测试

前面学习了数据集的加载、神经网络的搭建等，本章将对神经网络进行训练与测试。损失函数和优化器是网络训练的重要组成部分。本章先介绍损失函数、优化器的相关理论及用途，然后介绍它们的 PyTorch 实现函数及用法，并通过实例讲解这些函数在模型训练、测试中的用法，最后介绍模型的保存、加载方法和迁移学习，以加深读者对 CNN 的认识和理解。本章的主要内容如下。

- 损失函数。
- 优化器。
- 模型训练、测试与调整。
- 模型保存与加载。
- 迁移学习。

6.1　损失函数

损失函数在深度学习中扮演着至关重要的角色。训练模型时，数据 x 进入输入层，经过一个或多个隐含层后，从输出层输出预测值 y'，这个过程被称为**前向传播**；预测值 y' 不一定等于真实值 y，它们之间存在误差，即 $|y'-y|$。为减小这个误差，模型使用特定方法更新参数，这个过程就是**反向传播**。损失函数介于前向传播和反向传播间，起到"承上启下"的作用。它接收模型的预测值，计算预测值与真实值间的误差，并为反向传播提供输入数据。

损失函数、优化器

6.1.1　损失函数概述

在前向传播中，输入数据通过模型后输出预测值，我们希望模型的预测值与真实值尽可能接近，这样预测值与真实值间的误差能降到最小，为此引入了损失函数。损失函数是用来评估模型预测值与真实值的偏离程度的函数。模型训练的过程实质上就是优化损失函数的过程，即通过优化损失函数使模型达到收敛状态，从而减小模型预测值与真实值间的误差。

优化损失函数的常用算法是梯度下降算法，有些损失函数计算的误差的梯度下降较快，有些则下降较慢。损失函数选取得越好，模型的性能也越好，因此选择合适的损失函数有助于模型性能的提升。对于不同的深度学习问题，损失函数的设计存在较大差异。损失函数按应用场景的不同可分为分类问题的损失函数、回归问题的损失函数、聚类问题的损失函数等。

分类问题的损失函数用来评估分类器的预测值与真实值间的误差，从而指导分类器的训练。常见的分类问题的损失函数有交叉熵损失函数、Hinge 损失函数、余弦相似度损失函数、指数损失函数等。其中，交叉熵损失函数用来度量两个概率分布间的距离，交叉熵越大，说明两个概率分布间的距离越大；反之表示两个概率分布越相似，即输出值越符合预期。对于分类问题，我们希望模型输出的概率分布尽量接近真实的概率分布，当预测值等于真实值时，交叉熵损失函数的值就会等于 0；当预测值不等于真实值时，交叉熵损失函数的值就会大于 0。Hinge 损失函数用于解决图像分类、语义分割等预测离散值的问题。余弦相似度损失函数是一种相似度度量函数，用于度量两个向量之间的相似程度。

回归问题的损失函数用于解决连续值的预测问题，常见的回归问题的损失函数有均方差损失函数、平均绝对误差（Mean Absolute Error，MAE）损失函数、Huber 损失函数和 Log-Cosh 损失函数等。

聚类问题的损失函数用于衡量数据点之间的相似度或距离，通过它可以最小化同类别样本间的距离，同时最大化不同类别样本间的距离。常见的聚类问题的损失函数有欧氏距离、曼哈顿距离、余弦相似度等。距离越远，说明个体间的差异越大。欧氏距离是常见的距离衡量方法，用于衡量多维空间中各个点之间的绝对距离。

6.1.2　PyTorch 中的常用损失函数及其使用方法

1. L1 范数损失函数

L1 范数损失函数也叫 MAE 损失函数。它用于计算真实值 Y_i 与预测值 $\widetilde{Y}_i$ 之间的 MAE，用数学公式表示为：

$$S = \frac{1}{n} \sum_{i=1}^{n} \left| Y_i - \widetilde{Y}_i \right|$$

PyTorch 中 L1 范数损失函数的使用格式为：

```
torch.nn.L1Loss(reduction='mean')
```
参数说明。

reduction（可选，string 类型）：其值可以是 none、mean 和 sum，默认为 mean。none 表示不使用约简；mean 表示返回损失和的平均值；sum 表示返回损失和。

torch.nn.L1Loss 函数的使用示例代码如下。

```
import torch
import torch.nn as nn

x = torch.rand(3, dtype=torch.float)    #将 Tensor x 的类型定义为 float
y = torch.rand(3, dtype=torch.float)
L1_loss = nn.L1Loss(reduction='mean')
out = L1_loss(x, y)
print('x:\n',x)
print('y:\n',y)
print('out:\n',out)
```
执行上述代码，输出结果如下。

```
x:
 tensor([0.7694, 0.6694, 0.7203])
```

```
y:
 tensor([0.2235, 0.9502, 0.4655])
out:
 tensor(0.3605)
```

📖 只有 float 类型的 Tensor 能够自动求梯度，因此上述代码中 x 的类型定义为 float。

2. L2 范数损失函数

L2 范数损失函数也叫作均方误差（Mean Square Error，MSE）损失函数，它与 L1 范数损失函数非常相似，但不同的是，L2 范数损失函数用于计算预测值和真实值之间的平方差，用数学公式表示为：

$$S = \frac{1}{n} \sum_{i=1}^{n} \left(Y_i - \widetilde{Y}_i \right)^2$$

L2 范数损失函数是一种常用的损失函数。它的函数曲线光滑、连续，处处可导，便于使用梯度下降算法。随着误差的减小，梯度也会减小，即使使用固定的学习速率也能较快收敛到最小值。L2 范数损失函数对较大误差（如大于 1 的误差）给予较大的惩罚，对较小误差（如小于 1 的误差）给予较小的惩罚。也就是说，它对离群点比较敏感，受其影响较大。

PyTorch 中 L2 范数损失函数的使用格式为：

```
torch.nn.MSELoss(size_average=None, reduce=None, reduction='mean')
```

使用 MSELoss 函数时，若它的 3 个参数 size_average、reduce、reduction 都已指定，则先看前两个参数。当前两个参数都不为 None 时，该函数的返回值有下列 3 种情况。

• 当 size_average＝True，reduce＝True 时，该函数会返回一个批次中所有样本损失的平均值，其为标量。

• 当 size_average＝False，reduce＝True 时，该函数会返回一个批次中所有样本损失的和，其为标量。

• 当 reduce＝False 时，无论 size_average 参数为何值，该函数返回的都是一个批次中每个样本的损失，其为向量。

当前两个参数均为 None 时，则该函数的返回值由参数 reduction 的值决定。

• 当参数 reduction 的值为 none 时，该函数返回的是一个批次中每个样本的损失，其为向量。

• 当参数 reduction 的值为 sum 时，该函数返回一个批次中所有样本损失的和，其为标量。

• 当参数 reduction 的值为 mean 时，该函数返回一个批次中所有样本损失的均值，其为标量。

📖 PyTorch 后续版本中已移除 MSELoss 函数中的 size_average 和 reduce 参数。

torch.nn.MSELoss 函数的使用示例代码如下。

```
import torch
import torch.nn as nn

torch.manual_seed(10)
mse_loss = nn.MSELoss(reduction='mean')
x = torch.randn(1,3,requires_grad=True)    #requires_grad=True表示该变量可以求偏导
print(x)
y = torch.randn(1,3)
```

```
print(y)
loss = mse_loss(x,y)
print(loss)
loss.backward()    #求loss的梯度
```

执行上述代码，输出结果如下。

```
tensor([[-0.6014, -1.0122, -0.3023]], requires_grad=True)
tensor([[-1.2277,  0.9198, -0.3485]])
tensor(1.3757, grad_fn=<MseLossBackward>)
```

上述代码中torch.manual_seed函数的功能是设置随机数生成器的种子。生成随机数之前需要为随机数生成器设置种子，种子会影响随机数生成器生成的随机数。当两个随机数生成器使用相同的种子时，会生成完全相同的随机数。当程序使用固定的随机数生成器种子时，无论程序重复执行多少次，生成的随机数都是相同的，从而方便再现实验结果。torch.manual_seed函数的使用格式为：

```
torch.manual_seed(seed)
```

参数说明。

seed（int类型）：种子，可以是任意数字。

torch.randn函数用于生成满足标准正态分布的随机数字Tensor，参数requires_grad设为True时，表示可以对Tensor求偏导，即可使用torch.autograd.backward自动计算Tensor的梯度。

PyTorch中的autograd包可根据输入和前向传播自动构建计算图。backward函数能自动计算所有梯度，上述代码中loss.backward()语句根据损失值对初始变量x求导。

3. 交叉熵损失函数

交叉熵损失也叫对数损失，它定义在概率分布的基础上。对于单个样本，假设y表示它的真实分布，网络输出的分布为$\hat{y}$，样本的总类别数为n，则交叉熵损失函数的数学公式为：

$$\text{loss} = -\sum_{i=1}^{n} y_i \log \hat{y}_i$$

交叉熵损失函数通常用于多项式逻辑回归和神经网络。PyTorch中交叉熵损失函数的使用格式为：

```
torch.nn.CrossEntropyLoss(weight=None, ignore_index=-100, reduction='mean',
label_smoothing=0.0)
```

部分参数说明。

- weight（Tensor类型，可选）：为每个类别的损失设置权重，常用于解决类别不均衡问题。

- ignore_index（int类型，可选）：忽略某个类别。

- reduction（string类型，可选）：其值可为none、sum或mean，为none时表示逐个对元素进行计算，即有多少个样本就返回多少个损失值；为sum时表示对所有元素的损失进行求和，返回一个标量；为mean时表示对所有元素的损失进行加权平均，返回一个标量。

torch.nn.CrossEntropyLoss函数的使用示例代码如下。

```
import torch
import torch.nn as nn

torch.manual_seed(10)
ce_loss = nn.CrossEntropyLoss()
input = torch.randn(3, 2, requires_grad=True)    #生成随机Tensor，它表示模型输出值ŷ
```

```
target = torch.empty(3, dtype=torch.long).random_(2)    #生成为0或为1的随机Tensor，它表示真实值y
loss = ce_loss(input, target)
loss.backward()
print("预测值:\n",input)
print("真实值:\n",target)
print("loss的结果:\n",loss)
```

执行上述代码，输出结果如下。

```
预测值:
 tensor([[-0.6014, -1.0122],
        [-0.3023, -1.2277],
        [ 0.9198, -0.3485]], requires_grad=True)
真实值:
 tensor([1, 0, 0])
loss的结果:
 tensor(0.5004, grad_fn=<NllLossBackward>)
```

上述代码中，torch.empty 函数的功能是根据给定形状和类型返回一个包含未初始化的数据的 Tensor。torch.empty 函数的使用格式为：

```
torch.empty(*size, *, out=None, dtype=None, layout=torch.strided, device=None,
requires_grad=False, pin_memory=False, memory_format=torch.contiguous_format)
```

部分参数说明。

- size：定义输出 Tensor 的形状，可以是一个可变数量的参数，如列表或元组的集合。
- dtype：指定返回的 Tensor 类型。
- requires_grad：指定 Tensor 是否需要求导更新。

random_ 函数的功能是用一个离散均匀分布于[0, 2)的整数来填充当前 Tensor，其使用格式为：

```
torch.Tensor.random_(from=0, to=None, *, generator=None)
```

ce_loss(input,target)语句中的参数 target 不是独热编码，而是类别的序号。例如 target = [1, 0, 0]，表示样本分别属于第 1 类、第 0 类和第 0 类。

6.2 优化器

在计算出损失函数的值之后，需要利用优化器来进行反向传播以完成网络参数的更新。优化器是引导神经网络更新参数的工具，在深度学习的反向传播过程中指引各个参数往正确的方向更新至合适的大小，更新后的参数会让损失函数值不断逼近全局最小值。

6.2.1 优化器概述

优化器实质上是一种算法，它通过不断更新模型参数来使损失函数最小化。深度学习模型具有大量可训练参数，优化器通过不断更新模型参数来拟合训练数据，使模型在新数据上具有较好的效果。选择优化器时需要考虑模型的结构、数据量和目标函数等因素。

深度学习中大部分优化器都基于梯度下降算法，这意味着它们要反复估计给定损失函数的斜率，并沿着相反的方向移动参数，从而向下移动至假定的全局最小值。

1. SGD

SGD 在神经网络中较为常用。它用小批量数据估计梯度下降最快的方向，并朝该方向迈出一步。SGD 对网络参数进行更新时不需要遍历全部数据，仅需一个批次的数据就可使用梯度下降更新参数，然后利用下一批次的数据进行后面的更新。SGD解决了随机小批量数据的优化问题，但由于它只对一个批次的数据进行梯度下降，所以训练时收敛速度慢、准确率低，容易陷入局部最优解问题。设w是待优化参数，l_r是学习率，g_t是目标函数关于当前参数的梯度，m_t是一阶动量、v_t是二阶动量、η_t是下降梯度、w_{t+1}是更新后的参数，则SGD的参数更新过程如下。

一阶动量：$m_t = g_t$。

二阶动量：$v_t = 1$。

下降梯度：$\eta_t = l_r \times m_t / \sqrt{v_t} = l_r \times g_t$。

参数更新：$w_{t+1} = w_t - l_r \times \dfrac{\partial \text{loss}}{\partial w_t} = w_t - \eta_t = w_t - l_r \times m_t / \sqrt{v_t} = w_t - l_r \times g_t$。

2．Momentum

由于SGD不会考虑先前的梯度方向及大小，因此它的收敛速度慢且容易陷入局部最优解问题；Momentum（动量）通过引入一个新的变量v去累加之前的梯度，从而加快学习过程。Momentum更新参数时，若当前时刻的梯度方向与之前累加的梯度方向一致，则梯度下降的幅度会增大；若当前时刻的梯度方向与之前累加的梯度方向不一致，则梯度下降的幅度会减小。Momentum的参数更新过程如下，其中β是一个介于0和1之间的超参数，控制梯度的影响力。

一阶动量：$m_t = \beta \times m_{t-1} + (1-\beta) \times g_t$。

二阶动量：$v_t = 1$。

下降梯度：$\eta_t = l_r \times m_t / \sqrt{v_t} = l_r \times m_t = l_r \times \left(\beta \times m_{t-1} + (1-\beta) \times g_t\right)$。

参数更新：$w_{t+1} = w_t - l_r \times \dfrac{\partial \text{loss}}{\partial w_t} = w_t - \eta_t = w_t - l_r \times \left(\beta \times m_{t-1} + (1-\beta) \times g_t\right)$。

3．AdaGrad

AdaGrad在SGD基础上引入二阶动量，对不同的参数可使用不同的学习率来更新。即对于梯度较大的参数，它使用较小的学习率；对于梯度较小的参数，它使用较大的学习率。AdaGrad在陡峭的区域上下降速度快，在平缓的区域上下降速度慢。

二阶动量v_t表示累加梯度的平方，如以下公式所示。经过一段时间后，v_t会变得非常大，导致学习率变得非常小，甚至会使梯度消失。AdaGrad的参数更新过程如下。

一阶动量：$m_t = g_t$。

二阶动量：$v_t = \sum_{t=1}^{T} g_t^2$。

下降梯度：$\eta_t = l_r \times m_t / \sqrt{v_t} = l_r \times g_t / \left(\sqrt{\sum_{t=1}^{T} g_t^2}\right)$。

参数更新：$w_{t+1} = w_t - l_r \times \dfrac{\partial \text{loss}}{\partial w_t} = w_t - \eta_t = w_t - l_r \times g_t / \left(\sqrt{\sum_{t=1}^{T} g_t^2}\right)$。

4．RMSProp

RMSProp是在AdaGrad基础上扩展得到的，在非凸情况下的效果更好。RMSProp中二阶动量v_t使用指数滑动平均值计算来调节学习率，这使RMSProp中的学习率具有较强的自适应能力，从而它能够在目标函数不稳定的情况下快速收敛。RMSProp的参数更新过程如下。

一阶动量：$m_t = g_t$。

二阶动量：$v_t = \beta \times v_{t-1} + (1-\beta) \times g_t^2$。

下降梯度：$\eta_t = l_r \times m_t / \sqrt{v_t} = l_r \times g_t / (\sqrt{\beta \times v_{t-1} + (1-\beta) \times g_t^2})$。

参数更新：$w_{t+1} = w_t - l_r \times \dfrac{\partial loss}{\partial w_t} = w_t - \eta_t = w_t - l_r \times g_t / (\sqrt{\beta \times V_{t-1} + (1-\beta) \times g_t^2})$。

5．Adam

Adam 是 Momentum 与 RMSProp 的综合。它使用 Momentum 的一阶动量来累加梯度，用 RMSProp 的二阶动量 v_t 来加快收敛速度，同时保证波动幅度较小，并增加了两个修正项以实现参数的自动更新。Adam 实现简单，计算高效，内存需求少，其参数更新不受梯度的伸缩变换影响。更新的步长能够被限制在大致范围内（基于初始学习率调整），适用于解决不稳定目标函数、梯度稀疏或梯度存在很大噪声的问题。Adam 的参数更新过程如下，式中 β_1、β_2 是 Adam 的衰减率，一般 $\beta_1 = 0.9$，$\beta_2 = 0.999$。

一阶动量：$m_t = \beta_1 \times m_{t-1} + (1-\beta_1) \times g_t$。

修正一阶动量的偏差：$\widehat{m_t} = \dfrac{m_t}{1 - \beta_1^t}$。

二阶动量：$v_t = \beta_2 \times v_{step-1} + (1-\beta_2) \times g_t^2$。

修正二阶动量的偏差：$\widehat{v_t} = \dfrac{v_t}{1 - \beta_2^t}$。

下降梯度：$\eta_t = l_r \times \widehat{m_t} / \sqrt{\widehat{v_t}} = l_r \times \dfrac{m_t}{1 - \beta_1^t} / \left(\sqrt{\dfrac{v_t}{1 - \beta_2^t}} \right)$。

参数更新：$w_{t+1} = w_t - l_r \times \dfrac{\partial loss}{\partial w_t} = w_t - \eta_t = w_t - l_r \times \dfrac{m_t}{1 - \beta_1^t} / \left(\sqrt{\dfrac{v_t}{1 - \beta_2^t}} \right)$。

6.2.2　PyTorch 中的常用优化器及其使用方法

torch.optim 是用于实现多种优化器的包。PyTorch 中的常用优化器有 torch.optim.SGD、torch.optim.ASGD、torch.optim.Rprop、torch.optim.Adagrad、torch.optim.Adadelta、torch.optim.RMSprop、torch.optim.Adam、torch.optim.AdamW、torch.optim.SparseAdam 和 torch.optim.LBFGS。下面对其中部分优化器进行介绍。

1．SGD

SGD 是一种经典的优化器，它通过梯度下降的方法不断调整模型的参数，使模型的损失函数最小化。SGD 具有实现简单、效率高的优点，但它的收敛速度慢，容易陷入局部最优解问题。PyTorch 中用 torch.optim.SGD 类实现它，其使用格式为：

```
torch.optim.SGD(params, lr=< required parameter>, momentum=0, dampening=0, weight_decay=0, nesterov=False)
```

参数说明。

- params：要训练的参数，一般传入的都是模型参数（model.parameters()）。
- lr：学习率，可理解为步长。
- momentum：动量因子，默认为 0，通常设置为 0.8 或 0.9。
- dampening：动量的抑制因子，默认为 0。
- weight_decay：权重衰减系数，也就是 L2 正则项的系数，用来防止过拟合，提高模型的泛化能力和稳定性，默认为0。

- nesterov：布尔类型，表示是否使用nesterov动量，默认为False。

由于torch.optim.SGD是类，因此使用前需先进行实例化。torch.optim.SGD的使用示例代码如下。

```
optimizer = torch.optim.SGD(model.parameters(), lr=0.0001)
for input, target in dataset:
    optimizer.zero_grad()
    output = model(input)
    loss = loss_m(output, target)
    loss.backward()
    optimizer.step()
```

上述代码中optimizer = torch.optim.SGD(model.parameters(), lr=0.0001)语句用于实现SGD优化器的实例化。其中model.parameters()是神经网络要训练的参数，lr是学习率，此处设为0.0001。模型训练时，需要对每个批次的数据都执行梯度清零，预测输出值，计算损失，并进行反向传播和梯度更新操作，其中optimizer.zero_grad函数用于实现梯度清零，把损失关于权重参数的导数置为0；loss.backward函数用于实现反向传播，根据损失计算梯度；optimizer.step函数用于实现模型参数的优化。

此外，Momentum算法可使用torch.optim.SGD类实现，设置momentum参数即可，具体使用示例代码如下。

```
momentum = torch.optim.SGD(model.parameters(), lr=lr, momentum=0.9)
```

2. ASGD

PyTorch中用torch.optim.ASGD实现ASGD（Averaged Stochastic Gradient Descent，随机平均梯度下降），其使用格式为：

```
torch.optim.ASGD(params, lr=0.01, lambd=0.0001, alpha=0.75, t0=1000000.0, weight_decay=0)
```

部分参数说明。

- lambd（单精度float类型）：衰减系数，默认值为0.0001。
- alpha（单精度float类型）：学习率更新的幂次，默认值为0.75。
- t0（单精度float类型）：指向开始平均的位置，默认值为1000000.0。
- weight_decay（单精度float类型）：权值衰减系数，即L2正则项的系数。

与SGD优化器一样，ASGD优化器使用前要先进行实例化，其使用示例代码如下。

```
optimizer = torch.optim.ASGD(model.parameters(), lr=0.0001)
```

3. Adagrad

Adagrad是一种自适应优化器，能自适应地为各个参数分配不同的学习率，即学习率的变化会受到梯度大小和迭代次数的影响。梯度越大，学习率越小；梯度越小，学习率越大。由于Adagrad会累加之前所有的梯度平方作为分母，所以在训练后期会出现学习率过小的情况。PyTorch中用torch.optim. Adagrad实现它，其使用格式为：

```
torch.optim.Adagrad(params, lr=0.01, lr_decay=0, weight_decay=0, initial_accumulator_
value=0, eps=1e-10)
```

部分参数说明。

- lr_decay（单精度float类型）：学习率衰减系数，默认值为0。
- weight_decay（单精度float类型）：权重衰减系数，默认值为0。
- initial_accumulator_value：累加器的起始值，必须为正数。
- eps（单精度float类型）：将其添加到分母以提高数值稳定性，其主要作用是避免分母为0，默认值为1e-10。

torch.optim. Adagrad 类的使用示例代码如下。

```
optimizer=torch.optim.Adagrad(model.parameters(), lr=0.001, lr_decay=0, weight_decay=0.01,
initial_accumulator_value=0, eps=1e-10)
```

4．RMSprop

RMSprop 是 Adagrad 的改进形式，使用指数衰减滑动平均来更新梯度平方，从而避免 Adagrad 累加梯度平方导致学习率过小。PyTorch 中用 torch.optim.RMSprop 实现它，其使用格式为：

```
torch.optim.RMSprop(params, lr=0.01, alpha=0.99, eps=1e-08, weight_decay=0, momentum=0,
centered=False)
```

部分参数说明。

- alpha（单精度 float 类型）：平滑常数，默认值为0.99。
- momentum（单精度 float 类型）：动量因子，默认值为0。
- centered（布尔类型）：如果为 True，计算中心化的 RMSProp，并且用它的方差预测值对梯度进行归一化。

📖 参数 params、lr、eps、weight_decay 的含义与其他优化器中对应参数的含义一致，此处不赘述。

实例化 RMSprop 优化器的具体示例代码如下：

```
learning_rate = 0.001
optimizer = torch.optim.RMSprop(model.parameters(), lr=learning_rate, alpha=0.99, eps=1e-8,
weight_decay=0.01)
```

5．Adam

Adam 是目前应用最为广泛的优化器之一，它结合了 RMSProp 和 Momentum 的思路，通过维护模型的梯度和梯度平方的一阶动量和二阶动量来调整模型的参数。Adam 的计算效率高，收敛速度快，但它需要调整超参数。PyTorch 中用 torch.optim.Adam 实现它，其使用格式为：

```
torch.optim.Adam(params, lr=0.001, betas=(0.9, 0.999), eps=1e-08, weight_decay=0,
amsgrad=False)
```

部分参数说明。

- betas：用于计算梯度及其平方的运行平均值的系数，默认值为(0.9,0.999)。
- amsgrad：是否使用论文中 Adam 的 AMSGrad 变体，默认值为 False。

实例化 Adam 优化器的示例代码如下。

```
optimizer = torch.optim.Adam(model.parameters(), lr=.001, betas=(0.9, 0.999), eps=1e-8,
weight_decay=0.01)
```

6．AdamW

AdamW 是 Adam 的升级版，即 Adam＋权重衰减。PyTorch 中用 torch.optim. AdamW 实现它，其使用格式为：

```
torch.optim.AdamW(params, lr=0.001, betas=(0.9, 0.999), eps=1e-08, weight_decay=0.01,
amsgrad=False)
```

AdamW 优化器中的参数含义与 Adam 优化器中对应参数的相同，优化器实例化的示例代码如下。

```
optimizer = torch.optim.AdamW(model.parameters(), lr=.001)
```

7．优化器运用实例

合适的优化器能提高模型的收敛速度和准确率，不合适的优化器会对深度学

优化器运用实例

习产生很大的负面影响。因此，优化器的选择是构建、测试和部署深度学习模型时的关键。下面构造一个简单的神经网络，该网络由两个全连接层构成；然后使用不同的优化器对网络参数进行优化，并可视化损失值，比较不同优化器的效果。实现上述功能的完整示例代码如下。

```python
import torch
from torch.utils import data
import matplotlib.pyplot as plt
import os
os.environ["KMP_DUPLICATE_LIB_OK"]="TRUE"

# （1）生成训练数据
x = torch.unsqueeze(torch.linspace(-1, 1,200), dim=1)
y = x.pow(2)    #y=x*x
#定义超参数
lr = 0.001     #学习率为0.001
epoch = 15      #迭代次数为15
torch.manual_seed(10)
# （2）定义数据集
class MyDataset(data.Dataset):
    def _ _init_ _(self, x, y):
        self.xx = x
        self.yy = y
    def _ _len_ _(self):
        return len(self.xx)
    def _ _getitem_ _(self, index):
        return [self.xx[index], self.yy[index]]
#加载数据集
mydata = MyDataset(x,y)
data_loader = data.DataLoader(dataset=mydata,batch_size=20,shuffle=True)
# (3)构建神经网络
class Lnet(torch.nn.Module):
    #初始化
    def _ _init_ _(self, inp, hid, oup):
        super(Lnet, self)._ _init_ _()
        self.first_layer = torch.nn.Linear(inp, hid)
        self.second_layer = torch.nn.Linear(hid, oup)
    #前向传播
    def forward(self, in_x):
        x1 = self.first_layer(in_x)
        x2 = torch.relu(x1)
        output = self.second_layer(x2)
        return output
# (4)同一网络模型使用多种优化器
#实例化网络
net_sgd = Lnet(1, 15, 1)
net_momentum = Lnet(1, 15, 1)
net_rmsprop = Lnet(1, 15, 1)
net_adam = Lnet(1, 15, 1)
nets = [net_sgd, net_momentum, net_rmsprop, net_adam]
#实例化优化器
opt_sgd = torch.optim.SGD(net_sgd.parameters(), lr=lr)
opt_momentum = torch.optim.SGD(net_momentum.parameters(), lr=lr, momentum=0.9)
opt_rmsprop = torch.optim.RMSprop(net_rmsprop.parameters(), lr=lr, alpha=0.9)
opt_adam = torch.optim.Adam(net_adam.parameters(), lr=lr, betas=(0.9, 0.99))
optimizers = [opt_sgd, opt_momentum, opt_rmsprop, opt_adam]
#训练模型
def train():
```

```
# 损失函数
loss_f = torch.nn.MSELoss()
losses = [[], [], [], []]
for i_epoch in range(epoch):              #epoch是模型的迭代次数
    for step, (batch_x, batch_y) in enumerate(data_loader):  #对一批（20个）数据进行训练
        for net, optimizer, loss_list in zip(nets, optimizers, losses):  #使用不同优化器计
算模型的损失值
            pred_y = net(batch_x)      #pred_y是模型的预测值
            loss = loss_f(pred_y, batch_y)    #计算损失值
            optimizer.zero_grad()        #梯度清零
            loss.backward()              #计算梯度
            optimizer.step()             #更新参数
            loss_list.append(loss.data.numpy())    #将损失值添加到loss_list列表
#可视化损失函数值
plt.figure()
labels = ['SGD', 'Momentum', 'RMSProp', 'Adam']
for i, loss in enumerate(losses):
    plt.plot(loss, label=labels[i])

plt.legend(loc='upper right')
plt.tick_params(labelsize=13)
plt.xlabel('步骤')
plt.ylabel('损失')
plt.ylim((0, 0.4))
plt.show()
#plt.savefig('optimizer_comparison.png')

if __name__ == '__main__':
    train()
```

执行上述代码后，将显示4种优化器的比较结果，如图6.1所示。

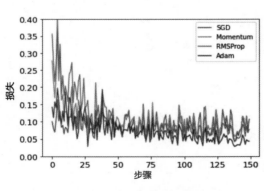

图6.1　4种优化器的比较结果

（1）上述代码中 x 是训练数据，由 torch.linspace 函数生成，包含 200 个数据。由于 torch.linspace 函数生成的是一维 Tensor，而全连接层只能处理二维数据，因此用 torch.unsqueeze 函数将 x 转换为二维 Tensor。torch.unsqueeze 函数的功能是扩展 Tensor 维度，其使用格式为：

```
torch.unsqueeze(input, dim)
```

参数说明。

• input：输入的 Tensor。

• dim：增加维度的索引。

参数 dim 的值决定函数将在哪一个维度增加 "1"，即 dim=0 时，在行方向上增加 1 个维度；dim=1 时在列方向上增加 1 个维度。例如，一维 Tensor x 的形状是 4，若执行 x.unsqueeze(0) 语句，x 的形状变为 1×4；若执行 x.unsqueeze(1) 语句，x 的形状变为 4×1。

（2）MyDataset 类是自定义的数据集，实例化后得到数据集 mydata，它由 200 个样本（即 Tensor x）和 200 个标签（即 Tensor y）组成。

（3）在 Lnet 类中，构造函数 __init__ 定义了两个全连接层，即 first_layer 和 second_layer。forward

函数定义了层的执行顺序：首先数据进入第一个全连接层，然后将处理结果送到激活函数层进行非线性激活，最后将激活后的数据输给第二个全连接层，该层的运算结果作为网络的输出结果。

（4）为比较 4 个优化器的效果，上述代码对 Lnet 类进行 4 次实例化，得到 net_sgd、net_momentum、net_rmsprop、net_adam这4个结构完全相同的网络，并将它们放在列表nets中，为后面使用4种优化器做准备。

（5）对 torch.optim.SGD、torch.optim.RMSprop 和 torch.optim.Adam 类进行实例化，分别得到opt_sgd、opt_momentum、opt_rmsprop 和 opt_adam 这 4 种优化器，然后将它们放在优化器列表optimizers中。

（6）模型选用L2范数损失函数作为损失函数，4个网络选用相同的损失函数。为记录使用各种优化器时每批数据的损失，以上代码中定义了空列表losses，用它记录使用不同优化器后每批数据的损失。

在网络结构、参数设置、损失函数等条件相同的情况下，网络的性能取决于优化器。上述代码用 3 个 for 循环语句实现模型训练。其中，第一个 for 循环语句的循环次数由模型的迭代次数epoch决定，迭代次数是指模型对数据集进行重复训练的次数。第二个for循环语句的循环次数由数据集的批数batch决定，批数可理解为数据集的分组数。例如以20个数据为一组对500个数据进行分组，可将数据分为25组，这时批大小batch_size＝20，批数batch＝25。第三个for循环语句的循环次数由优化器类型决定，本例中有4种优化器，所以循环次数是4。在第三个for循环语句中模型计算某轮某批次数据的预测值pred_y和损失值loss，并将该批数据的损失值添加到列表losses中。4个模型依据各自的损失值分别进行反向传播，并使用不同优化器更新模型参数。

（7）为了直观显示不同优化器的比较结果，本例使用pyplot包绘制不同优化器下模型损失值的比较图。

（8）Python文件的使用方法有两种：第一种是作为脚本直接执行；第二种是以import方式导入其他Python脚本中执行，这相当于被调用或模块重用。若要将Python文件作为脚本直接执行，需在代码最后一行添加如下语句。

```
if _ _name_ _ == '_ _main_ _':
    train()
```

（9）从图6.1中可看出，使用Adam优化器的模型（红色曲线）对应的损失值总体较小，在最后两次迭代中，使用SGD优化器的模型（蓝色曲线）和使用Momentum优化器的模型（橙色曲线）有较大的损失值。从总体上来讲，Adam优化器比较适合Lnet模型。

📖　运行时如果出现"内核似乎挂掉了,它很快将自动重启。"的提示，表示系统崩溃了；如果出现"OMP: Error #15: Initializing libiomp5md.dll, but found libiomp5md.dll already initialized"和"OMP: Hint This means that multiple copies of the OpenMP runtime have been linked into the program. That is dangerous, since it can degrade performance or cause incorrect results. The best thing to do is to ensure that only a single OpenMP runtime is linked into the process, e.g. by avoiding static linking of the OpenMP runtime in any library. As an unsafe, unsupported, undocumented workaround you can set the environment variable KMP_DUPLICATE_LIB_OK=TRUE to allow the program to continue to execute, but that may cause crashes or silently produce incorrect results."的出错信息，可导入os模块，将环境变量KMP_DUPLICATE_LIB_OK设置为True，具体代码如下所示。

```
import os
os.environ["KMP_DUPLICATE_LIB_OK"]="TRUE"
```

模型训练、测试与
调整

6.3 模型训练、测试与调整

搭建神经网络时要考虑很多因素，例如神经网络的层数、结构，隐含单元的个数，学习率，选用的激活函数、损失函数，等等。实际应用中这些信息很难一次性确定。机器学习是一个迭代的过程，项目启动时用户通常会先设计一个含有特定层数、结构，使用某种损失函数和优化器的神经网络，然后编码、运行和测试，最后获得该配置下模型的结果。若结果不理想，用户会分析原因并提出新的解决方案，例如更改网络的层数、增加或减少隐含单元个数、修改学习率，甚至改变网络结构，继而进行编码、运行和测试；然后观察输出结果是否符合预期目标，若不符合预期目标，则重复该过程直至得到满意的结果为止。深度学习是一个典型的迭代过程，需要多次循环，才能为应用程序找到一个合适的神经网络。

6.3.1 模型训练

PyTorch 提供了 model.train 和 model.eval 这两种网络模式，以方便用户进行模型训练和评估模式的切换。训练模型时需要使用 model.train()语句，一般将其放在训练语句的前面。当神经网络包含批量归一化层、Dropout 层时，model.train 会启用批量归一化和 Dropout，即批量归一化层将继续计算并更新每批数据的均值和方差等参数，Dropout 层将按照给定的值设置保留神经元的概率。

模型搭建好后，用户将对它进行训练、测试等，从而评估模型的性能。模型训练一般分为 4 个步骤，即前向传播、反向传播、权重梯度（Weight Gradient，WG）计算、权重更新。模型训练是一个迭代过程，即要在训练集上重复进行多次。实现模型训练的代码框架如下所示。

```
#模型训练
for epoch in range(num_epoch):        #在训练集上重复训练num_epoch次
    ...
    model.train()
    torch.set_grad_enabled(True)
    for batch_idx,data,label in enumerate(train_data):      #对训练集数据进行分批次训练
        data = data.to(device)
        label = label.to(device)

        optimizer.zero_grad()

        output = model(data)
        loss = criterion(output,label)      #计算模型的损失
        loss.backward()          #反向传播
        optimizer.step()         #优化模型参数
    ...
```

上述代码中，torch.set_grad_enabled 函数的功能是启用或禁用权重梯度计算功能，其使用格式为：

```
torch.set_grad_enabled(mode)
```

参数说明。

mode：布尔类型，为 True 时表示启用权重梯度计算功能，为 False 时表示禁用权重梯度计算功能。

上述代码中， output = model(data)语句用于实现模型的前向传播，loss = criterion(output,label)语句用来计算模型的损失，即计算预测值与真实值间的误差。反向传播和权重梯度计算统称为**反向过程**，由 loss.backward 函数实现。optimizer.step 函数根据计算的梯度优化模型参数。训练模型时要启用权重梯度计算功能，即执行 torch.set_grad_enabled(True)语句。这样反向过程才能根据链式法则逐层计算出损失函数关于各层的梯度。

6.3.2 模型测试

模型训练类似于学生的学习过程，模型测试类似于学生的阶段性测试。模型训练的主要任务是更新模型的参数，而模型测试的主要任务则是检验模型的性能。在模型训练的迭代过程中，每次训练完模型后都会用测试集来检验生成模型的性能。模型测试时要使用 model.eval()语句，model.eval 函数用于保证测试过程中批量归一化层的均值和方差不变，即用全部数据的均值和方差，并非某批数据的均值和方差。另外，model.eval 函数使 Dropout 层，不再随机舍弃神经元，而使用所有网络连接。实现模型测试的代码框架如下。

```
#模型测试
model.eval()
torch.set_grad_enabled(False)
for batch_idx,data,label in enumerate(test_data):    #对测试集数据进行分批次测试
    data = data.to(device)
    label = label.to(device)

    output = model(data)
    loss = criterion(output,label)
    ...
```

另外，模型测试时不需要进行权重梯度计算和权重更新这两个步骤，因此，使用 torch.set_grad_enabled (False)语句禁用权重梯度计算功能，从而减少内存消耗。

6.3.3 调整学习率

训练神经网络的实质是训练网络的参数。训练时，先用某种方法初始化网络的权重和偏置，数据从输入层输入，前向传播经过每层后得到预测值；然后，利用预测值与真实值来构造损失函数，以损失函数为目标函数进行反向传播，逐层求出目标函数对各神经元权重的偏导数，构造目标函数对权重向量的梯度，以此作为修改权重的依据，并使用优化器更新权重和偏置。重复执行上述过程，直到预测值与真实值间的误差达到期望值，网络训练结束。

SGD 优化器更新参数的公式如下。

$$w_{\text{new}} = w_{\text{old}} - l_r \times \frac{\partial \text{loss}}{\partial w_{\text{old}}}$$

其中 w_{old} 表示更新前的权重，w_{new} 表示更新后的权重，l_r 表示学习率。学习率能控制网络模型的学习进度，是网络能否成功找到全局最小值的关键。学习率过大，网络不能收敛，在最小值附近徘徊。学习率过大导致无法最小化损失的示意如图 6.2 所示，模型直接跳过最低的地方到对称轴的另一边，从而忽视了最小值的位置。学习率过小，网络收敛缓慢，增加了寻找最小值的时间；另外，学习率过小，模型很可能会在局部极值点就收敛，导致网络无法收敛到全局最小值，未能找到网络真正的最优解。这是因为学习率太小，跨不出局部极值点这个"坑"。

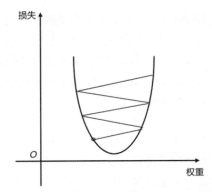

图6.2　学习率过大导致无法最小化损失的示意

学习率衰减就是指随时间推移慢慢减小学习率，是加快学习的一种办法。模型训练初期通常采用较大的学习率，这样模型的学习速度较快；后期，随时间推移慢慢减小学习率，从而减缓模型的学习速度。实际训练时，一般根据模型训练的迭代次数来动态设置学习率的值。常见的学习率衰减方法如下。

1．分段常数衰减

分段常数衰减就是每 N 轮迭代后，模型使用不同的学习率。

2．指数衰减

指数衰减是常用的学习率衰减方法，具有简单、直接、收敛速度快等特点。该方法以指数衰减方式更新学习率，学习率大小与训练的迭代次数呈指数相关。使用该方法时，学习率的更新规则如下所示。

$$decayed\_learning\_rate = learning\_rate \times decay\_rate^{\frac{global\_step}{decay\_steps}}$$

其中 learning_rate 是初始学习率；decay_rate 是衰减系数；global_step 是计数器，从0计数到迭代次数，特别地，global_step＝0时，decayed_learning_rate＝learning_rate；decay_steps 用来控制衰减速度。learning_rate、decay_rate、global_step 和 decay_steps 参数一般根据经验设置。

3．自然指数衰减

自然指数衰减的衰减底数是 e，其余参数与指数衰减的相似。由于采用 e 作为底数，该方法的收敛速度更快。自然指数衰减的学习率的更新规则如下。

$$decayed\_learning\_rate = learning\_rate \times e^{\frac{-decay\_steps}{global\_step}}$$

自然指数衰减一般用于相对容易训练的网络。

4．多项式衰减

多项式衰减先确定初始学习率和最小学习率，然后按照给定的衰减方法将学习率从初始值衰减到最小值，学习率的更新规则如下所示。

$$global\_step = \min(global\_step, decay\_steps)$$

$$decayed\_learning\_rate = (learning\_rate - end\_learning\_rate) \times \left(1 - \frac{global\_step}{decay\_steps}\right)^{power} +$$

$$end\_learning\_rate$$

式中的learning_rate表示初始学习率，end_learning_rate表示最低的最终学习率，global_step表示全局步数，decay_steps表示衰减步数，power表示多项式衰减系数。

6.3.4 模型训练与测试综合案例

模型训练与测试
综合案例

上面介绍了模型训练与测试的基本步骤、学习率的调整方法。下面以CIFAR-10数据集和自建神经网络为例，介绍模型训练与测试的完整过程。

1. 导入所需模块

代码如下。

```
import torch,torchvision
import numpy as np
import torch.nn as nn
import torch.optim as optim
import torchvision.datasets as datasets
import torchvision.transforms as transforms
from torch.utils.data import DataLoader
import torch.functional as F
import matplotlib.pyplot as plt
```

模型训练与测试要用到的主要模块有torch、torchvision、numpy、matplotlib及torch和torchvision的子模块。导入模块时使用import函数，例如import torch。若要简化模块名，可用"import 模块名 as"的格式，方便后续程序引用，例如import torchvision.datasets as datasets。

2. 定义超参数

代码如下。

```
train_batch_size=64
test_batch_size=96
num_epoches=150
lr=0.001
momentum=0.5
```

参数train_batch_size指训练集中每批数据包含的图片数量；参数test_batch_size指测试集中每批数据包含的图片数量。每批数据的图片数量设置过小时，模型需要花费很多的训练时间，且梯度振荡严重，不利于收敛；每批数据的图片数量设置过大时，不同批次的梯度方向没有任何变化，容易陷入局部极小值问题。参数num_epoches指模型训练次数（即迭代次数）。通常在准确率难以提升时适当增加训练次数，让网络充分学习，从而提升模型的准确率；但训练次数过多时模型容易出现过拟合现象。

当神经网络的结构较为复杂时，其对计算机硬件资源的要求也会提高，主要体现在对GPU资源的要求上。在计算机硬件资源有限的情况下，有时会因GPU内存不够而导致程序出错，可能出现错误提示"CUDA out of memory. Tried to allocate 12.00 MiB (GPU 0; 2.00 GiB total capacity; 1.14 GiB already allocated; 0 bytes free; 1.17 GiB reserved in total by PyTorch)"。出现此类错误提示时，可通过关闭显卡占用、定时清理内存或减小每批数据的数量等来提升计算机处理数据的能力。

3. 下载CIFAR-10数据集并对数据进行预处理

下载CIFAR-10数据集，并对数据进行预处理的代码如下。

```
#将要做的预处理依次存放在Compose函数中
transform=transforms.Compose([
        transforms.Resize((128,128)),
        transforms.ToTensor(),
        transforms.Normalize(mean=[0.485, 0.456, 0.406], std=[0.229, 0.224, 0.225])
])
#下载CIFAR-10数据集并对数据进行预处理
train_dataset=datasets.CIFAR10(root='./data',train=True,transform=transform,download=False)
test_dataset=datasets.CIFAR10(root='./data',train=False,transform=transform)

train_loader=DataLoader(train_dataset,batch_size=train_batch_size,shuffle=True)
test_loader=DataLoader(test_dataset,batch_size=test_batch_size,shuffle=False)
```

上述代码中transforms.Normalize函数的功能是对Tensor进行归一化，该函数的第一个参数mean是均值，第二个参数std是方差。值得注意的是，当图像是多通道图像（如RGB图像）时，参数mean和std对应的元素个数必须等于通道数。例如，对RGB图像进行归一化操作时，均值mean设置为[0.485, 0.456, 0.406]，方差std设置为[0.229, 0.224, 0.225]。

transforms.Compose是一个组合函数，它将一系列预处理函数组合在一起，这在第4章已介绍，此处不赘述。datasets.CIFAR10(root='./data',train=True,transform=transform,download=False)语句的功能是下载CIFAR-10数据集，并将该数据集存放在当前目录的data文件夹中；参数train为True时表示训练集，为False时表示测试集；参数download为True时表示下载数据集，为False时表示不下载数据集。由于第4章案例中已下载过CIFAR-10数据集，因此参数download设为False。

4. 可视化源数据

为验证数据集加载是否成功，可输出数据集中的部分数据进行查看。可视化数据集部分数据的代码如下。

```
eg=enumerate(train_loader)
batch_idx,(eg_data,eg_targets)=next(eg)
fig = plt.figure()
#组合某批数据中的前6张图片
grid = torchvision.utils.make_grid(eg_data[0:6])
#对Tensor进行变形（交换坐标）操作
inp = grid.numpy().transpose((1,2,0))
#将Tensor反归一化
mean = np.array([0.485, 0.456, 0.406])
std = np.array([0.229, 0.224, 0.225])
inp = std * inp + mean
#将数组中的所有数值限定在0~1
inp = np.clip(inp,0,1)
#显示图片
plt.imshow(inp)
print('the class of target:',eg_targets[0:6])
```

上述代码中torchvision.utils.make_grid(eg_data[0:6])语句用于将6张图片组合在一起构成一个网格图像。由于前面对数据集做了Tensor转换、归一化等预处理操作，因此，可视化图像时要改变图片类型，并对图像做反归一化操作。其具体实现步骤是，首先将Tensor图像转换为NumPy数组，并用transpose函数调整图像的通道顺序，完成图片类型和通道位置的转变；然后使用inp＝std*inp＋mean对图像进行反归一化操作。np.clip(inp,0,1)语句的功能是将数组inp中的所有数值限定在0～1。CIFAR-10数据集部分数据的可视化效果如图6.3所示。

训练模型时可视化源数据并非必要操作，用户可根据需要保留或删除这部分内容。

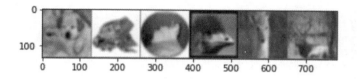

图6.3 CIFAR-10数据集部分数据的可视化效果

5．搭建神经网络模型

利用卷积层、全连接层、最大值池化层等搭建神经网络模型，模型结构及模块结构如图6.4所示。从该图中可看出模型由输入层、4个conv_mp模块、一个conv_dw模块和两个全连接层组成。组合模块conv_mp包含二维卷积层、批量归一化层和激活函数层等。

另外，模型使用变形的残差结构，即将模块conv_mp2的输出做处理后与模块conv_mp3的输出拼接在一起，实现了特征矩阵的隔层拼接。第5章已介绍过特征矩阵拼接时，必须保证两个矩阵的维度相同。由于模块conv_mp2的输出特征维度是$128 \times 32 \times 32$，模块conv_mp3的输出特征维度是$256 \times 16 \times 16$，因此拼接前要对模块conv_mp2的输出特征做最大值池化和1×1的卷积处理，使其输出特征维度与模块conv_mp3的一致。模型的最后两层由全连接层组成。全连接层的参数较多，为减少网络参数，搭建网络时通常在图像尺寸较小时使用少量全连接层，甚至不用。

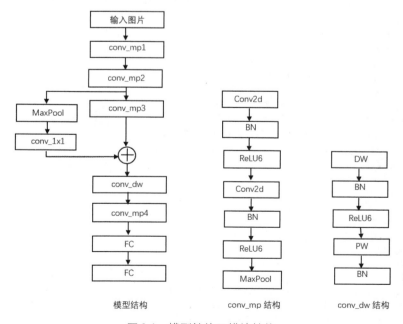

图6.4 模型结构及模块结构

定义模型结构前，先定义conv_mp、conv_1x1_bn、conv_dw函数。其中conv_mp函数包含两个卷积和一个最大值池化操作，每个卷积后都添加了批量归一化和ReLU6激活操作；conv_1x1_bn函数包含1×1的卷积操作、批量归一化及ReLU6激活操作。conv_dw函数包含两个卷积、两个批量归一化和一个ReLU6激活操作。定义这3个函数的代码如下所示。

```python
def conv_mp(inp,hid,oup):
    return nn.Sequential(
        nn.Conv2d(inp,hid,kernel_size=3,stride=1,padding=1),
        nn.BatchNorm2d(hid),
        nn.ReLU6(inplace=True),
        nn.Conv2d(hid,oup,kernel_size=3,stride=1,padding=1),
        nn.BatchNorm2d(oup),
        nn.ReLU6(inplace=True),
        nn.MaxPool2d(2, stride=2)
        )

def conv_1x1_bn(inp, oup):
    return nn.Sequential(
        nn.Conv2d(inp, oup, 1, 1, 0, bias=False),
        nn.BatchNorm2d(oup),
        nn.ReLU6(inplace=True)
    )

def conv_dw(inp,oup):
    return nn.Sequential(
        nn.Conv2d(inp, inp, 3, 1, 1, groups=inp, bias=False),
        nn.BatchNorm2d(inp),
        nn.ReLU6(inplace=True),
        nn.Conv2d(inp, oup, 1, 1, 0, bias=False),
        nn.BatchNorm2d(oup)
        )
```

按图6.4所示的模型结构搭建神经网络MyNet，完整示例代码如下。

```python
class MyNet(nn.Module):
    def __init__(self):
        super(MyNet,self).__init__()
        self.conv1= conv_mp(3,16,32)
        self.conv2= conv_mp(32,64,128)
        self.conv3= conv_mp(128,196,256)
        self.conv4= conv_mp(384,512,1024)
        self.conv1x1= conv_1x1(128, 256)
        self.maxpool= nn.MaxPool2d(2, stride=2)
        self.dw= conv_dw(512,384)
        self.fc1=nn.Linear(8*8*1024,500)
        self.relu6=nn.ReLU6(inplace=True)
        self.fc2=nn.Linear(500,10)

    def forward(self,x):
        x= self.conv1(x)    #64×64×32
        x= self.conv2(x)    #32×32×128
        x2= self.conv1x1(self.maxpool(x))    #256×16×16
        x3= self.conv3(x)    #256×16×16
        x23= torch.cat([x2, x3], dim=1)    #512×16×16
        xx= self.dw(x23)        #384×16×16
        xx= self.conv4(xx)        #1024×8×8
```

```
        xx= xx.view(xx.size(0),-1)          #xx有两个维度，第一个维度是batch_size，第二个维度是展平的
图像（8×8×1024=65536）
        xx= self.relu6(self.fc1(xx))
        xx= self.fc2(xx)
        return xx
```

6. 实例化网络

网络MyNet是一个类，与其他类一样，使用前需进行实例化。该网络实例化的示例代码如下。

```
device= torch.device("cuda:0" if torch.cuda.is_available() else "cpu")
model= MyNet()
model.to(device)
```

上述代码中 torch.device 函数用于将 Tensor 分配到指定设备对象上，如 GPU 或 CPU。torch.cuda.is_available 函数的功能是查看计算机是否有可用的GPU，若有就返回1，否则返回0。torch.device("cuda:0" if torch.cuda.is_available() else "cpu")语句的功能是判断当前计算机上是否有GPU，若有就指定GPU，若无则使用CPU，参数cuda:0中的数字0表示设备序号。当计算机上有多个GPU时，设备序号依次是0、1、2等。model.to(device)语句的功能是将模型加载到指定的设备上。

7. 实例化损失函数和优化器

在图像分类任务中，计算损失时通常使用交叉熵损失。本例中对 CIFAR-10 数据集中的10类图像进行分类，因此损失函数选用交叉熵损失函数，优化器选用SGD。损失函数和优化器的实例化示例代码如下。

```
criterion= nn.CrossEntropyLoss()
optimizer= optim.SGD(model.parameters(),lr=lr,momentum=momentum)
```

8. 训练和测试模型

上述代码已完成数据集的定义和加载、神经网络模型的搭建、损失函数和优化器的实例化。下面就可以进行模型训练和测试了。模型训练和测试的完整示例代码如下。

```
for epoch in range(num_epoches):
    train_loss=0
    train_acc=0
    model.train()
    torch.set_grad_enabled(True)
    # 动态调整学习率（每两轮调整lr）
    if epoch%2==0:
        optimizer.param_groups[0]['lr']*= 0.1

    #分批次训练模型
    for data,target in train_loader:
        data= data.to(device)
        target= target.to(device)
        #前向传播
        out= model(data)
        loss= criterion(out,target)
        #反向传播
        optimizer.zero_grad()
        loss.backward()
        optimizer.step()
        #统计误差
        train_loss += loss.item()
```

```
#计算分类准确率
_,pred = out.max(1)
num_correct = (pred == target).sum().item()
acc = num_correct / train_batch_size
train_acc += acc
```

```
#输出该轮训练的损失和准确率
epoch_tloss= train_loss / len(train_loader)
epoch_tacc= train_acc / len(train_loader)
print('Train: Epoch: {},Loss: {:.5f},Acc: {:.5f} \t'.format(epoch,epoch_tloss,epoch_tacc))
```

```
#用测试集检验模型效果
test_loss= 0
test_acc= 0
model.eval()
torch.set_grad_enabled(False)
for data,target in test_loader:
    data = data.to(device)
    target = target.to(device)
    out = model(data)
    loss= criterion(out,target)
    #统计误差
    test_loss +=loss.item()
    #统计准确率
    _,pred = out.max(1)
    num_correct= (pred == target).sum().item()
    acc= num_correct/test_batch_size
    test_acc += acc
```

```
epoch_eloss= test_loss/len(test_loader)
epoch_eacc= test_acc/len(test_loader)
print('Test: Epoch: {},Loss: {:.5f},Acc: {:.5f}'.format(epoch,epoch_eloss,epoch_eacc))
```

运行上述代码，模型将进行训练和测试的迭代。图6.5所示为模型前两轮的迭代结果，其中包括训练损失、训练准确率、测试损失和测试准确率。观察结果可知，模型在第2轮训练中，测试准确率为0.61452。完成150次训练后，若未得到预期结果，可从网络结构、超参数、数据预处理、正则化、预训练模型等方面对模型进行优化。

```
Train: Epoch: 0,Loss: 1.53724,Acc: 0.45792
Test: Epoch: 0,Loss: 1.25635,Acc: 0.55272
Train: Epoch: 1,Loss: 1.18728,Acc: 0.58342
Test: Epoch: 1,Loss: 1.08298,Acc: 0.61452
```

图6.5　模型前两轮的迭代结果

6.4　模型保存与加载

模型保存与加载

模型训练之初，要对模型参数和权重进行初始化，一般情况下大部分用户采用随机初始化方法。使用这种方法初始化网络参数和权重时，由于初始值不同，每次训练模型都会得到不同的结果，即在不同的极值点处收敛。在这些极值点中，可能存在一个真正的最优点使模型性能达到最佳状态。通常将最佳状态下的模型参数和权重保存下来，以便下次执行任务时能取得较好的结果。

6.4.1　模型保存

模型训练过程中若对输出结果较为满意，可保存整个模型（包括神经网络的结构和网络的参数、权重）或模型参数，方便后续加载模型。模型保存的方法有以下两种。

（1）保存整个模型

保存整个模型是指将网络的结构和权重、参数都保存下来，使用时直接加载模型即可。其优点是方便使用，缺点是模型文件较大。模型文件的扩展名是.pth或.pt。PyTorch中使用torch.save函数来实现模型的保存。torch.save函数的使用示例代码如下。

```
torch.save(model,'.\data\checkpoint\model.pth')
```

在torch.save (model,'.\data\checkpoint\model.pth')语句中，save函数有两个参数。其中，model是要保存的神经网络模型；参数.\data\checkpoint\model.pth是模型保存的路径，由文件的绝对路径和文件名组成。

（2）仅保存模型参数（推荐使用）

模型保存时可只保存模型的参数，不保存模型结构。torch.save函数也能实现模型参数的保存。此时，save函数的第一个参数不再是模型，而是模型的状态字典。torch.save函数的使用示例代码如下。

```
torch.save(model.state_dict(),'.\data\checkpoint\model.pth')
```

仅保存模型参数时模型文件较小，能节省存储空间。但在后期加载模型时，模型结构必须与之前的模型结构一致才能导入保存的参数，否则会出错。

6.4.2　模型加载

模型加载是指将保存的模型文件加载到内存，方便用户进行预测或评估。PyTorch中使用torch.load函数来实现模型加载，torch.load函数的使用格式如下：

```
torch.load(f, map_location=None, pickle_module=pickle, **pickle_load_args)
```

部分参数说明。

- f：类似文件的对象或包含文件的字符串。

- map_location：指明重新映射存储的位置，默认加载到训练和保存模型的位置，即在cuda:0上训练，则load时就加载到cuda:0上。

对应模型保存的两种方法，模型加载也有两种方法。PyTorch中的torch.load函数能实现两种方法下的模型加载。下面使用torch.load函数加载保存的整个模型，其示例代码如下。

```
torch.load('.\data\checkpoint\model.pth', map_location=torch.device('cpu'))
```

若之前只保存了模型参数，加载模型时需先创建一个模型实例，然后使用torch.load函数加载模型参数，最后用load_state_dict函数更新模型参数。只加载模型参数的示例代码如下。

```
model = MyNet( )
checkpoint = torch.load('.\data\checkpoint\model.pth')
model.load_state_dict(checkpoint)
```

6.5　迁移学习

在计算机视觉和NLP任务中，要获得一个高性能的模型往往需要大量的标注数据和复杂的网络结构，这将消耗大量的时间和计算资源。在条件有限的情况下，如何快速实现高性能的模型呢？

迁移学习是一个很好的办法，当要解决的问题与某个模型的相关性较强时，可以该模型为基础进行训练，然后根据结果做一些修改，从而快速得到一个性能较优、泛化能力较强的模型。

6.5.1 迁移学习基本概念

迁移学习是机器学习的一个分支，它把从 A 领域中获得的知识应用于 B 领域的开发过程，辅助 B 领域构建泛化能力更强的模型。例如，A 是能够区分猫和狗的神经网络，若使用老虎和狮子的数据集对 A 进行少量训练后，就可得到能够较好识别老虎和狮子的神经网络 B。迁移学习的灵感源于人类的"举一反三"能力，因此，迁移学习可看作机器的"举一反三"能力。迁移学习使神经网络像软件模块一样能进行拼装和重复利用。

迁移学习无须从头开始训练，而是在类似的数据集上使用训练好的算法进行训练。一般将大数据集上训练好的网络迁移到小数据集上，在经过少量训练后，模型就能取得良好的效果。例如，ConvNet 是在大数据集 ImageNet（包含 1000 个类别、120 万张图像的数据集）上训练好的神经网络，可对该网络进行较小的改动（如只修改它的最后一层或两层，保持其他层的参数不变），然后用小数据集（如医学放射图像数据集）对该网络进行训练，即可得到性能较好的新模型。

迁移学习可以保留预训练网络的知识（这些知识已被编码到权重参数中），也可以保证网络有足够的灵活性，让迁移过来的知识通过新网络在新数据的训练中可灵活调整。由于迁移学习只需训练少量几层，所以迁移学习的参数量一般较少，且训练速度较快。

迁移学习的主要方法有两种。

（1）微调（Fine Tuning）——训练所有模型参数

微调一般用于新数据集较大的情况，新数据集较大时无须担心过拟合，可用新数据集重新**训练整个网络**。下面是关于微调的两点说明。

• 当新数据集与原数据集相似时，要重组模型的最后一层，使该层的输出特征数与新数据集的分类数相同；然后用随机初始化方法初始化最后一层，用预先训练好的权重参数初始化其余层；最后训练整个网络的模型参数。

• 当新数据集与原数据集不相似时，同样要重组模型的最后一层，然后用随机初始化方法初始化整个网络，并训练整个网络的模型参数。

（2）特征提取（Feature Extraction）——仅训练最后一层的参数

特征提取适用于数据集较小的情况。使用特征提取训练新数据集时，仍然要重组模型的最后一层，使该层的输出特征数与新数据集的分类数匹配，然后用随机初始化方法初始化该层的权重，用预先训练好的权重参数初始化网络的其余层，并将这些层的权重参数冻结。模型训练时，只有最后一层的权重参数会被更新，其余层的权重参数保持不变。

综上所述，无论是微调还是特征提取，在迁移学习时都要重组模型的最后一层，使该层的输出特征数等于新数据集的分类数。

6.5.2 调用模型迁移学习

PyTorch 中提供了很多常用的模型结构和预训练模型，如 AlexNet、VGG、ResNet、SqueezeNet、DenseNet、Inception v3、GoogLeNet 等。这些模型存放在 torchvision 库的 Models 模块中，用户可调用这些模型进行迁移学习。调用模型时，参数 pretrained 的值决定了模型参数的初始化方法。当参数 pretrained 的值为 True 时，表示使用预训练模型的参数初始化网络；参数 pretrained 的值为 False

时，表示仅使用模型结构，不使用预训练模型参数初始化网络。

下面以 PyTorch 中的 ResNet 18 模型为例介绍迁移学习，具体步骤如下。

1. 下载模型 ResNet 18

下载模型 ResNet 18 的完整示例代码如下。

```
import torchvision.models as models
net = models.resnet18(pretrained = True)
```

2. 查看模型 ResNet 18 的结构

模型下载完成后可使用 print 函数输出模型的结构，具体示例代码如下。

```
print(net)
```

模型 ResNet 18 主要由 4 个 layer 模块和一个全连接层构成，每个 layer 模块包含两个 BasicBlock 子模块。第一个 BasicBlock 子模块中包含两个卷积、两个批量归一化、一个激活和一个下采样操作；第二个 BasicBlock 子模块不包含下采样操作，其余操作与第一个 BasicBlock 子模块的相同。ResNet 18 模型的部分结构如图 6.6 所示。

```
    (bn2): BatchNorm2d(256, eps=1e-05, momentum=0.1, affine=True, track_running_stats=True)
  )
)
(layer4): Sequential(
  (0): BasicBlock(
    (conv1): Conv2d(256, 512, kernel_size=(3, 3), stride=(2, 2), padding=(1, 1), bias=False)
    (bn1): BatchNorm2d(512, eps=1e-05, momentum=0.1, affine=True, track_running_stats=True)
    (relu): ReLU(inplace=True)
    (conv2): Conv2d(512, 512, kernel_size=(3, 3), stride=(1, 1), padding=(1, 1), bias=False)
    (bn2): BatchNorm2d(512, eps=1e-05, momentum=0.1, affine=True, track_running_stats=True)
    (downsample): Sequential(
      (0): Conv2d(256, 512, kernel_size=(1, 1), stride=(2, 2), bias=False)
      (1): BatchNorm2d(512, eps=1e-05, momentum=0.1, affine=True, track_running_stats=True)
    )
  )
  (1): BasicBlock(
    (conv1): Conv2d(512, 512, kernel_size=(3, 3), stride=(1, 1), padding=(1, 1), bias=False)
    (bn1): BatchNorm2d(512, eps=1e-05, momentum=0.1, affine=True, track_running_stats=True)
    (relu): ReLU(inplace=True)
    (conv2): Conv2d(512, 512, kernel_size=(3, 3), stride=(1, 1), padding=(1, 1), bias=False)
    (bn2): BatchNorm2d(512, eps=1e-05, momentum=0.1, affine=True, track_running_stats=True)
  )
)
(avgpool): AdaptiveAvgPool2d(output_size=(1, 1))
(fc): Linear(in_features=512, out_features=1000, bias=True)
)
```

图 6.6　ResNet 18 模型的部分结构

3. 冻结模型参数

利用已训练好的 ResNet 18 模型的权重参数能识别各种重要特征。进行迁移学习后，为了让模型从一开始就具有识别各种特征的能力，可冻结 ResNet 18 模型的权重参数，从而阻止优化器更新模型参数。冻结模型参数的示例代码如下。

```
for param in net.parameters():
    param.requires_grad = False
```

4. 修改最后一层的输出特征数

从图 6.6 可知 ResNet 18 模型的输出特征数是 1000，而 CIFAR-10 数据集只有 10 种类别的图像。因此重组模型的最后一层时要将最后一层的输出特征数改为 10。修改最后一层的输出特征数的示例代码如下。

```
num_f = net.fc.in_features     #获取全连接层的输入特征数
net.fc = nn.Linear(num_f,10)
```

5. 查看冻结前后的参数

PyTorch 中可用 net.parameters 函数查看模型的参数、参数名等参数信息，下面使用该函数查看 ResNet 18 模型的参数总量，示例代码如下。

```
total_params=sum(p.numel() for p in net.parameters())
print('原模型的参数总量: {}'.format(total_params))
n_total_params=sum(p.numel() for p in net.parameters() if p.requires_grad)
print('更改后模型需训练的参数总量: {}'.format(n_total_params))
```

net.parameters 函数用于返回模型 net 中的参数，numel 函数用于返回数组中元素的个数。sum(p.numel() for p in net.parameters())语句的功能是统计原模型的参数总量；sum(p.numel() for p in net.parameters() if p.requires_grad)语句的功能是统计模型中未被冻结的参数总量。ResNet 18 模型冻结前后的参数总量如图 6.7 所示。

原模型的参数总量：11181642
更改后模型需训练的参数总量：5130

图 6.7　ResNet 18 模型冻结前后的参数总量

6. 迁移学习模型的训练与测试

ResNet 18 模型调整好后，模型的训练与测试过程与普通的模型的训练与测试过程相同。下面使用 CIFAR-10 数据集对 ResNet 18 模型进行迁移学习，完整示例代码如下。

```
import torch,torchvision
import torch.nn as nn
import torchvision.models as models
import torchvision.transforms as transforms
from torchvision import datasets
from torch.utils.data import DataLoader
import matplotlib.pyplot as plt
import os
os.environ["KMP_DUPLICATE_LIB_OK"]="TRUE"

train_batch_size=64
test_batch_size=128
#加载数据集
train_trans=transforms.Compose([
        transforms.RandomHorizontalFlip(),
        transforms.Resize((128,128)),
        transforms.ToTensor(),
        transforms.Normalize(mean=[0.485, 0.456, 0.406], std=[0.229, 0.224, 0.225])
])
test_trans=transforms.Compose([
        transforms.Resize((128,128)),
        transforms.ToTensor(),
        transforms.Normalize(mean=[0.485, 0.456, 0.406], std=[0.229, 0.224, 0.225])
])
#下载数据集，对数据进行处理
train_dataset=datasets.CIFAR10(root='./data',train=True,transform=train_trans,download=False)
test_dataset=datasets.CIFAR10(root='./data',train=False,transform=test_trans)
```

```
train_loader=DataLoader(train_dataset,batch_size=train_batch_size,shuffle=True)
test_loader=DataLoader(test_dataset,batch_size=test_batch_size,shuffle=False)

#加载预训练模型，修改模型，输出参数
net = models.resnet18(pretrained = True)
print(net)     #输出网络结构
for param in net.parameters():
    param.requires_grad = False        #冻结参数
num_f = net.fc.in_features     #全连接层的输入特征数
net.fc = nn.Linear(num_f,10)     #修改网络最后的全连接层，将输出特征数由原来的1000变为10
total_params=sum(p.numel() for p in net.parameters())
print('原模型的参数总量: {}'.format(total_params))
n_total_params=sum(p.numel() for p in net.parameters() if p.requires_grad)
print('更改后模型需训练的参数总量: {}'.format(n_total_params))
device= torch.device("cuda:0" if torch.cuda.is_available() else "cpu")
net.to(device)

#定义损失函数和优化器
criterion= nn.CrossEntropyLoss()
optimizer= torch.optim.SGD(net.fc.parameters(),lr= 1e-5,weight_decay= 1e-5,momentum=0.8)

train_losses=[]
train_acces=[]
test_losses=[]
test_acces=[]
for epoch in range(10):
    train_loss=0
    train_acc=0
    net.train()
    torch.set_grad_enabled(True)
    #分批次训练模型
    for data,target in train_loader:
        data= data.to(device)
        target= target.to(device)
        #前向传播
        out= net(data)
        loss= criterion(out,target)
        #反向传播
        optimizer.zero_grad()
        loss.backward()
        optimizer.step()
        #统计误差
        train_loss += loss.item()
        #计算分类准确率
        _,pred = out.max(1)
        num_correct = (pred == target).sum().item()
        acc = num_correct / train_batch_size
        train_acc += acc

    #输出该轮训练的损失和准确率
    epoch_tloss= train_loss / len(train_loader)
    epoch_tacc= train_acc / len(train_loader)
    train_acces.append(epoch_tacc)
    train_losses.append(epoch_tloss)
    print('Train: Epoch: {},Loss: {:.5f},Acc: {:.5f} \t'.format(epoch,epoch_tloss,epoch_tacc))
```

```
#用测试集检验模型效果
test_loss= 0
test_acc= 0
net.eval()
torch.set_grad_enabled(False)
for data,target in test_loader:
    data = data.to(device)
    target = target.to(device)
    out = net(data)
    loss= criterion(out,target)
    #统计误差
    test_loss +=loss.item()
    #统计准确率
    _,pred = out.max(1)
    num_correct= (pred == target).sum().item()
    acc= num_correct/test_batch_size
    test_acc += acc

epoch_eloss= test_loss/len(test_loader)
epoch_eacc= test_acc/len(test_loader)
test_acces.append(epoch_eacc)
test_losses.append(epoch_eloss)
print('Test: Epoch: {},Loss: {:.5f},Acc: {:.5f}'.format(epoch,epoch_eloss,epoch_eacc))

#绘制训练和测试的损失、准确率
plt.figure(1,figsize=(20,8))
plt.subplot(121)
plt.plot(range(1,len(train_losses)+1),train_losses,'go',label='training loss')
plt.plot(range(1,len(test_losses)+1),test_losses,'r--',label='validation loss')
plt.legend()
plt.subplot(122)
plt.plot(range(1,len(train_acces)+1),train_acces,'rv',label='training acc')
plt.plot(range(1,len(test_acces)+1),test_acces,'g',label='validation acc')
plt.legend()
```

模型训练和测试的损失、准确率对比如图6.8所示。从该图中可看出，随着迭代次数的增加，测试过程中的损失逐渐减小，准确率逐渐升高。若想获得更小的损失、更高的准确率，可尝试增加迭代次数、进行其他数据增强操作或更改优化器等方法。

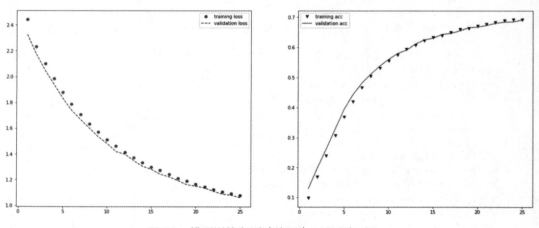

图6.8　模型训练和测试的损失、准确率对比

6.6　本章小结

本章介绍了损失函数、优化器的基本概念、原理及 PyTorch 中实现函数的用法。此外，本章还介绍了模型训练与测试的基本框架、学习率的调整、模型保存与加载的方法、迁移学习的实现步骤。本章以知识为主线，并用实例详细介绍了多个模块的实现过程，从而提升读者的编程能力。

6.7　习题

一、填空题

1．训练模型时，数据 x 输入输入层，经过一个或多个隐含层后，从输出层输出预测值 y'，我们将此过程称为_____。

2．深度学习模型具有大量可训练参数，_____通过不断更新模型参数来拟合训练数据，使模型在新数据上具有较好的效果。

3．_____能自适应地为各个参数分配不同的学习率，即学习率的变化会受到梯度大小和迭代次数的影响。梯度越大，学习率越小；梯度越小，学习率越大。

4．模型训练时，_____函数能使批量归一化层继续计算每批数据的均值和方差等参数，使 Dropout 层按照给定的值设置保留神经元的概率。

5．模型保存的方法有_____和仅保存模型参数这两种。

6．迁移学习是机器学习的一个分支，它把从 A 领域中_____应用于 B 领域的开发过程，辅助 B 领域构建泛化能力更强的模型。

二、多项选择题

1．下列是关于损失函数的叙述，正确的是（　　）。

A．损失函数是用来评估模型预测值与真实值间偏离程度的函数

B．交叉熵损失函数常用于解决分类问题

C．损失函数为反向传播提供输入数据

D．损失函数对模型性能没有影响

2．下列关于优化器的叙述中正确的是（　　）。

A．优化器是一种算法　　　　　　　　　B．MSE 是一种优化器

C．优化器是一种更新参数的工具　　　　D．SGD 是一种优化器

3．下列是关于 SGD 的叙述，正确的是（　　）。

A．SGD 用小批量数据估计梯度下降最快的方向

B．SGD 的收敛速度慢

C．SGD 会考虑先前的梯度方向及大小

D．SGD 容易陷入局部最优解问题

4．模型训练一般分为（　　）过程。

A．前向传播　　　　　　　　　　　　　B．反向传播

C．权重梯度计算　　　　　　　　　　　D．权重更新

5．下列关于学习率的叙述中，正确的是（　　　）。

A．学习率可控制网络模型的学习进度

B．学习率对模型收敛有影响，学习率过小会造成网络不能收敛

C．学习率过小，网络收敛缓慢

D．学习率过大，网络无法收敛到全局最小值

6．下列关于模型保存和模型加载的叙述中，正确的是（　　　）。

A．保存整个模型需要保存网络的结构和权重参数

B．仅保存模型参数不需要保存网络结构，且加载模型时，使用何种模型结构都可加载

C．模型保存时若采用保存整个模型方式，模型加载时使用 torch.load 函数即可

D．模型保存时若采用仅保存模型参数方式，模型加载时直接使用 torch.load 函数即可

第 **7** 章 **图像分类**

图像分类是指根据图像的语义信息对不同类别的图像进行区分。它是计算机视觉的核心和基础，也是目标检测、图像分割、行为分析、人脸识别等其他高级视觉任务的基础。本章将介绍图像分类的概念和应用，并从实际问题出发讲解图像分类案例，进而介绍图像分类的基本流程。本章的主要内容如下。

- 图像分类概述。
- 数据集。
- 构建网络模型。
- 训练与测试模型。
- 性能评估。

7.1 图像分类概述

人之所以能识别猫，是因为人熟悉猫的特征，对猫有一定的认识；然而对于计算机而言，识别图像并非易事。当用户向计算机输入一张彩色图片时，计算机"看"到的是一个形状为 $3 \times 32 \times 32$ 的矩阵，那么计算机如何识别图像呢？试想一下我们的学习过程，刚开始我们并不知道猫是什么，在父母和老师的教导下我们

图像分类概述、数据集

逐渐了解了猫的特征，能从多种对象中识别出猫。为了让计算机学会识别图像，我们也可以采用类似的方法，即向计算机输入大量图像，经过不断的训练、学习，计算机逐渐掌握这些图像的特征，并利用这些特征完成图像识别任务。

图像分类可按照一定的分类规则将图像划分到某一预定义的类别中。图像分类的任务是对输入图像进行分析，根据分析结果输出图像的类别或标签。例如某模型能识别 3 种类别的图像，假定是 dog、cat 和 plane 这 3 类；当从这 3 类图像中任取一张图片输入模型，经过模型处理给出这张图片在不同类别下的概率（如在 dog 类下的概率是 92%，在 cat 类下的概率是 5%，在 plane 类下的概率是 3%），最后模型根据概率判断图片的类别是 dog。

早期的图像分类方法主要有基于色彩特征的图像分类技术、基于纹理的图像分类技术、基于形状的图像分类技术和基于空间关系的图像分类技术。利用图像中对象的空间关系来区分不同图像是一种重要的分类方法，这种方法与人类识别图像的习惯相符。因此，研究人员对基于空间关系的图像分类技术进行了深入研究。Tanimoto 用像元方法来表示图像中的实体，并将像元作为图像对象索引。随后，美国匹兹堡大学的 Chang 采纳该方法，并提出使用二维符号串的表示方法来

进行图像空间关系的分类。Jungert 利用最小包围盒在 x 轴和 y 轴方向上的投影区间的交叠关系来表示对象间的空间关系。对于上面这些算法，研究人员根据人类视觉特点确定算法可能对哪些特征敏感，对哪些特征不敏感，使用人为设计的特征进行图像分类时，我们把这种人为设计的特征称为**手工特征**。

随着深度学习的出现，基于手工特征的图像分类方法逐渐被基于深度学习的图像分类方法取代。基于深度学习的图像分类是指向计算机提供大量图片，让计算机自己学习各类图片的特征。与手工特征相比，基于深度学习获得的特征更稳定，且受光照、形变、遮挡等因素的影响较小。2012 年，Hinton 和他的学生 Alex Krizhevsky 设计的 AlexNet 模型在 ILSVRC 中夺得冠军，AlexNet 首次将深度学习用于大规模图像分类。此后 CNN 吸引了众多研究者的关注，并逐渐成为图像分类中的核心算法；之后陆续涌现了一系列 CNN 模型，其错误率大幅度降低。目前，精妙的模型结构设计和越来越深的模型深度让前 5 名算法的错误率降到了 3.5% 左右，这意味着在同样的数据集上，深度学习模型的识别能力已超过人类（因为人眼的识别错误率是 5.1% 左右）。

图像分类在生活中有着广泛的应用，例如安防领域中的人脸识别、智能视频分析，交通领域中的逆行检测和车牌识别，互联网中的基于内容的图像检索、相册自动归类等。

7.2　数据集

数据是解决大多数真实问题的基础，数据集的质量对分类模型的训练效果有很大影响。一个好的数据集应该具备多样性、代表性和一致性。数据集中的每一类数据要尽量多，尽量均衡；训练集和测试集的数据分布要保持一致。在图像分类任务中，常用的数据集有 CIFAR-10、MNIST、ImageNet、L-Sun 等。

7.2.1　数据集介绍

Kaggle 是一个可以下载数据集的网站，同时也是一个数据建模和数据分析竞赛平台。本章选用花卉数据集对自建的模型进行训练和测试。花卉数据集由百合花、莲花、兰花、向日葵和郁金香这 5 类花的数据组成，每类包含 1000 张图像，花卉数据集的结构如图 7.1 所示。

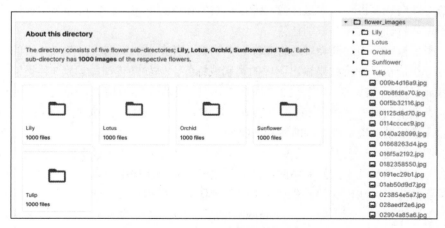

图 7.1　花卉数据集的结构

7.2.2 数据集划分和定义

1. 划分数据集

模型训练前，通常会对数据集进行预处理及划分。数据集较小时，通常将数据集划分为训练集和测试集，划分比例一般设置为2∶1或4∶1。数据集较大时，数据集通常被划分为训练集、验证集和测试集，划分比例一般设置为6∶2∶2或7∶1∶2。花卉数据集共有5000张图片，如何按比例划分这些图片呢？

工具包split-folders能按比例对数据集进行划分，由于它不是Anaconda的内部包，因此使用前需先安装。split-folders工具包的安装方法很简单，在"Anaconda Prompt"窗口中执行如下命令即可实现它的安装。

```
pip install split-folders
```

split-folders工具包有按比例划分和固定划分这两种模式。按比例划分时，split-folders将按给定的比例划分数据集；固定划分时，split-folders用固定数量的项划分数据集。一般而言，若数据集比较均衡，则使用按比例方式划分数据集，否则使用固定方式划分数据集。

split_folders.ratio函数用于实现数据集的按比例划分，其使用格式为：

```
split_folders.ratio('input_folder', output="output", seed=1337, ratio=(.8,.1,.1))
```

部分参数说明。

- input_folder：待划分数据集的路径。
- output：输出文件夹的路径。
- seed：种子值，用来混洗项目，默认值是1337。
- ratio：训练集、验证集、测试集的划分比例。

split_folders.fixed函数用于实现数据集的固定划分，其使用格式为：

```
split_folders.fixed('input_folder',output="output",seed=1337,fixed=(100,100),oversample
=False)
```

部分参数说明。

oversample：是否进行过采样。值为1时允许对不均衡的数据集进行过采样。注意，此情况仅适用于固定划分方式。

下面使用split_folders.ratio函数将花卉数据集按8∶1∶1的比例划分为训练集、验证集和测试集，即训练集有4000张图片，测试集、验证集各有500张图片。划分数据集的完整示例代码如下。

```
import splitfolders
import os

#train:validation:test=8:1:1
input=os.path.join(os.getcwd(),'flower_images')  # input是保存未划分数据集的文件夹
output= os.path.join(os.getcwd(),'flower')    # output是保存划分后的数据集的文件夹
split_folders.ratio(
    input,
    output=output,
    seed=1337,
    ratio=(0.8, 0.1, 0.1),
    group_prefix=None,
    move=False,
)
```

执行上述代码后，花卉数据集被划分为训练集、验证集和测试集，数据集划分结果如图7.2所示。其中train、val、test文件夹分别对应训练集、验证集和测试集。训练集train文件夹包含Lily、Lotus、Orchid、Sunflower和Tulip这5个子文件夹，每个子文件夹有800张图片。val和test文件夹的结构与train文件夹的一样，它们都包含5个子文件夹，每个子文件夹都有100张图片。

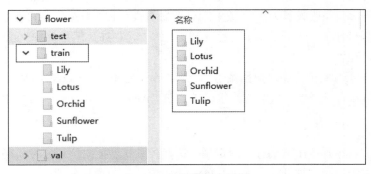

图7.2　数据集划分结果

2．定义数据集

数据集划分好后就可用前面所学的方法定义数据集了。由于花卉数据集的存储结构简单，本例中使用ImageFolder类构造数据集，完整示例代码如下。

```
import torchvision.datasets as datasets
train_dataset= datasets.ImageFolder('./ flower /train',transform=train_trans)
val_dataset= datasets.ImageFolder('./ flower /val',transform=test_trans)
test_dataset= datasets.ImageFolder('./ flower /test',transform=test_trans)
```

上述代码用 ImageFolder 类分别定义训练集 train_dataset、验证集 val_dataset 和测试集 test_dataset。ImageFolder类的用法在第4章已介绍过，读者可自行查看该类的使用方法。

7.2.3　数据预处理

1．扩展数据集

进行深度学习时使用的数据集越大，模型从数据中学到的知识就越多，模型的性能也越好。花卉数据集有4000张图片供模型训练使用，数据量不是很大。为提高模型的稳健性、准确率和泛化能力，减小模型的偏差和方差，下面对训练集的数据进行扩展，即将训练集中的所有图片进行随机旋转并保存，从而增加训练集的数据量。对训练集的图片进行随机旋转并保存的完整示例代码如下。

```
import os
from PIL import Image
import glob
import random

def Resize(file, outdir):          #file为图片路径，outdir为存储图片的路径
    imgFile = Image.open(file)
    angle= random.randint(0,65)    #随机生成一个0~65的数（包括0和65），作为图片旋转的角度
    try:
        newImage = imgFile.rotate(angle, expand=True)
        newImage.save(outdir)
```

```
except Exception as e:
    print(error)

root_dir=os.path.join(os.getcwd(),'flower/train')
dir_list=os.listdir(root_dir)
for d in dir_list:
    file_path=os.path.join(root_dir ,d+'/*.jpg' )    #一类花卉的所有图片路径
    output_dir=os.path.join(root_dir,d)              #图片存储路径
    i=0
    for f in glob.glob(file_path):
        Resize(f,output_dir+'/{}_rs.jpg'.format(i))
        i+=1
```

上述代码中，random.randint 函数的功能是随机生成一个大于等于起始值、小于等于终止值的整数。其使用格式为：

```
random.randint(start, end)
```

参数说明。

- start（int类型）：生成的整数的最小值，包含 start 的值。
- end（int类型）：生成的整数的最大值，包含 end 的值。

Image.save 函数用来保存图像文件，其使用格式为：

```
Image.save(fp, format=None, **params)
```

部分参数说明。

- fp（string类型）：保存的文件名。
- format：保存的文件格式，如果不指定，则文件格式由文件扩展名决定。
- params：图像保存时的参数，如压缩质量、颜色等。

2. 预处理与数据增强

收集图片数据集中的图片时，可使用手机拍摄、网络爬取、搜索引擎搜索等方法。这种通过多种方法获取的图片往往大小不一，格式多样，且存在重复和无效等情况。因此，模型训练前要先对数据集中的图片进行预处理，常见的**预处理**操作有统一图像尺寸、将图像转换为 Tensor、对图像进行归一化处理等。归一化处理后的数据能让模型训练变得流畅快速。归一化处理就是让图片中的每个像素值减去整个图片的像素均值，然后除以图片的标准差。

数据增强又叫数据增广或数据扩增。它使用修改现有数据或重新合成新数据的方法来增加数据量，从而丰富训练集数据，提升模型的稳健性和抗过拟合能力。常见的数据增强手段有旋转、模糊、变形、调整亮度、调整饱和度等。

PyTorch 的 transforms 库可实现数据的预处理与增强操作，该库中常见的预处理类有中心裁剪类 transforms.CenterCrop、尺寸调整类 transforms.Resize、归一化类 transforms.Normalize、转换为 Tensor 类 transforms.ToTensor、调整亮度与饱和度类 transforms.ColorJitter 等。

下面对训练集图片做缩放、中心裁剪、水平翻转、调整亮度与色相等预处理操作，以丰富训练集数据，提升模型的稳健性和抗过拟合能力。对验证集做缩放、中心裁剪、转换为 Tensor、归一化操作。实现上述功能的示例代码如下。

```
train_trans=transforms.Compose([
    transforms.Resize(256),
    transforms.RandomResizedCrop(224),
    transforms.RandomHorizontalFlip(),
```

```
            transforms.ColorJitter(brightness=0.5,hue=0.3),
            transforms.ToTensor(),
            transforms.Normalize(mean=[0.485, 0.456, 0.406], std=[0.229, 0.224, 0.225])
            ])
test_trans=transforms.Compose([
            transforms.Resize(256),
            transforms.CenterCrop(224),
            transforms.ToTensor(),
            transforms.Normalize(mean=[0.485, 0.456, 0.406], std=[0.229, 0.224, 0.225])
    ])
```

上述代码中，RandomHorizontalFlip 函数的功能是依据概率（默认值为 0.5）对 PIL 图片进行水平翻转。ColorJitter 函数的功能是调整图像的亮度与色相。用于训练的图像的尺寸通常设为 28×28 或 224×224 这种标准尺寸，若数据集图像的尺寸与标准尺寸相差不大，可直接使用裁剪功能对其进行裁剪；若数据集图像的尺寸远大于标准尺寸，则先对图像进行缩放，然后进行裁剪。本例中我们先将图像缩小为 256×256，然后用中心裁剪将图像裁剪至 224×224。

7.2.4 加载数据集

当数据集较小时，可一次性加载所有数据到内存并训练；当数据集较大时，则采用分批方式对训练集数据进行训练。那每批数据多大合适呢？若该数值较小，则模型训练时有可能出现损失函数振荡，导致模型不收敛；若该数值较大，模型计算的梯度方向较准，能提高处理速度，但容易引起内存爆炸。一般情况，训练模型时先选择较大的值，若模型不收敛，再减小每批数据的大小。另外，每批数据的大小为 2 的幂次时，GPU 能更好发挥其性能，因此 batch_size 的值通常为 16、32、64 等值。

加载数据集、构建
网络模型

下面使用 DataLoader 分别加载训练集、验证集和测试集数据，具体代码如下。

```
train_loader=DataLoader(train_dataset,batch_size=train_batch_size,shuffle=True)
val_loader=DataLoader(val_dataset,batch_size=test_batch_size,shuffle=False)
test_loader=DataLoader(test_dataset,batch_size=test_batch_size,shuffle=False)
```

在 DataLoader 类中，第一个参数是要加载的数据集，如训练集 train_dataset；第二个参数是每批数据的大小，这里将它设置为超参数 train_batch_size，方便用户后期调整；第三个参数 shuffle 的值设为 True，表示训练时要随机打乱数据顺序。

7.3 构建网络模型

神经网络模型的结构千变万化，要解决的问题不同，用户设计的模型也不尽相同。例如处理序列化数据问题时，模型从线性层开始直到长短期记忆层；而处理分类问题时，模型的最后一层通常由 Sigmoid 激活函数或 Softmax 激活函数层构成。多数情况下，用于解决二分类问题的模型用 Sigmoid 激活函数作为最后一层，用于解决多分类问题的模型用 Softmax 激活函数作为最后一层。

下面使用卷积层、池化层、全连接层和批量归一化层等来搭建神经网络 IdeNet，以解决 5 种花的分类问题，IdeNet 的组成如图 7.3 所示。输入模型的图像尺寸为 3×224×224。模型的第一层使用常规二维卷积 Conv2d 对输入图像进行处理，输出 32×112×112 的特征图；模型的接下来 4 层都由 layer 模块构成，经过这 4 层的处理，输出 512×7×7 的特征图；最后模型使用全连接层处理这些高维数据。

Input	Operator	in_channels, out_channels	exp	n
3×224×224	Conv2d	3，32	——	——
32×112×112	layer1	32，64	2	4
64×56×56	layer2	64，128	3	3
128×28×28	layer3	128，256	3	4
256×14×14	layer4	256，512	2	2
512×7×7	Linear	512，512	——	——

图7.3 IdeNet 的组成

　　layer 模块是搭建网络的基石，它由1个间接映射倒残差和 n−1 个直接映射倒残差组成。直接映射倒残差中输入特征图与输出特征图的尺寸相同，间接映射倒残差中输出特征图尺寸为输入特征图尺寸的1/2。layer 模块、间接映射倒残差和直接映射倒残差的结构如图7.4所示。

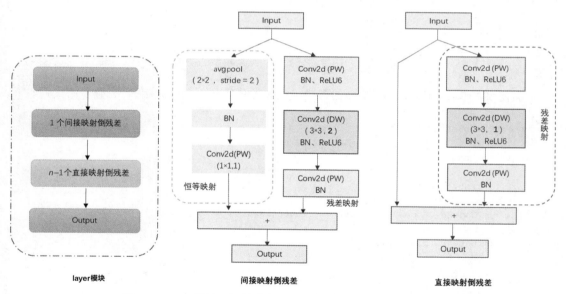

图7.4 layer 模块、间接映射倒残差和直接映射倒残差的结构

　　从图7.4可看出，在间接映射倒残差中，**残差映射模块**由两个1×1的卷积、一个DW、3个批量归一化和两个激活函数构成，且DW的步长设为2，其目的是将特征图尺寸减半；**恒等映射模块**由均值池化、批量归一化和1×1的卷积构成，起到调整尺寸和通道数的作用；间接映射倒残差的输出特征等于恒等映射的输出特征与残差映射的输出特征之和。

　　直接映射倒残差与间接映射倒残差的结构基本相同，但在直接映射倒残差中，用输入特征代替恒等映射模块，且残差映射模块中DW的步长为1。用于花卉分类的IdeNet模型的结构如图7.5所示。

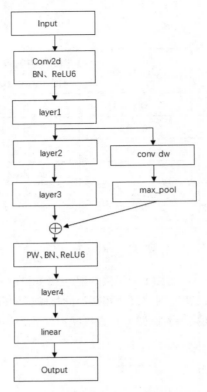

图 7.5　用于花卉分类的 IdeNet 模型的结构

下面使用 PyTorch 实现 IdeNet 模型的搭建，并将其保存为 idenet.py 文件，完整示例代码如下。

```
import torch
import torch.nn as nn
import math
import torch.nn.init

def conv_bn(inp, oup, stride):
    return nn.Sequential(
        nn.Conv2d(in_channels=inp, out_channels=oup, kernel_size=3, stride=stride,
padding=1, bias=False),
        nn.BatchNorm2d(oup),
        nn.ReLU6(inplace=True)
    )

def conv_1x1_bn(inp, oup):
    return nn.Sequential(
        nn.Conv2d(inp, oup, 1, 1, 0, bias=False),
        nn.BatchNorm2d(oup),
        nn.ReLU6(inplace=True)
    )

# DSC（先升维，再降维）
def conv_dw(inp, oup,stride,expand_ratio):
    hidden_dim = round(inp * expand_ratio)
    if expand_ratio == 1:
        conv_dw = nn.Sequential(
```

```
            # DW
            nn.Conv2d(hidden_dim, hidden_dim, 3, stride, 1, groups=hidden_dim, bias=False),
            nn.BatchNorm2d(hidden_dim),
            nn.ReLU6(inplace=True),
            # PW-Linear
            nn.Conv2d(hidden_dim, oup, 1, 1, 0, bias=False),
            nn.BatchNorm2d(oup),
        )
    else:
        conv_dw = nn.Sequential(
            # PW
            nn.Conv2d(inp, hidden_dim, 1, 1, 0, bias=False),
            nn.BatchNorm2d(hidden_dim),
            nn.ReLU6(inplace=True),
            # DW
            nn.Conv2d(hidden_dim, hidden_dim, 3, stride, 1, groups=hidden_dim, bias=False),
            nn.BatchNorm2d(hidden_dim),
            nn.ReLU6(inplace=True),
            # PW-Linear
            nn.Conv2d(hidden_dim, oup, 1, 1, 0, bias=False),
            nn.BatchNorm2d(oup),
        )
    return conv_dw


# 倒残差
class InvertedResidual(nn.Module):
    def __init__(self, inp, oup, stride, expand_ratio, downsample=None):
        super(InvertedResidual, self).__init__()
        self.stride = stride
        assert stride in [1, 2]
        self.downsample = downsample
        self.use_res_connect = self.stride == 1 and inp == oup   #步长为1,且输入通道数等于输
出通道数时,直接映射倒残差
        self.conv = conv_dw(inp, oup,stride,expand_ratio)

    def forward(self, x):
        if self.use_res_connect:
            return x + self.conv(x)          #直接映射倒残差
        else:
            if self.downsample is not None:
                return self.downsample(x) + self.conv(x)     #间接映射倒残差
            else:
                return self.conv(x)
```

使用多个倒残差构造layer模块,其中exp_ratio表示扩展率,in_channel表示输入通道数, out_channel表示输出通道数,num_times表示倒残差个数,avgdown表示是否使用下采样

```
def make_layer(exp_ratio,in_channel, out_channel, num_times,avgdown = True):
    layers = []
    for i in range(num_times):
        downsample = None
        if i == 0:       #layer模块中的间接映射倒残差(步长为2)
            if avgdown:       #若使用下采样,将下采样定义为:均值池化 + 批量归一化 + 1×1的卷积
                downsample = nn.Sequential(nn.AvgPool2d(kernel_size=2,stride=2),
                        nn.BatchNorm2d(in_channel),
                        nn.Conv2d(in_channel, out_channel , kernel_size=1, bias=False)
```

```
                              )
                    layers.append(InvertedResidual(inp= in_channel, oup= out_channel,stride=2,
expand_ratio=exp_ratio, downsample = downsample))
                else:              #layer模块中的n-1个直接映射倒残差（步长为1）
                    layers.append(InvertedResidual(inp=in_channel, oup=out_channel, stride=1,
expand_ratio=exp_ratio, downsample = downsample))
                in_channel = out_channel         #后面几轮的倒残差，其输入通道数等于输出通道数

        return nn.Sequential(*layers)

    #定义网络模型IdeNet
    class IdeNet(nn.Module):
        def __init__(self,avgdown=True):
            super(IdeNet,self).__init__()
            self.conv1 = conv_bn(inp=3, oup=32, stride=2)
            self.layer1 = make_layer(exp_ratio=2,in_channel=32,out_channel=64,
        num_times=4,avgdown=avgdown)
            self.conv_dw =conv_dw(inp=64,oup=256,stride=2,expand_ratio=1)
            self.layer2 = make_layer(exp_ratio=3,in_channel=64,out_channel=128,
        num_times=3,avgdown=avgdown)
            self.layer3 = make_layer(exp_ratio=3,in_channel=128, out_channel=256, num_times=4,
    avgdown=avgdown)
            self.layer4 = make_layer(exp_ratio=2,in_channel=256, out_channel=512, num_times=2,
    avgdown=avgdown)
            self.conv1x1 = conv_1x1_bn(512, 256)
            self.linear = nn.Linear(512,512)
            self.max_pool = nn.MaxPool2d(2, stride=2)
            self.avgpool = nn.AdaptiveAvgPool2d(output_size=(1, 1))
            self._initialize_weights()

        def forward(self, x):
            x1 = self.conv1(x)              # 32× 112 ×112
            x_layer1 = self.layer1(x1)      # 64×56×56
            x_layer11 = self.max_pool(self.conv_dw(x_layer1))      #256×14×14

            x_layer2 = self.layer2(x_layer1)      # 128×28×28
            x_layer3 = self.layer3(x_layer2)       # 256×14×14
            x_layer13 = torch.cat([x_layer11, x_layer3], dim=1)   #channel: 512×14×14
            x_layer33 = self.conv1x1(x_layer13)             #channel: 256×14×14

            x_layer4 = self.avgpool(self.layer4(x_layer33))        #512×1×1

            x_layer44= x_layer4.view( -1,512)
            x_linear = self.linear(x_layer44)         #输出为512
            return x_linear

        def _initialize_weights(self):
            for m in self.modules():
                if isinstance(m, nn.Conv2d):
                    n = m.kernel_size[0] * m.kernel_size[1] * m.out_channels
                    m.weight.data.normal_(0, math.sqrt(2. / n))
                    if m.bias is not None:
                        m.bias.data.zero_()
                elif isinstance(m, nn.BatchNorm2d):
                    m.weight.data.fill_(1)
                    m.bias.data.zero_()
```

```
elif isinstance(m, nn.Linear):
    n = m.weight.size(1)
    m.weight.data.normal_(0, 0.01)
    m.bias.data.zero_()
```

上述代码中的InvertedResidual类是残差映射模块，当步长为1，且输入通道数等于输出通道数时，它返回直接映射倒残差的值；当InvertedResidual模块的下采样非空时，它返回间接映射倒残差的值；若以上条件均不满足，它返回残差映射模块的值。

layer模块由make_layer函数实现。在make_layer函数中，它定义了一个间接映射倒残差和num_times−1个直接映射倒残差。其中，i的值为0时，定义恒等映射模块（即downsample）和残差映射模块（即InvertedResidual，DW的步长为2），返回间接映射倒残差的值；i的值不为0时，定义残差映射模块（即InvertedResidual，DW的步长为1），返回直接映射倒残差的值。值得注意的是，在make_layer函数中每执行一次InvertedResidual，它的输出通道数将作为下一个InvertedResidual模块的输入通道数，即in_channel＝out_channel。

7.4 训练与测试模型

前面完成了数据集的定义、加载，以神经网络模型IdeNet的构建，接下来将模型在训练集上进行训练，然后用验证集评估模型在训练过程中的性能，帮助用户调整模型参数（如学习率、特征数）。模型训练前要先定义训练函数、验证函数等相关函数，下面依次介绍。

7.4.1 相关函数定义

1．定义学习率调整函数

学习率能控制网络模型的学习速度，决定网络能否成功找到全局最小值。当模型具有较大学习率时，学习速度较快，能加快网络的收敛速度；当学习率较小时，学习速度会变慢。在神经网络训练初期，模型能"承受"较快的学习速度，可设置大一点的学习率。随着时间推移，模型开始收敛，这时小一点的学习率能减慢学习速度，避免模型错过最小值。

训练神经网络时，往往会随时间的推移逐渐减小学习率，从而加速训练过程，这种方法称为**学习率衰减**。下面定义一个学习率调整函数adjust_lr，该函数会随时间的推移逐渐减小学习率，具体示例代码如下。

```
def adjust_lr(optimizer_lr, epoch_lr,num):
    """每迭代num次，学习率衰减为原来的1/10"""
    global lr
    lr = lr * (0.1 ** (epoch_lr // num))
    for p in optimizer_lr.param_groups:
        p['lr'] = lr
```

在adjust_lr函数中，参数num表示调整学习率的间隔值，即每迭代num次就调整一次学习率。参数num通常设为超参数，模型训练时可调整其值以观察模型的训练效果。

2．定义分类器

ArcFace是一个损失函数，为了增大不同类别的间隔，减小相同类别的间隔，ArcFace在余弦计算中加了一个常数项m（默认取0.5）。增加常数项m将角度远离类别中心的惩罚扩大，使得各个类别的数据都更加靠近中心。

$$L_3 = -\log \frac{e^{s\cos(\theta_{yi}+m)}}{e^{s\cos(\theta_{yi}+m)} + \sum_{j=1,j\neq y_i}^{N} e^{s\cos\theta_j}}$$

ArcFace 的伪代码实现步骤如下。

（1）对 x 进行归一化。

（2）对 W 进行归一化。

（3）计算 W_x 得到预测向量 y。

（4）从 y 中挑出与 Ground Truth 对应的值。

（5）计算其反余弦得到角度。

（6）角度加上 m。

（7）从 y 中挑出与 Ground Truth 对应的值所在位置的独热编码。

（8）将 cos(θ+m)通过独热编码放回原来的位置。

（9）将所有值乘固定值 s。

其中 x 表示输入特征，W 表示权重，y 表示预测向量，Ground Truth 表示真实值，m 表示常数项，s 表示特征尺度。ArcFace 函数用 PyTorch 实现的代码如下。

```python
class ArcMarginProduct(nn.Module):
    def __init__(self, in_features, out_features, s=30.0, m=0.50, easy_margin=True):
        super(ArcMarginProduct, self).__init__()
        self.in_features = in_features
        self.out_features = out_features
        self.s = s
        self.m = m
        self.weight = Parameter(torch.FloatTensor(out_features, in_features))
        nn.init.xavier_uniform_(self.weight)
        self.easy_margin = easy_margin
        self.cos_m = math.cos(m)
        self.sin_m = math.sin(m)
        self.th = math.cos(math.pi - m)
        self.mm = math.sin(math.pi - m) * m

    def forward(self, input, label=None):
        if self.training:
            # --------------------------- 将标签转换为独热编码 ---------------------------
            cosine = F.linear(F.normalize(input), F.normalize(self.weight))
            sine = torch.sqrt(1.0 - torch.pow(cosine, 2))
            phi = cosine * self.cos_m - sine * self.sin_m
            if self.easy_margin:
                phi = torch.where(cosine > 0, phi, cosine)
            else:
                phi = torch.where(cosine > self.th, phi, cosine - self.mm)
            # --------------------------- 将标签转换为独热编码 ---------------------------
            # one_hot = torch.zeros(cosine.size(), requires_grad=True, device='cuda')
            one_hot = torch.zeros(cosine.size(), device='cuda')
            one_hot.scatter_(1, label.view(-1, 1).long(), 1)
            # ------------torch.where(out_i = {x_i if condition_i else y_i) -------------
            output = (one_hot * phi) + ((1.0 - one_hot) * cosine)  # 如果 PyTorch 版本为 0.4 以
上，则可使用 torch.where 函数
            output *= self.s
```

```
else:
    cosine = F.linear(F.normalize(input), F.normalize(self.weight))
    output = self.s * cosine

return output
```

3. 定义模型的训练函数

模型设计好后就可以用训练集训练模型了。模型训练的主要任务有：（1）通过前向传播计算模型预测结果；（2）根据模型预测值和真实值计算整个训练集的损失值（误差）；（3）根据损失值进行反向传播，并用优化器更新模型参数；（4）重复上述步骤直到模型收敛或达到模型的指定迭代次数。此外，模型训练时要调用model.train函数使模型处于训练模式，并用上下文管理器启用梯度计算功能。定义训练函数的完整示例代码如下。

```
#定义训练函数
def train_epoch(train_data, net, tra_classifier, tra_criterion, tra_optimizer, epoch_i):
    net.train()
    tra_classifier.train()
    torch.set_grad_enabled(True)
    train_loss = AverageMeter()

    for batch_i, (data,target) in enumerate(train_data):
        data = data.to(device)
        target = target.to(device)
        tra_optimizer.zero_grad()
        output = net(data)
        output = tra_classifier(output, target)
        loss = tra_criterion(output, target)
        loss.backward()
        tra_optimizer.step()
        train_loss.update(loss.item())
        #输出并保存训练损失相关信息
        with open('logs/idenet.log', 'a+') as f:          #打开logs文件夹下的idenet.log文件
            line = 'train Epoch: [{}][{}/{}]\t Loss {:.4f} ({:.4f})\t'.format(epoch_i,
batch_i, len(train_data),train_loss.val, train_loss.avg)
            f.write('{}\n'.format(line))
            f.close()
```

model.train 函数的功能是使对象处于训练模式，如 net.train 和 tra_classifier.train 函数，它们可使模型和分类器处于训练模式。PyTorch 使用 to 命令来指定训练的设备是 CPU 还是 GPU，如 data.to(device)语句用于将数据置于指定设备运行。值得注意的是，模型和数据需要在同一个设备上，这样训练才能正常运行；另外当计算机上有多个GPU时，可调用nn.DataParallel函数实现数据的并行处理。

tra_optimizer.zero_grad 函数的功能是清空优化器中的梯度。由于默认情况下梯度是累加的，而不是覆盖之前的梯度，因此在执行反向传播前要先清空梯度，使之前的梯度不影响当前梯度。output = net(data)语句用于实现数据 data 在神经网络 net 中的正向传播，模型输出赋给 Tensor output。output = tra_classifier(output, target)语句的功能是用分类器对模型输出output做预测。

loss = tra_criterion(output, target)语句的功能是用定义好的损失函数计算预测值（即分类器结果）与真实值间的损失值，然后根据损失值计算损失函数对模型参数的梯度，从而确定参数更新的方向和大小，实现算法的反向传播。

tra_optimizer.step()语句的功能是根据计算得到的梯度更新模型参数。不同的优化器（如 Adam、

SGD）有不同的更新规则，step 方法会按照相应的规则更新网络的参数。

模型训练时数据的损失值记录在变量 train_loss.val 中，已训练数据的平均损失值记录在变量 train_loss.avg 中。上述代码中将这些损失值保存到 idenet.log 文件中，方便用户后期查看不同迭代次数、不同批次数据的训练损失值和平均损失值。其中，write 函数的功能是将数据写入已打开的文件，close 函数的功能是关闭指定的对象。

4．定义模型的验证函数

模型验证是指用验证集评估模型在训练过程中的性能。模型验证可帮助用户了解模型在新数据上的表现，确定模型要使用的算法和参数，防止训练过程中出现过拟合。评估模型性能的指标除损失值外，还有混淆矩阵、准确率、错误率、灵敏度和精确率等。花卉分类属于多分类问题，本例中用准确率、精确率、召回率、F1_score、汉明距离和 Kappa 系数（详细介绍见 7.5 节）来评估模型性能。

验证函数的结构与训练函数的结构大致相同，其区别在于验证阶段不需要进行反向传播和梯度更新。验证函数的示例代码如下。

```python
#定义验证函数
def validate_epoch(val_data, net,val_classifier, val_criterion,epoch_i):
    net.eval()
    val_classifier.eval()
    torch.set_grad_enabled(False)
    test_loss = AverageMeter()
    top = AverageMeter()
    predicted_list = []
    label_list = []

    for batch_i, (data, target) in enumerate(val_data):
        data = data.to(device)
        target = target.to(device)
        output = net(data)
        output = val_classifier(output)
        loss = val_criterion(output, target)
        test_loss.update(loss.item(),data.size(0))

        soft_output = F.softmax(output, dim=1)
        _,predicted = torch.max(soft_output.data, 1)         #predicted的值为0或1
        predicted = predicted.to('cpu').detach().numpy()
        label = target.to('cpu').detach().numpy()
        acc = accuracy_score(label,predicted)
        top.update(acc, data.size(0))

        for i in range(label.shape[0]):          #记录各批次的真实值和预测值
            predicted_list.append(predicted[i])
            label_list.append(label[i])

        line = 'Test Epoch:{} [{}/{}]\t Loss {loss.val:.4f} ({loss.avg:.4f})\t Prec@1
{top.val:.3f} ({top.avg:.3f})\t' .format(epoch_i,batch_i, len(val_data),loss=test_loss, top=top)
        with open('logs/idenet.log', 'a+') as f:      #将各批次的损失和准确率写入idenet.log中
            f.write('{}\n'.format(line))
            print(line)
            f.close()
```

```
#计算该轮验证的精确率、召回率、F1_score、汉明距离和Kappa系数
ppv= precision_score(label_list, predicted_list, average='macro')
recall= recall_score(label_list, predicted_list, average='macro')
f1= f1_score(label_list, predicted_list, average='macro')
ham_distance = hamming_loss(label_list, predicted_list)
kappa = cohen_kappa_score(label_list, predicted_list)
with open('logs/val_result.txt','a+') as f_result:      #将该轮的性能指标写入val_result.txt中
    result_line = 'epoch: {}  ppv:{:.6f}  recall:{:.6f}  f1:{:.3f} ham_distance:{:.6f}
kappa:{:.6f} '.format(epoch_i,ppv,recall,f1,ham_distance,kappa)
    f_result.write('{}\n'.format(result_line))
    print(result_line)
return top.avg
```

关于验证函数，有如下几点说明。

（1）与训练阶段类似，验证阶段使用eval方法使模型和分类器处于验证模式，并禁用权重梯度计算功能（即torch.set_grad_enabled(False)）。F.softmax函数用于为每个类别赋予一个概率，它表示数据属于各个类别的可能性。F.softmax函数用于实现对输出事件概率的约束，使得每个事件的概率都在[0, 1]范围内。下面以二维Tensor为例来说明F.softmax函数的功能。

```
a=torch.rand(3,4)
print('张量a: \n',a)
b=F.softmax(a,dim=1)
print('softmax结果: \n',b)
```

执行上述代码，输出结果如下。

```
张量a:
 tensor([[0.5243, 0.2669, 0.8548, 0.8434],
        [0.0113, 0.4236, 0.6788, 0.0311],
        [0.6848, 0.3717, 0.0840, 0.2251]])
softmax结果:
 tensor([[0.2202, 0.1702, 0.3065, 0.3030],
        [0.1825, 0.2756, 0.3558, 0.1861],
        [0.3435, 0.2512, 0.1884, 0.2169]])
```

（2）torch.max(soft_output.data, 1)语句的功能是在第1个维度上计算Tensor soft_output.data的最大值和最大值对应的索引。torch.max函数的使用格式为：

```
torch.max(input, dim, keepdim=False, *, out=None)
```

部分参数说明。

- input：输入Tensor。
- dim：函数索引的维度；0表示按列索引求最大值，1表示按行索引求最大值。
- keepdim：输出Tensor是否保留了dim，默认值为False。

torch.max函数的使用示例代码如下。

```
a=torch.rand(3,4)
print('张量a: \n',a)
b=F.softmax(a,dim=1)
print('softmax结果: \n',b)
c,d=torch.max(b, 1)
print('最大值: \n',c)
print('最大值对应的索引:\n',d)
```

执行上述代码，输出结果如下。

```
张量a:
 tensor([[0.9088, 0.4834, 0.4271, 0.1170],
```

```
        [0.2195, 0.7336, 0.3965, 0.8371],
        [0.7487, 0.9131, 0.2410, 0.5957]]])
softmax结果:
 tensor([[0.3671, 0.2399, 0.2268, 0.1663],
        [0.1748, 0.2923, 0.2087, 0.3242],
        [0.2748, 0.3239, 0.1654, 0.2358]])
最大值:
 tensor([0.3671, 0.3242, 0.3239])
最大值对应的索引:
 tensor([0, 3, 1])
```

（3）accuracy_score函数是用于计算分类器的准确率的函数。准确率指分类器在所有分类样本中正确分类样本的比例。accuracy_score函数有两个参数，即真实值和预测值（注意：这两个参数必须是一维数组，且长度需相同），该函数返回一个浮点数值。因此，使用accuracy_score函数计算准确率时，需先对预测值和真实值进行处理，以保证预测值和真实值是一维数组。

predicted.to('cpu').detach().numpy()语句的功能是将Tensor predicted指定在CPU上，然后复制该Tensor并将其转换为NumPy数组。其中，to('cpu')的功能是将Tensor predicted复制到CPU上，detach函数的功能是对Tensor进行复制。值得注意的是，复制Tensor的方法有两种，即detach和clone。它们的使用示例代码如下。

```
tensor a
b = a.detach()
c = a.clone()
```

clone方法返回完全相同的Tensor，新旧Tensor不共享内存，但该Tensor仍留在计算图中。clone方法在不共享数据内存的同时支持梯度回溯。因此当神经网络中某个Tensor需要重复使用时可使用clone方法。

detach方法返回完全相同的Tensor，但新旧Tensor共享内存，且新Tensor会脱离计算图，不会涉及梯度计算。当神经网络中仅需要Tensor数值，不需要追踪导数时，可使用detach方法。

（4）模型性能指标。本例中使用精确率、召回率、F1_score、汉明距离和Kappa系数来评估模型的性能，各个指标对应的函数的功能和使用格式将在7.5节介绍。

5. 定义AverageMeter类

AverageMeter类包含reset和update两个函数：reset函数用于对记录进行复位；update函数用于记录对象的当前值、总和、总数和平均值。AverageMeter类的定义代码如下所示。

```
class AverageMeter(object):
    """存储当前值，统计均值"""
    def __init__(self):
        self.reset()

    def reset(self):
        self.val = 0
        self.avg = 0
        self.sum = 0
        self.count = 0

    def update(self, val, n=1):
        self.val = val
        self.sum += val * n
        self.count += n
        self.avg = self.sum / self.count
```

在update函数中，参数val表示要更新的值，n表示更新的个数。

7.4.2 模型训练与验证

1. 统计模型参数总量和浮点数运算次数

参数总量是指模型训练过程中需要训练的总参数量。浮点数运算次数可理解为计算量或计算时间复杂度，用来衡量算法的复杂度，也可看作神经网络模型速度的间接衡量标准。统计模型参数总量时，可调用Torch的内置方法parameters，统计模型参数总量的示例代码如下。

```
total = sum([param.nelement() for param in model.parameters()])
```

在统计模型参数总量的代码中，model表示要统计的模型对象。parameters方法返回一个生成器，包含可训练的参数。nelement函数的功能是统计Tensor中元素的个数。

计算模型的浮点数运算次数时，可调用Thop工具包中的profile方法。安装Thop工具包的示例代码如下。

```
pip install thop
```

Thop工具包安装好后，使用profile方法统计模型的浮点数运算次数的具体示例代码如下。

```
import torchvision.models as models
from thop import profile

model = models.resnet18 ()
input = torch.randn(1, 3, 256, 256)     #随机生成一个Tensor作为模型的输入
flops, params = profile(model, inputs=(input, ))
print("FLOPs=", str(flops/1e9) + '{}'.format("G"))
print("params=", str(params/1e6) + '{}'.format("M"))
```

上述代码中，torch.randn函数的功能是生成一个形状为$1\times3\times256\times256$的Tensor，其中1表示批大小，3表示通道数，256表示图片的高度和宽度。profile方法返回两个值，即模型的浮点数运算次数flops和参数params。

使用profile方法统计IdeNet模型的参数总量和浮点数运算次数的示例代码如下。

```
inputdata=torch.randn(train_batch_size,3,224,224).cuda()
flops,params = profile(model,inputs=(inputdata,))
print("FLOPs = ",str(flops/1e9)+'{}'.format("G"))
print("params = ",str(params/1e6)+'{}'.format("M"))
```

2. 创建保存模型的文件夹

每训练一批数据，模型的参数都会更新。当训练集的所有数据都训练完后，可保存该轮的模型，方便后面进行模型加载或测试。保存模型前，需先创建保存模型的文件夹，创建文件夹的示例代码如下。

```
dirr=os.path.join(os.getcwd(),'data\\idenetcheckpoint')
if not os.path.exists(dirr):
    os.mkdir(dirr)
```

上述代码中，os.path.exists函数的功能是判断文件或文件夹是否存在，若存在则返回True，否则返回False。os.mkdir函数的功能是创建文件夹，其参数dirr为要创建文件夹的路径。

3. 从断点处继续训练

深度学习的数据集通常较大，因此模型训练往往要花费较长的时间，且训练时一旦断电或中途停止，那前面的训练就作废了。若采用边训练边保存模型的方式，当遇到断电等特殊情况时可

通过模型加载实现从断点处继续训练，从而节约训练时间，提高训练的效率。模型保存与加载在第6章已介绍，这里不赘述。实现断点加载的示例代码如下。

```
if resume:
    resume_path = os.path.join(dirr,resume)
    if os.path.isfile(resume_path):    #判断某一对象（需提供绝对路径）是否为文件
        print("=> loading checkpoint '{}'".format(resume))
        checkpoint = torch.load(resume_path,map_location='cpu')
        start_epoch = checkpoint['epoch']
        best_acc = checkpoint['best_acc']

        #采用多GPU进行训练时，使用下列语句加载模型、分类器和优化器的断点
        model.load_state_dict({k.replace('module.',''):v for k,v in checkpoint['model_state_dict'].items()})
        classifier.load_state_dict({k.replace('module.',''):v for k,v in checkpoint['classifier_state_dict'].items()})
        optimizer.load_state_dict({k.replace('module.',''):v for k,v in checkpoint['optimizer'].items()})

        #采用单GPU进行训练时，采用下列语句加载模型、分类器和优化器的断点
        #model.load_state_dict(checkpoint['model_state_dict'])
        #classifier.load_state_dict(checkpoint['classifier_state_dict'])
        #optimizer.load_state_dict(checkpoint['optimizer'])
        print("=> loaded checkpoint '{}' (epoch {})".format(resume, start_epoch))
    else:
        print("=> no checkpoint found at '{}'".format(resume))
```

上述代码中，**resume**是用户设置的参数，当它的值为True时，表示模型要加载断点；当它的值为False时，表示模型无须加载断点。此外，加载模型时，若模型在单GPU上运行，则直接加载模型的状态字典即可；若模型在多GPU上并行运行，则加载时需删除状态字典中的module前缀，删除module前缀的代码如下。

```
{k.replace('module.',''):v for k,v in checkpoint['model_state_dict'].items()}
```

4. 利用训练和验证函数进行模型训练与验证

前面依次介绍了数据集的划分和定义、模型的构建、相关函数的定义等，接下来就利用训练和验证函数对模型进行训练与验证。解决花卉分类问题的完整代码如下。

模型训练与验证　模型训练与验证
　　（1）　　　　　（2）

```
import torch,torchvision,os,math
import torch.nn as nn
import torchvision.transforms as transforms
import torchvision.datasets as datasets
import torch.nn.functional as F
from torch.utils.data import DataLoader
from sklearn.metrics import accuracy_score, precision_score, f1_score, recall_score,
cohen_kappa_score,hamming_loss
from idenet import IdeNet
from thop import profile
from torch.nn import Parameter

#定义分类器
class ArcMarginProduct(nn.Module):
    def __init__(self, in_features, out_features, s=30.0, m=0.50, easy_margin=True):
        super(ArcMarginProduct, self).__init__()
```

```
        self.in_features = in_features
        self.out_features = out_features
        self.s = s
        self.m = m
        self.weight = Parameter(torch.FloatTensor(out_features, in_features))
        nn.init.xavier_uniform_(self.weight)
        self.easy_margin = easy_margin
        self.cos_m = math.cos(m)
        self.sin_m = math.sin(m)
        self.th = math.cos(math.pi - m)
        self.mm = math.sin(math.pi - m) * m

    def forward(self, input, label=None):
        if self.training:
            # ------------------------- 将标签转换为独热编码 -------------------------
            cosine = F.linear(F.normalize(input), F.normalize(self.weight))
            sine = torch.sqrt(1.0 - torch.pow(cosine, 2))
            phi = cosine * self.cos_m - sine * self.sin_m
            if self.easy_margin:
                phi = torch.where(cosine > 0, phi, cosine)
            else:
                phi = torch.where(cosine > self.th, phi, cosine - self.mm)
            # ------------------------- 将标签转换为独热编码 -------------------------
            # one_hot = torch.zeros(cosine.size(), requires_grad=True, device='cuda')
            one_hot = torch.zeros(cosine.size(), device='cuda')
            one_hot.scatter_(1, label.view(-1, 1).long(), 1)
            # -------------torch.where(out_i = {x_i if condition_i else y_i) -------------
            output = (one_hot * phi) + ((1.0 - one_hot) * cosine)  # 如果PyTorch版本为0.4以
上，则可使用torch.where函数
            output *= self.s
        else:
            cosine = F.linear(F.normalize(input), F.normalize(self.weight))
            output = self.s * cosine

        return output

def adjust_lr(optimizer_lr, epoch_lr,num):
    """每迭代num次，学习率衰减为原来的1/10"""
    global lr
    lr = lr * (0.1 ** (epoch_lr // num))
    for p in optimizer_lr.param_groups:
        p['lr'] = lr


#定义训练函数
def train_epoch(train_data, net, tra_classifier, tra_criterion, tra_optimizer, epoch_i):
    net.train()
    tra_classifier.train()
    torch.set_grad_enabled(True)
    train_loss = AverageMeter()

    for batch_i, (data,target) in enumerate(train_data):
        data = data.to(device)
        target = target.to(device)
        tra_optimizer.zero_grad()
        output = net(data)
        output = tra_classifier(output, target)
```

```
        loss = tra_criterion(output, target)
        loss.backward()
        tra_optimizer.step()
        train_loss.update(loss.item())

        with open('logs/idenet.log', 'a+') as f:
            line = 'train Epoch: [{}][{}/{}]\t Loss {:.4f} ({:.4f})\t'.format(epoch_i,
batch_i, len(train_data),train_loss.val, train_loss.avg)
            f.write('{}\n'.format(line))
            f.close()

    #定义验证函数
    def validate_epoch(val_data, net,val_classifier, val_criterion,epoch_i):
        net.eval()
        val_classifier.eval()
        torch.set_grad_enabled(False)
        test_loss = AverageMeter()
        top = AverageMeter()
        predicted_list = []
        label_list = []

        for batch_i, (data, target) in enumerate(val_data):
            data = data.to(device)
            target = target.to(device)
            output = net(data)
            output = val_classifier(output)
            loss = val_criterion(output, target)
            test_loss.update(loss.item(),data.size(0))

            soft_output = F.softmax(output, dim=1)
            _,predicted = torch.max(soft_output.data, 1)
            predicted = predicted.to('cpu').detach().numpy()
            label = target.to('cpu').detach().numpy()
            acc = accuracy_score(label,predicted)
            top.update(acc, data.size(0))

            for i in range(label.shape[0]):
                predicted_list.append(predicted[i])
                label_list.append(label[i])

            line = 'Test Epoch:{} [{}/{}]\t Loss {loss.val:.4f} ({loss.avg:.4f})\t Prec@1
{top.val:.3f} ({top.avg:.3f})\t' .format(epoch_i,batch_i, len(val_data),loss=test_loss, top=top)
            with open('logs/idenet.log', 'a+') as f:
                f.write('{}\n'.format(line))
                print(line)
                f.close()

        #计算该轮验证的精确率、召回率、F1_score、汉明距离和Kappa系数
        ppv= precision_score(label_list, predicted_list, average='macro')
        recall= recall_score(label_list, predicted_list, average='macro')
        f1= f1_score(label_list, predicted_list, average='macro')
        ham_distance = hamming_loss(label_list, predicted_list)
        kappa = cohen_kappa_score(label_list, predicted_list)
        with open('logs/val_result.txt','a+') as f_result:    #将该轮的性能指标写入val_result.txt中
```

```
        result_line = 'epoch: {}  ppv:{:.6f}  recall:{:.6f}  f1:{:.3f} ham_distance:{:.6f}
kappa:{:.6f} '.format(epoch_i,ppv,recall,f1,ham_distance,kappa)
            f_result.write('{}\n'.format(result_line))
            print(result_line)
        return top.avg

    class AverageMeter(object):
        """存储当前值，统计平均值"""
        def _ _init_ _(self):
            self.reset()

        def reset(self):
            self.val = 0
            self.avg = 0
            self.sum = 0
            self.count = 0

        def update(self, val, n=1):
            self.val = val
            self.sum += val * n
            self.count += n
            self.avg = self.sum / self.count

#设置超参数
lr= 1e-3
momentum= 0.7
weight_decay= 1e-4
ad_period = 40
train_batch_size= 32
test_batch_size= 64
start_epoch= 0
num_epochs= 150
best_acc = 0
test= False       #test为True，且resume为True并指定断点的文件名时，进行模型测试；否则训练和验证模型
resume= False

#定义模型、分类器、损失函数、优化器
device = torch.device("cuda:0" if torch.cuda.is_available() else "cpu")
model=IdeNet(avgdown=True)
classifier = ArcMarginProduct(512, 5, m=0.05)
model.to(device)
classifier.to(device)
criterion = nn.CrossEntropyLoss()
optimizer = torch.optim.SGD(model.parameters(),lr, momentum=momentum,weight_decay=weight_decay)

#输出模型的浮点运算次数和参数总量
inputdata=torch.randn(train_batch_size,3,224,224).cuda()
flops,params = profile(model,inputs=(inputdata,))
print("FLOPs = ",str(flops/1e9)+'{}'.format("G"))
print("params = ",str(params/1e6)+'{}'.format("M"))

#创建文件夹，保存模型文件
dirr=os.path.join(os.getcwd(),'data\\idenetcheckpoint')
if not os.path.exists(dirr):
```

```
        os.mkdir(dirr)

    #判断是否从断点处继续训练，resume为True表示加载断点
    if resume:
        resume_path = os.path.join(dirr,resume)
        if os.path.isfile(resume_path):    #判断某一对象（需提供其绝对路径）是否为文件
            print("=> loading checkpoint '{}'".format(resume))
            checkpoint = torch.load(resume_path,map_location='cpu')
            start_epoch = checkpoint['epoch']
            best_acc = checkpoint['best_acc']

            #采用多GPU进行训练时，采用下列语句加载断点
            model.load_state_dict({k.replace('module.',''):v for k,v in checkpoint['model_state
_dict'].items()})
            classifier.load_state_dict({k.replace('module.',''):v for k,v in checkpoint
['classifier_state_dict'].items()})
            optimizer.load_state_dict({k.replace('module.',''):v for k,v in checkpoint
['optimizer'].items()})

            #采用单GPU进行训练时，采用下列语句加载断点
            #model.load_state_dict(checkpoint['model_state_dict'])
            #classifier.load_state_dict(checkpoint['classifier_state_dict'])
            #optimizer.load_state_dict(checkpoint['optimizer'])
            print("=> loaded checkpoint '{}' (epoch {})".format(resume, start_epoch))
        else:
            print("=> no checkpoint found at '{}'".format(resume))

    #加载数据
    train_trans=transforms.Compose([
            transforms.Resize(256),
            transforms.RandomResizedCrop(224),
            transforms.RandomHorizontalFlip(),
            transforms.ColorJitter(brightness=0.5,hue=0.3),
            transforms.ToTensor(),
            transforms.Normalize(mean=[0.485, 0.456, 0.406], std=[0.229, 0.224, 0.225])
            ])
    test_trans=transforms.Compose([
            transforms.Resize(256),
            transforms.CenterCrop(224),
            transforms.ToTensor(),
            transforms.Normalize(mean=[0.485, 0.456, 0.406], std=[0.229, 0.224, 0.225])
            ])

    train_dataset= datasets.ImageFolder('./flower/train',transform=train_trans)
    val_dataset= datasets.ImageFolder('./flower/val',transform=test_trans)
    test_dataset= datasets.ImageFolder('./flower/test',transform=test_trans)

    train_loader=DataLoader(train_dataset,batch_size=train_batch_size,shuffle=True,drop_las
t=False)
    val_loader=DataLoader(val_dataset,batch_size=test_batch_size,shuffle=False)
    test_loader=DataLoader(test_dataset,batch_size=test_batch_size,shuffle=False)

    #训练、验证、测试模型
```

```
if test:          #测试模型时将参数test设为True, 其他情况下设为False
    validate_epoch(test_loader, model,classifier, criterion,start_epoch)
else:
    print(model)
    for i in range(start_epoch,num_epochs):
        adjust_lr(optimizer, i,ad_period)
        #print("train lr:",lr)

        train_epoch(train_loader, model,classifier, criterion, optimizer, i)

        acc = validate_epoch(val_loader, model,classifier, criterion,i)
        #设置最佳测试值
        is_best = acc > best_acc
        if is_best:
            print('epoch: {} The best acc is {}'.format(i,acc))

        best_acc = max(acc, best_acc)
        #保存每轮的模型
        save_name = os.path.join(dirr, '{}_best.pth.tar'.format(i) if is_best else
'{}.pth.tar'.format(i) )
        state={
            'epoch': i + 1,
            'best_acc': best_acc,
            'model_state_dict': model.state_dict(),
            'classifier_state_dict': classifier.state_dict(),
            'optimizer': optimizer.state_dict(),
        }
        torch.save(state, save_name)
```

在上面的代码中, lr是学习率的初始值, momentum和weight_decay是优化器的参数, ad_period是调整学习率的周期, train_batch_size是训练集中每批数据的大小, num_epochs是模型训练的迭代次数, 即模型要对训练集重复训练多少次。

from idenet import IdeNet 语句的功能是从idenet.py文件中导入定义的模型IdeNet。注意, 使用这种方式导入文件时, idenet.py必须与模型训练文件在同一目录下。

torch.cuda.is_available函数的功能是判断GPU是否可用, 若该函数返回True, 表示GPU可用, 否则表示GPU不可用。torch.device函数的功能是将Tensor或模型分配到相应的设备上。只有构建了device对象才能将Tensor或模型分配到对应设备上, 如data.to(device)或Model.to(device)。

训练神经网络的最终目标就是得到一组优化的模型参数, 模型参数是模型内部的配置变量, 在模型训练过程根据损失自行进行调整。超参数是用户控制模型结构、功能、效率等的"旋钮", 常见的超参数有学习率、迭代次数、隐含单元个数、网络的层数、批大小、优化器参数等。模型训练前, 用户根据经验设定超参数的初值, 然后对模型进行训练和验证, 得到指定配置下模型的运行结果。当结果不是那么令人满意时, 可对结果做分析并试图找到优化的方法(如修改模型的超参数、改变模型结构、更换损失函数或优化器等), 然后继续训练。重复上述过程直到用户对结果满意为止。

IdeNet模型经过多次迭代后, 最终确定了图7.3所示的模型参数。该配置下模型的浮点数运算次数和参数总量分别约为28.88G和3.72M, 验证模式下模型的部分性能指标如图7.6所示。从该图中可看出, 第141轮训练的模型性能最好, 其中Kappa系数是0.805, 汉明距离是0.156, 精确率约为0.844。

```
epoch: 130  ppv:0.822278 recall:0.824000  f1:0.823 ham_distance:0.176000  kappa:0.780000
epoch: 131  ppv:0.833121 recall:0.834000  f1:0.833 ham_distance:0.166000  kappa:0.792500
epoch: 132  ppv:0.823517 recall:0.824000  f1:0.823 ham_distance:0.176000  kappa:0.780000
epoch: 133  ppv:0.828652 recall:0.830000  f1:0.829 ham_distance:0.170000  kappa:0.787500
epoch: 134  ppv:0.841206 recall:0.842000  f1:0.841 ham_distance:0.158000  kappa:0.802500
epoch: 135  ppv:0.839329 recall:0.840000  f1:0.839 ham_distance:0.160000  kappa:0.800000
epoch: 136  ppv:0.827358 recall:0.828000  f1:0.827 ham_distance:0.172000  kappa:0.785000
epoch: 137  ppv:0.831339 recall:0.832000  f1:0.831 ham_distance:0.168000  kappa:0.790000
epoch: 138  ppv:0.823521 recall:0.824000  f1:0.823 ham_distance:0.176000  kappa:0.780000
epoch: 139  ppv:0.824407 recall:0.826000  f1:0.825 ham_distance:0.174000  kappa:0.782500
epoch: 140  ppv:0.829961 recall:0.832000  f1:0.831 ham_distance:0.168000  kappa:0.790000
epoch: 141  ppv:0.844304 recall:0.844000  f1:0.844 ham_distance:0.156000  kappa:0.805000
epoch: 142  ppv:0.826985 recall:0.828000  f1:0.827 ham_distance:0.172000  kappa:0.785000
epoch: 143  ppv:0.828129 recall:0.830000  f1:0.829 ham_distance:0.170000  kappa:0.787500
epoch: 144  ppv:0.819056 recall:0.820000  f1:0.819 ham_distance:0.180000  kappa:0.775000
epoch: 145  ppv:0.833229 recall:0.834000  f1:0.833 ham_distance:0.166000  kappa:0.792500
epoch: 146  ppv:0.831934 recall:0.832000  f1:0.831 ham_distance:0.168000  kappa:0.790000
epoch: 147  ppv:0.831895 recall:0.832000  f1:0.831 ham_distance:0.168000  kappa:0.790000
epoch: 148  ppv:0.829602 recall:0.830000  f1:0.829 ham_distance:0.170000  kappa:0.787500
epoch: 149  ppv:0.828555 recall:0.828000  f1:0.828 ham_distance:0.172000  kappa:0.785000
```

```
FLOPs  =  28.883689472G
params  =  3.724064M
```

图 7.6　验证模式下模型的部分性能指标

为了检验 IdeNet 模型的性能，下面用迁移学习对花卉数据集进行分类。做迁移学习时，只需将上述代码中的 IdeNet 模型替换为 ResNet 18 模型，其余部分的代码保持不变。本例使用特征提取迁移学习方案，即用预训练模型参数初始化 ResNet 18，冻结除最后一个全连接层之外的所有网络的权重，并将最后一个全连接层的输出通道数改为 512，再用随机权重初始化方法初始化模型的最后一层。实现迁移学习的示例代码如下。

```
model = torchvision.models.resnet18(pretrained=True)
for p in model.parameters():
    p.requires_grad = False
print(net)
model.fc = nn.Linear(512,512)
```

图 7.7 显示了 ResNet 18 模型的部分性能指标。从中可以看出，第 148 轮训练的模型性能指标较优，准确率约为 0.872，精确率是 0.872，汉明距离是 0.128，Kappa 系数是 0.84。通过对比可看出 ResNet 18 模型的性能稍好于 IdeNet 的，但其参数总量和浮点数运算次数大于 IdeNet 模型的。

```
epoch: 132  ppv:0.865485 recall:0.866000  f1:0.865 ham_distance:0.134000  kappa:0.832500
epoch: 133  ppv:0.859180 recall:0.860000  f1:0.859 ham_distance:0.140000  kappa:0.825000
epoch: 134  ppv:0.865823 recall:0.866000  f1:0.864 ham_distance:0.134000  kappa:0.832500
epoch: 135  ppv:0.858352 recall:0.858000  f1:0.857 ham_distance:0.142000  kappa:0.822500
epoch: 136  ppv:0.863342 recall:0.864000  f1:0.863 ham_distance:0.136000  kappa:0.830000
epoch: 137  ppv:0.849218 recall:0.850000  f1:0.849 ham_distance:0.150000  kappa:0.812500
epoch: 138  ppv:0.855322 recall:0.856000  f1:0.854 ham_distance:0.144000  kappa:0.820000
epoch: 139  ppv:0.861167 recall:0.862000  f1:0.861 ham_distance:0.138000  kappa:0.827500
epoch: 140  ppv:0.853227 recall:0.854000  f1:0.853 ham_distance:0.146000  kappa:0.817500
epoch: 141  ppv:0.859296 recall:0.860000  f1:0.858 ham_distance:0.140000  kappa:0.825000
epoch: 142  ppv:0.861852 recall:0.862000  f1:0.861 ham_distance:0.138000  kappa:0.827500
epoch: 143  ppv:0.859618 recall:0.860000  f1:0.859 ham_distance:0.140000  kappa:0.825000
epoch: 144  ppv:0.864642 recall:0.864000  f1:0.862 ham_distance:0.136000  kappa:0.830000
epoch: 145  ppv:0.854437 recall:0.854000  f1:0.853 ham_distance:0.146000  kappa:0.817500
epoch: 146  ppv:0.857547 recall:0.858000  f1:0.857 ham_distance:0.142000  kappa:0.822500
epoch: 147  ppv:0.857680 recall:0.858000  f1:0.857 ham_distance:0.142000  kappa:0.822500
epoch: 148  ppv:0.872070 recall:0.872000  f1:0.870 ham_distance:0.128000  kappa:0.840000
epoch: 149  ppv:0.864405 recall:0.864000  f1:0.863 ham_distance:0.136000  kappa:0.830000
```

图 7.7　ResNet 18 模型的部分性能指标

模型训练完成后，可使用测试集测试模型的泛化能力。模型测试时需将超参数 test 设为 True，将 resume 设为最佳模型文件的名称，如 resume= '141_best.pth.tar'。超参数设置的示例代码如下。

```
test= True          #test为True,且resume为断点的文件名时,模型进入测试模式,否则进入训练和验证模式
resume= '141_best.pth.tar'
```

修改参数 test 和 resume 的值后,运行用于花卉分类的代码,模型将对测试集数据进行测试。模型测试结果如图 7.8 所示。从该图中可看出,测试集的精确率约为 0.8198,汉明距离是 0.182,Kappa 系数是 0.7725。与验证结果相比,它们的差值不是很大,这说明 IdeNet 模型具有较好的泛化能力和稳健性。

```
FLOPs =  28.883689472G
params =  3.724064M
=> loading checkpoint '141_best.pth.tar'
=> loaded checkpoint '141_best.pth.tar' (epoch 142)
Test Epoch:142 [0/8]     Loss 0.6263 (0.6263)     Prec@1 0.734 (0.734)
Test Epoch:142 [1/8]     Loss 0.6429 (0.6346)     Prec@1 0.766 (0.750)
Test Epoch:142 [2/8]     Loss 0.4345 (0.5679)     Prec@1 0.844 (0.781)
Test Epoch:142 [3/8]     Loss 0.6038 (0.5769)     Prec@1 0.781 (0.781)
Test Epoch:142 [4/8]     Loss 0.3524 (0.5320)     Prec@1 0.875 (0.800)
Test Epoch:142 [5/8]     Loss 0.2562 (0.4860)     Prec@1 0.938 (0.823)
Test Epoch:142 [6/8]     Loss 0.6730 (0.5127)     Prec@1 0.812 (0.821)
Test Epoch:142 [7/8]     Loss 0.4433 (0.5055)     Prec@1 0.788 (0.818)
epoch: 142  ppv:0.819837 recall:0.818000  f1:0.818 ham_distance:0.182000  kappa:0.772500
```

图 7.8 模型测试结果

7.5 性能评估

准确率是评估分类模型基本的性能指标。然而,它仅适用于样本数量均衡的情况,当各类别样本数量极不均衡时,很难用它来评估模型性能。例如,在 100 个测试样本中有 98 个正类样本,有 2 个负类样本,此时,模型即便把所有样本都判断为正类,它的准确率也可达到 98%,但这样的模型毫无意义。另外,如果用户更关心某个类别,则需要选择感兴趣类别的各项指标来评估模型性能。因此,模型的性能指标与解决的实际问题和需求有关。

sklearn(全称 scikit-learn)库中的 metrics 模块提供了许多用于评估的指标和工具,如准确率、精确率、召回率、混淆矩阵、F1_score、汉明距离和 Kappa 系数等分类指标。可根据模型类型选择 sklearn 库中的相关指标来评估和比较不同模型的性能。本节将介绍几种常见的分类指标,为帮助读者理解这些指标,我们先来了解真正率、假正率、假负率和真负率这些概念。

- 真正(True Positive,TP):表示真实类别为正,预测类别为正。
- 假正(False Positive,FP):表示真实类别为负,预测类别为正。
- 假负(False Negative,FN):表示真实类别为正,预测类别为负。
- 真负(True Negative,TN):表示真实类别为负,预测类别为负。

下面使用 TP、FP、TN、FN 来说明各个分类指标的含义、sklearn 库中的函数实现及用法。

1. accuracy_score

sklearn 中的 accuracy_score 函数用于计算模型分类的准确率,即所有分类正确的百分比,其公式如下。

$$ACC = \frac{TP + TN}{TP + TN + FP + FN}$$

accuracy_score 函数的使用格式为:

```
sklearn.metrics.accuracy_score(y_true, y_pred, *, normalize=True, sample_weight=None)
```

部分参数说明。

- y_true：真实标签。
- y_pred：预测标签。
- normalize（布尔类型，可选）：为 True 时返回正确分类的样本的比例，为 False 时返回正确分类的样本的数目。

2．precision_score

precision_score 函数用于计算正确预测为正的数据占全部预测为正的比例，即精确率，其公式如下。

$$\text{Precision} = \frac{\text{TP}}{\text{TP} + \text{FP}}$$

precision_score 函数的使用格式为：

```
sklearn.metrics.precision_score(y_true, y_pred, labels=None, pos_label=1,
average='binary', sample_weight=None)
```

部分参数说明。

- y_true：真实标签。
- y_pred：预测标签。
- average：评估值的平均值计算方式。其值可以是 None、binary（默认值）、micro、macro、samples 和 weighted。多分类时通常用 micro、macro 或 weighted；二分类时通常用 binary。

average＝None 时返回每个类别的分数。

average＝micro 时，把所有的类别放在一起计算。如计算精确率时把所有类别的 TP 相加，再除以所有类别的 TP 和 FP 的和，此时公式如下。

$$\text{Precision} = \frac{\text{TP}_{-1} + \text{TP}_0 + \text{TP}_1}{\left(\text{TP}_{-1} + \text{FP}_{-1}\right) + \left(\text{TP}_0 + \text{FP}_0\right) + \left(\text{TP}_1 + \text{FP}_1\right)}$$

average＝macro 时，先分别求出每个类别的精确率，然后计算所有类别的精确率的算术平均值，此时公式如下。

$$\text{Precision} = \left(\frac{\text{TP}_{-1}}{\left(\text{TP}_{-1} + \text{FP}_{-1}\right)} + \frac{\text{TP}_0}{\left(\text{TP}_0 + \text{FP}_0\right)} + \frac{\text{TP}_1}{\left(\text{TP}_1 + \text{FP}_1\right)}\right) \times \frac{1}{3}$$

average＝weighted 时，是 macro 算法的改良版，用 macro 算法的结果乘该类在总样本数中的占比，计算每个类的占比，此时公式如下。

$$\text{Precision} = \frac{\text{TP}_{-1}}{\left(\text{TP}_{-1} + \text{FP}_{-1}\right)} \times \omega_{-1} + \frac{\text{TP}_0}{\left(\text{TP}_0 + \text{FP}_0\right)} \times \omega_0 + \frac{\text{TP}_1}{\left(\text{TP}_1 + \text{FP}_1\right)} \times \omega_1$$

3．recall_score

recall_score 用于计算正确预测为正的数据占全部实际为正的比例，即召回率，其公式如下。

$$\text{Recall} = \frac{\text{TP}}{\text{TP} + \text{FN}}$$

recall_score 函数的使用格式为：

```
sklearn.metrics.recall_score(y_true, y_pred, *, labels=None, pos_label=1,average='binary',
sample_weight=None,zero_division="warn")
```

部分参数说明。

- y_true：真实标签。
- y_pred：预测标签。
- labels（可选）：默认为None，是一个一维的数组，二分类时不需要该参数。
- pos_label（string或者int类型）：默认值为1。当参数average的值是binary，且数据是二分类时，该值表示需要报告的类；当数据是多分类时它将被忽略。
- average：与precision_score中的average参数的含义相同。
- sample_weight（数组类型）：样本的权重。

4．f1_score

f1_score用于计算精确率和召回率的调和平均，即F1_score，其值越大说明模型质量越高。其公式如下。

$$F1\_score = \frac{2 \times Precision \times Recall}{Precision + Recall}$$

f1_score函数的使用格式为：

```
sklearn.metrics.f1_score(y_true, y_pred, *, labels=None, pos_label=1, average='binary', sample_weight=None, zero_division='warn')
```

f1_score函数的参数含义与recall_score中的类似，此处不赘述。

5．cohen_kappa_score

Kappa系数是一种衡量分类精度的指标。它介于0～1。根据它的取值可将其分为5组，表示不同级别的一致性，具体划分如下。

- Kappa系数的取值范围为0.0～0.20时，表示极低的一致性。
- Kappa系数的取值范围为0.21～0.40时，表示一般的一致性。
- Kappa系数的取值范围为0.41～0.60时，表示中等的一致性。
- Kappa系数的取值范围为0.61～0.80时，表示高度的一致性。
- Kappa系数的取值范围为0.81～1时，表示几乎完全一致。

在sklearn库中Kappa系数是用cohen_kappa_score函数计算的，其使用格式为：

```
sklearn.metrics.cohen_kappa_score(y1, y2, *, labels=None, weights=None, sample_weight=None)
```

6．hamming_loss

hamming_loss用于计算两个样本集合之间的平均汉明距离，它的值介于0～1，其越小越好。hamming_loss函数的使用格式为：

```
sklearn.metrics.hamming_loss(y_true、y_pred、*、sample_weight=None)
```

7.6 本章小结

本章以花卉分类问题为主线，介绍图像分类的全过程，主要内容包括数据集划分、定义及加载，构建神经网络，定义相关函数，对模型进行训练与验证，模型性能的评估。本章在介绍图像分类的全过程时还对相关知识进行解释、扩展。通过对本章的学习，读者可进一步加深对前面知识的理解，提升编程能力。

7.7 习题

一、填空题

1. _____可按照一定的分类规则将图像划分到某一预定义的类别中。

2. _____是根据人类视觉特点确定算法可能对哪些特征敏感，对哪些特征不敏感，从而人为设计出来的一种特征。

3. 图像分类是指依据图像的_____来区分不同类别的图像，是计算机视觉的核心和基础。

4. 真正率 TP 是指真实类别为正，且预测类别也为_____。

5. _____用于计算正确预测为正的数据占全部预测为正的比例。

6. _____用于计算正确预测为正的数据占全部实际为正的比例。

二、多项选择题

1. 早期的图像分类方法主要有（　　）。

A. 基于色彩特征的索引技术　　　　　　B. 基于纹理的图像分类技术

C. 基于形状的图像分类技术　　　　　　D. 基于空间关系的图像分类技术

2. 与手工特征相比，使用深度学习获得的特征具有哪些特点？（　　）

A. 更稳定　　　　　　　　　　　　　　B. 受光照影响大

C. 对形变影响较小　　　　　　　　　　D. 受遮挡影响大

3. transforms 库可实现数据的预处理和增强，其中常见的类有（　　）。

A. transforms.CenterCrop　　　　　　　B. transforms.Resize

C. transforms.Normalize　　　　　　　D. transforms.ToTensor

4. 下列关于学习率的说法中，正确的是（　　）。

A. 学习率能控制网络模型的学习进度

B. 学习率较大时，模型学习速度较快

C. 学习率变小时，学习速度也会变慢

D. 模型开始收敛时，可使用较大的学习率

5. 模型训练的主要任务有（　　）。

A. 通过前向传播计算模型预测结果　　　B. 计算整个训练集的损失值

C. 进行反向传播　　　　　　　　　　　D. 使用优化器更新模型参数

6. 常用的多分类模型的性能指标有（　　）。

A. 召回率　　　　　　　　　　　　　　B. F1_score

C. Kappa 系数　　　　　　　　　　　　D. 准确率

在计算机视觉领域中，目标检测是一项重要且具有挑战性的任务。它涉及识别和定位图像中出现的特定目标，如行人、车辆、动物等。目标检测在许多领域中起着关键作用，如智能监控、自动驾驶、人脸识别等。本章将介绍目标检测的基本概念和主要挑战等，探讨目标检测的常用方法，包括传统方法和深度学习方法。本章的主要内容如下。

- 目标检测概述。
- 基于两步法的目标检测。
- YOLO目标检测算法。
- SSD目标检测算法。
- 其他目标检测算法及改进。

8.1 目标检测概述

本节主要介绍目标检测的基本概念，探讨传统方法和深度学习方法，并介绍数据集和评估指标等。

8.1.1 概述

目标检测在计算机视觉领域中占据核心地位，被视为图像处理的四大基础任务之一，其主要作用是识别并定位图像中特定的对象。目标检测不仅需要实现对象的识别，还需要精确地确定指定对象在图像中的位置。

目标检测在计算机视觉领域中的重要性不言而喻。它不仅为许多高级视觉任务提供了基础，还是许多实际应用的关键组成部分。

8.1.2 发展历程、应用领域

目标检测的发展历程可大致划分为4个主要阶段：传统方法，深度学习方法，基于区域的CNN系列，以及YOLO、SSD等一阶段检测器。在深度学习技术出现之前，目标检测主要依赖于手工特征和滑动窗口方法，其中Viola-Jones目标检测框架是最早的目标检测框架之一，其运用Haar特征和AdaBoost进行人脸检测。2012年，AlexNet在ILSVRC上取得了突破性的成果，这标志着深度学习的起步。2014年，OverFeat将深度学习引入目标检测领域，采用CNN对图像进行滑动窗口检测；同年，Girshick（吉尔西克）等人提出了 R-CNN，这是首个将区域候选网络（Region Proposal Network，RPN）和 CNN 结合的目标检测框架。随后，Fast R-CNN 和 Faster R-CNN 相继问世，通过引入 RoI（Region of Interest，感兴趣区）池化和 RPN，显著提升了检测速度和精度。2016年，Redmon（雷德蒙）等人提出了 YOLO，它将目标检测视为一个回归问题，大幅提高了检测速度。同年，Liu 等人提出了 SSD，它可在多个尺度上进行检测，提高了对小目标的检测精度。

目标检测的应用领域极其广泛，包括但不限于以下几个。

- 自动驾驶：通过检测行人、车辆、交通标志牌等目标，辅助自动驾驶车辆理解环境。
- 安防监控：通过检测异常行为或特定目标，提高安防效率。
- 医疗图像分析：通过检测病变区域，协助医生进行诊断。
- 无人机：通过检测目标，辅助无人机进行导航或目标跟踪。

8.1.3　目标检测的关键问题与主要挑战

目标检测的任务是在图像中定位并识别特定的对象，这涉及两个关键问题：一是识别图像中的对象，即分类问题；二是确定对象在图像中的精确位置，即定位问题。解决这两个问题需要综合应用图像处理、模式识别和机器学习等多种技术。

目标检测目前面临的主要挑战如下。

- 尺度变化：在实际场景中，同一目标可能以不同的尺度出现在不同的图像中。这种尺度变化为目标检测算法带来了挑战，因为目标检测算法需要在各种尺度下都能准确地检测到目标。这就需要目标检测算法具有良好的尺度不变性。
- 遮挡和截断：在许多情况下，目标可能会被其他物体遮挡，或者只有部分目标出现在图像中，这些情况都会使目标检测变得更加困难。因此，目标检测算法需要具有良好的稳健性，在部分信息丢失的情况下，仍然能够准确地检测到目标。
- 类别不平衡：在许多目标检测任务中，背景类别的样本数量远远超过目标类别的样本数量，这会导致检测器偏向于将所有的区域都预测为背景，从而忽略了真正的目标。通常会采用一些策略来解决类别不平衡问题，如过采样、欠采样或者损失函数的改进等。
- 实时性要求：对于一些应用领域（如自动驾驶、安防监控等），目标检测需要在实时或近实时的情况下进行。然而，许多高精度的目标检测算法往往计算量大，无法满足实时性要求。这就需要在保证检测精度的同时，对算法进行优化，以满足实时性的要求。

8.1.4　数据集

目标检测的开源数据集有很多，以下是一些常见的数据集。

（1）COCO。其是一个大规模的目标检测、分割数据集，包含330000张图像，其中超过200000张图像有标注，有80个类别，包含丰富的场景上下文信息。其类别示例如下。

- 人：人体的不同姿势、动作和属性。
- 动物：猫、狗、马、牛等。
- 交通工具：汽车、卡车、自行车、飞机等。
- 家具：椅子、桌子、床、灯等。
- 水果和蔬菜：苹果、香蕉、西红柿、胡萝卜等。
- 电子产品：手机、电视机、计算机、摄像机等。

- 自然场景：海滩、山脉、森林。
- 食物：面包、汉堡、咖啡等。
- 体育器材：足球、篮球、网球拍、高尔夫球杆等。

（2）PASCAL VOC。其是一个常用的目标检测数据集，示例数据如图8.1所示，包含20个类别，涉及人、动物、车辆等。PASCAL VOC 提供了详细的标注信息，包括目标的位置、部分、视角等。

图8.1 示例数据

（3）ImageNet。其是一个大规模的图像数据集，包含1000个类别，拥有超过1400万张图像，类别丰富，图像数量大。

（4）Open Images。其是一个大规模的图像数据集，包含9000个类别，拥有超过900万张图像，涉及大量的人造物体和自然物体等。

8.1.5 评估指标

目标检测的评估指标主要包括以下几种。

- 精确率：精确率是预测为正的样本中，实际为正的样本所占的比例。其数学表达式为：

$$Precision = \frac{TP}{TP+FP}$$

其中TP代表真正率，FP代表假正率。

- 召回率（Recall）：召回率是实际为正的样本中，预测为正的样本所占的比例。其数学表达式为：

$$Recall = \frac{TP}{TP+FN}$$

其中FN代表假负率。

- F1_score：F1_score是精确率和召回率的调和平均，用于评估模型的整体性能。其数学表达式为：

$$F1\_score = 2 \times \frac{Precision \times Recall}{Precision + Recall}$$

• 平均精确率（Average Precision，AP）：平均精确率是在不同召回率下精确率的平均值。在目标检测中，通常使用插值平均精确率。首先计算在每个召回率下的最大精确率，对于每个召回率 r_i，找到所有召回率大于等于 r_i 的预测结果中的最大精确率，然后进行插值操作。对于每个召回率 r_i，将其对应的最大精确率与之前曾出现的更大召回率下的最大精确率进行比较，取较大值，其中 Max Precision 是在当前召回率点之前的某个预测所达到的精确率最大值，而 $\max_{Precision}$ 是当前考虑的候选最大精确率，每次迭代时，会用当前召回率对应的精确率与已知的最大精确率进行比较，并取两者中的较大值作为新的最大精确率，即：

$$\max{}_{Precision} = \max(\max{}_{Precision}, Max\ Precision)$$

最后，计算插值平均精确率。将每个召回率对应的插值精确率求和并除以总共的召回率数目，即：

$$AP = \frac{1}{n} \sum (\max{}_{Precision})$$

其中，n 表示总共的召回率数目。

• 平均交并比（mean Intersection over Union，mIoU）：平均交并比是所有预测框与真实框的 IoU 的平均值。其数学表达式为：

$$mIoU = \frac{\sum (An \cap Bn)}{\sum (An \cup Bn)}$$

其中，An 表示预测框，Bn 表示真实框。

• 平均精确率均值（mean Average Precision，mAP）：平均精确率均值是所有类别的 AP 的平均值，是评估目标检测模型性能的主要指标。对于每个类别，计算其对应的 AP，然后，对所有类别的 AP 求和，并除以类别数目，得到 mAP。具体而言，如果有 N 个类别，mAP 的计算公式为：

$$mAP = \frac{1}{N} \sum (AP_i)$$

其中 i 表示第 i 个类别。

mAP 是一个范围为 0～1 的数值，其值越接近 1 表示模型在各个类别上的检测性能越好。通常情况下，mAP 是目标检测任务中用于评估和比较不同模型的重要指标。

8.2 基于两步法的目标检测

"两步法"（二阶段检测算法）是一种经典方法，它将目标检测过程划分为两个阶段：候选区域生成和候选区域分类。

8.2.1 目标检测算法概述

在计算机视觉领域，目标检测算法主要分为两类：一阶段检测算法和二阶段检测算法。

一阶段检测算法：这类算法直接在输入图像上进行密集采样和分类，无须生成候选区域。这类算法的典型代表包括 YOLO 系列和 SSD 算法等，这类算法的优势在于其高检测速度，可以实现实时检测，但在精确度方面稍逊于二阶段检测算法。

二阶段检测算法：这类算法的典型代表包括 R-CNN 系列算法，其优势在于其高精确度，能够准确地检测出图像中的目标并确定其类别和位置。然而由于需要两个阶段的计算，这类算法的计算量较大，速度较慢。

二阶段检测算法的第一个阶段即候选区域生成，在此阶段，算法会从输入图像中生成一系列可能包含目标的候选区域。在早期的 R-CNN 中，这一阶段通常采用一些传统的计算机视觉方法，例如 Selective Search（选择性搜索）。然而，在后续的 Faster R-CNN 中，这一阶段采用了深度学习网络，即 RPN，更准确地生成候选区域。第二个阶段即候选区域分类，在此阶段，算法会对每个候选区域进行分类和位置回归，确定候选区域的类别和精确位置。这一阶段通常也会采用深度学习网络，例如 Fast R-CNN 中，使用了 RoI 池化来从每一个候选区域中提取出固定大小的特征，然后使用全连接层进行分类和位置回归。在进一步的 Mask R-CNN 中，这一阶段还会生成一个分割掩码，用于实例分割。

相较于一阶段检测算法，二阶段检测算法的主要优势在于其高精确度。由于二阶段检测算法在预测时使用了候选区域，它能够更准确地定位目标，尤其是在目标较小或者目标之间重叠较多的情况下。此外，由于二阶段检测算法在第二个阶段对候选区域进行了分类和位置回归，它能够更好地解决类别不平衡问题，从而提高模型的性能。

8.2.2　二阶段检测算法概述

在目标检测算法中，二阶段检测算法主要包括 R-CNN 系列算法等。

• R-CNN：R-CNN 的核心思想是将目标检测问题转化为目标分类问题。首先，使用 Selective Search 方法提取出大约 2000 个候选区域，然后对每个候选区域使用 CNN 进行特征提取，最后使用支持向量机（Support Vector Machine，SVM）进行分类，同时使用线性回归进行位置回归。R-CNN 的主要问题是计算量大，因为需要对每个候选区域进行 CNN 特征提取。

• Fast R-CNN：Fast R-CNN 在 R-CNN 的基础上进行了改进，将整个图像输入 CNN 中，然后在特征图上提取候选区域，这样就避免了对每个候选区域进行 CNN 特征提取的重复计算。

• Faster R-CNN：Faster R-CNN 在 Fast R-CNN 的基础上进行改进，引入了 RPN 来生成候选区域，替代了原来的 Selective Search 方法，将候选区域的生成和目标检测整合到了一个网络中，大大提高了检测速度。

• Mask R-CNN：Mask R-CNN 在 Faster R-CNN 的基础上进行改进，添加了一个并行的分支，用于生成目标的分割掩码。Mask R-CNN 的核心是引入了 RoI Align 层，它能够保持特征和原图的空间对应关系，从而生成精确的分割掩码。

8.2.3　Faster R-CNN 模型

Faster R-CNN 由 Shaoqing Ren、Kaiming He、Ross Girshick 和 Jian Sun 在 2015 年提出。它是 R-CNN 和 Fast R-CNN 的改进版本，通过引入 RPN 来生成高质量的目标提议，主要解决了这两种模型计算速度慢的问题，从而实现了更快的速度和更高的检测精度。Faster R-CNN 的主要创新点在于引入了 RPN，这是一种全卷积网络（Fully Convolutional Network，FCN），可以直接在图像上生成目标的候选区域，大大提高了目标检测的速度。Faster R-CNN 的整体流程包括两个主要部分：第一，使用 RPN 在输入图像上生成候选区域集合；第二，使用 Fast R-CNN

对候选区域集合进行分类和位置回归。

Faster R-CNN 的结构包括两个部分：RPN 和 Fast R-CNN。Faster R-CNN 的结构如图 8.2 所示：

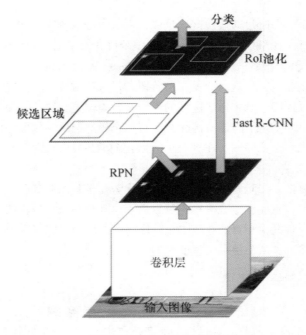

图 8.2　Faster R-CNN 的结构

RPN 将输入图像的卷积特征图作为输入，通过滑动窗口在特征图上生成一系列的锚点，每个锚点都会生成 k 个候选区域，每个区域都有一个对象分数和一个位置回归修正器。然后，通过非极大值抑制（Non-Maximum Suppression，NMS）来减少重叠的区域。Fast R-CNN 部分接收 RPN 生成的目标提议，并通过 RoI 池化将每个区域转换为固定大小的特征图，然后通过全连接层进行分类和位置回归。RPN 的结构如图 8.3 所示。

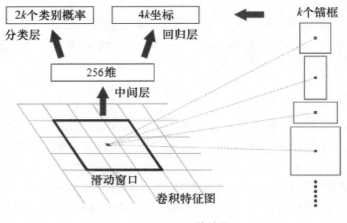

图 8.3　RPN 的结构

Faster R-CNN 的一个重要特点是它的两个部分（RPN 和 Fast R-CNN）可以共享卷积特征，这使得整个网络可以端到端地进行训练。此外，Faster R-CNN 还引入了一种新的多任务损失函数，用于同时优化分类和回归任务。

8.2.4　基于 Faster R-CNN 的图片检测和识别

本案例的主要内容是实现基于 Faster R-CNN 对 PASCAL VOC 2007 数据集进行图片检测和识别。具体内容如下。

（1）导入所需的库和模块，包括 torch、torchvision、transforms 等。

（2）定义数据预处理函数，将数据集中的目标标注信息的格式转换为模型所需的格式。

（3）加载 PASCAL VOC 2007 数据集，并创建数据加载器用于批量加载和迭代数据。

（4）定义模型，使用 MobileNetV2 作为主干网络，并创建 Faster R-CNN 模型。

（5）设置设备，并定义优化器学习率调整器。

（6）定义训练函数，迭代数据加载器，计算损失并更新模型参数。

（7）训练模型，设置迭代的总次数，循环调用训练函数进行模型训练。

（8）模型存储，保存训练好的模型权重参数以便后续使用。

（9）加载测试集数据，准备用于模型评估的测试集。

（10）模型指标评估，使用 IoU 阈值计算模型的准确率。

（11）使用模型对样例图片进行预测，加载一张样例图片，将其转换为模型的输入的 Tensor 形式，通过模型预测目标框和类别，并可视化结果。

本案例的重难点如下。

（1）数据预处理：将 PASCAL VOC 2007 数据集的目标标注信息的格式转换为模型所需的格式，包括设置图像 ID、提取边界框坐标等操作。

（2）模型定义和训练：使用 Faster R-CNN 模型进行目标检测和识别任务，并结合优化器、学习率调整器等进行模型训练。

（3）模型指标评估：根据 IoU 阈值计算模型的准确率，并解释模型准确率的含义。

示例代码如下。

```
# 使用 PyTorch，实现基于 Faster R-CNN 对 PASCAL VOC 2007 数据集进行图片检测和识别
# 查看版本号
1 # import torch
2 # import torchvision
3 # print(torch._ _version_ _)
4 # print(torchvision._ _version_ _)
5 # ```
6 # 2.1.0+cu118 \
7 # 0.16.0+cu118
8 # ```
9 # 1. 导入所需的库和模块
10 import torch
11 import torchvision
12 from torchvision.models.detection import FasterRCNN
13 from torchvision.models.detection.rpn import AnchorGenerator
14 from torchvision.transforms import functional as F
15 import torchvision.transforms as transforms
```

```
16 from torchvision.datasets import VOCDetection
17 from torch.utils.data import DataLoader
18 import hashlib
19 from tqdm import tqdm
20 import matplotlib.pyplot as plt
21
22 # 2.1 定义数据预处理函数 convert_targets，用于将数据集中的目标标注信息的格式转换为模型所需的格式
23 # 定义数据预处理函数
24 def convert_targets(targets):
25     converted_targets = []
26     for target in targets:
27         filename = target['annotation']['filename']
28         # 使用SHA-1哈希值，并对其进行取模操作，将其限制在一定范围内
29         # 根据实际情况设置唯一的图像ID
30         image_id=int(hashlib.sha1(filename.encode()).hexdigest(),16)%(10**8)
31
32         # 提取边界框坐标
33         xmin = float(target['annotation']['object'][0]['bndbox']['xmin'])
34         ymin = float(target['annotation']['object'][0]['bndbox']['ymin'])
35         xmax = float(target['annotation']['object'][0]['bndbox']['xmax'])
36         ymax = float(target['annotation']['object'][0]['bndbox']['ymax'])
37
38         boxes = torch.tensor([[xmin, ymin, xmax, ymax]])
39
40         # 目标类别标签
41         label = 0 if target['annotation']['object'][0]['name']=='cat' else 1
42
43         # 计算目标区域面积
44         area = (xmax - xmin) * (ymax - ymin)
45
46
47         iscrowd = 0    # 根据实际情况设置是否是密集目标的值
48
49         converted_target = {
50             'boxes': boxes,
51             'labels': torch.tensor([label]),
52             'image_id': torch.tensor([image_id]),
53             'area': torch.tensor([area]),
54             'iscrowd': torch.tensor([iscrowd])
55         }
56
57         converted_targets.append(converted_target)
58     return converted_targets
59
60 # 定义转换操作
61 transform_img = transforms.ToTensor()
62
63 # 定义类别
64 class_labels = ['aeroplane','bicycle','bird','boat', 'bottle', 'bus', 'car',
65 'cat', 'chair','cow', 'diningtable', 'dog', 'horse', 'motorbike', 'person',
66 'pottedplant','sheep', 'sofa', 'train', 'tvmonitor']
```

```
67
68 # 2.2 加载 PASCAL VOC 2007 数据集，创建数据加载器
69 # 加载 PASCAL VOC 2007数据集
70 train_dataset = VOCDetection(
71 root='path_to_voc2007_dataset',
72 year='2007',
73 image_set='train',
74 download=True)
75
76 # 创建数据加载器
77 train_loader = DataLoader(
78 train_dataset, batch_size=2, shuffle=True, num_workers=4,
79       collate_fn=lambda x: (list(zip(*x))[0],
80 convert_targets(list(zip(*x))[1])))
81
82
83 # 3.1 定义模型，使用 MobileNetV2 作为主干网络，并创建 Faster R-CNN 模型
84 # 定义模型
85 backbone = torchvision.models.mobilenet_v2(
86 weights='MobileNet_V2_Weights.IMAGENET1K_V1').features
87 backbone.out_channels = 1280  # 设置输出通道数
88 anchor_generator = AnchorGenerator(
89 sizes=((32, 64, 128, 256, 512),),aspect_ratios=((0.5, 1.0, 2.0),))
90 model = FasterRCNN(backbone=backbone,
91 num_classes=int(len(class_labels)+1),
92 rpn_anchor_generator=anchor_generator)
93 # 设置设备
94 device = torch.device('cuda') if torch.cuda.is_available() else \
95          torch.device('cpu')
96 model.to(device)
97
98 # 3.2 定义优化器和学习率调整器
99 optimizer = torch.optim.SGD(
100 model.parameters(),
101 lr=0.005,
102 momentum=0.9,
103 weight_decay=0.0005)
104 # optimizer = torch.optim.AdamW(model.parameters(), lr=0.005)
105 lr_scheduler = torch.optim.lr_scheduler.StepLR(optimizer,
106                   step_size=3, gamma=0.1)
107 # 3.3 定义训练函数
108 def train(model, dataloader, optimizer, device):
109     # 定义转换操作
110     transform_img = transforms.ToTensor()
111     model.train()
112     total_loss = 0.0
113     with tqdm(total=len(dataloader)) as progress_bar:
114         for images, targets in dataloader:
115             images=list(transform_img(image).to(device) for image in images)
116             targets=[{k:v.to(device) for k,v in t.items()} for t in targets]
117
```

```
118              # 检查是否包含boxes键
119              # if 'boxes' not in targets[0]: continue
120
121              loss_dict = model(images, targets)
122
123              losses = sum(loss for loss in loss_dict.values())
124
125              optimizer.zero_grad()
126              losses.backward()
127              optimizer.step()
128
129              total_loss += losses.item()
130
131              # 更新进度条
132              progress_bar.set_postfix({'loss': total_loss})
133              progress_bar.update(1)
134
135      return total_loss, loss_dict
136
137  # 3.4 开始训练
138  num_epochs = 10
139  for epoch in range(num_epochs):
140      print(f"Epoch [{epoch+1}/{num_epochs}]: ")
141      loss, loss_dict = train(model, train_loader, optimizer, device)
142      lr_scheduler.step()
143
144      print(f"Epoch [{epoch+1}/{num_epochs}], Total Loss: {loss:.4f}")
145      for component, component_loss in loss_dict.items():
146          print(f"{component}: {component_loss.item():.4f}")
147
148  # 3.5 模型存储
149  # 保存训练好的模型
150  torch.save(model.state_dict(), 'faster_rcnn_trained_model.pth')
151
152  # 加载训练好的模型
153  model.load_state_dict(torch.load('faster_rcnn_trained_model.pth'))
154
155  # 4.1 加载测试集数据
156  dataset_test = VOCDetection(
157  root='path_to_voc2007_dataset',
158  year='2007', image_set='val', download=True)
159  test_loader  = DataLoader(
160  dataset_test, batch_size=1, shuffle=False,
161  collate_fn=lambda x: (list(zip(*x))[0],
162  convert_targets(list(zip(*x))[1])))
163
164  # 4.2 模型指标评估
165  # 设置IoU阈值
166  iou_threshold = 0.8
167
168  model.eval()
```

```
169 total_correct = 0
170 total_images = 0
171
172 with torch.no_grad():
173     for images, targets in test_loader:
174         images = [transform_img(image).to(device) for image in images]
175         targets = [{k: v.to(device) for k, v in t.items()} for t in targets]
176
177         outputs = model(images)
178         for output, target in zip(outputs, targets):
179             predicted_boxes = output['boxes']
180             predicted_labels = output['labels']
181
182             true_boxes = target['boxes']
183             true_labels = target['labels']
184
185             # 根据预测框和真实框的IoU计算准确率
186             ious = torchvision.ops.box_iou(predicted_boxes, true_boxes)
187             max_ious, _ = ious.max(dim=1)
188
189             correct = (max_ious > iou_threshold).sum().item()
190             total_correct += correct
191             total_images += 1
192
193 accuracy = total_correct / total_images
194 print('Model Accuracy: {:.2%}'.format(accuracy))
195
196 # 4.3 使用模型对样例图片进行预测
197 model.eval()
198
199 sample_image = dataset_test[0][0]   # 获取第一张样例图片
200 image_tensor = transform_img(sample_image).unsqueeze(0).to(device)
201 outputs = model(image_tensor)
202
203 predicted_boxes  = outputs[0]['boxes']
204 predicted_labels = outputs[0]['labels']
205 predicted_scores = outputs[0]['scores']
206
207 plt.imshow(sample_image)
208 ax = plt.gca()
209 for box,label,score in zip(predicted_boxes,
210                            predicted_labels,predicted_scores):
211     box = box.detach().cpu().numpy()
212     label = label.item() - 1  # 将类别标签中从1开始的整数转换为从0开始的整数
213     score = score.item()
214
215     if score > iou_threshold:
216         label_name = class_labels[label]
217
218         ax.add_patch(
219 plt.Rectangle(
```

```
220 (box[0],box[1]),box[2]-box[0],box[3]-box[1],
221 fill=False, edgecolor='r', linewidth=2))
222         ax.text(
223 box[0], box[1], label_name,
224 bbox=dict(facecolor='r', alpha=0.5), fontsize=12, color='white')
225 plt.axis('off')
226 plt.show()
```

以上代码中的重难点解释说明如下。

（1）数据预处理函数

convert_targets 函数用于将 PASCAL VOC 2007 数据集中的目标标注信息的格式转换为模型所需的格式。在这个函数中，通过解析 XML（Extensible Markup Language）文件获取目标边界框的坐标等信息，并转换为模型所需数据进行计算。

（2）Faster R-CNN 模型定义

使用 MobileNetV2 作为主干网络，并结合 AnchorGenerator 创建 Faster R-CNN 模型。这个步骤中需要理解 Faster R-CNN 模型的基本原理和结构，包括 RPN 和 RoI 池化等组件的作用和实现方式。

（3）模型训练

通过循环迭代加载器，将图像和目标传递给模型进行前向传播，并根据损失函数计算损失，进行反向传播更新模型参数。

（4）模型评估

使用 IoU 阈值计算模型在测试集上的准确率。在模型评估过程中，根据预测框与真实框之间的 IoU 判断是否为正确预测，进而计算准确率。

（5）可视化预测结果

通过 Matplotlib 等工具将预测结果可视化。加载一张样例图片，将其转换为模型输入的 Tensor 形式，并使用训练好的模型对图像进行预测，获取预测框的坐标、类别和置信度，并利用 Matplotlib 在图像上绘制边界框和标签。

（6）相关概念解释

• MobileNetV2：轻量级的 CNN 架构，适用于嵌入式设备的计算资源受限场景。

• AnchorGenerator：Faster R-CNN 中用于生成不同尺度和长宽比的锚框的模块，用于提供候选框的建议。

8.3 YOLO 目标检测算法

YOLO 以实时性和准确性而受到广泛关注，本节将详细介绍 YOLO 算法的训练过程、损失函数等。

8.3.1 YOLO 概述

YOLO 的主要思路是将目标检测问题作为回归问题来处理，直接根据图像像素预测出目标的类别和位置，整个过程只需要进行一次前向传播，因此得名 You Only Look Once。

YOLO 首先将输入图像划分为 $S \times S$ 个网格，如果某个目标的中心在一个网格中，则这个网格就负责预测这个目标。每个网格会预测 B 个边界框和这些边界框的置信度，边界框包括 4 个坐标值 (x, y, w, h)，置信度是边界框中含有目标的概率和边界框预测准确率的乘积。每个网格还会预测

C 个条件类别概率。这些概率是该网格包含某个类别的目标的概率。在测试阶段，将每个网格的条件类别概率和边界框的置信度相乘，得到每个边界框、每个类别的最终得分。最后，使用 NMS 来移除冗余的边界框。YOLO 系列算法已经发展出了 8 个版本，本书介绍其中的 5 个版本。

- YOLOv1：YOLOv1 的主要特性是速度快，可以实时进行目标检测。然而，它对小目标和群体目标的检测效果不佳。YOLOv1 的前向推导过程如图 8.4 所示。

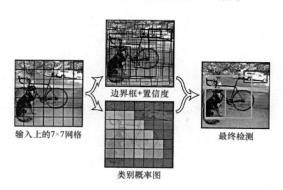

边界框+置信度

输入上的7×7网格

类别概率图

最终检测

图 8.4　YOLOv1 的前向推导过程

- YOLOv2（YOLO9000）：YOLOv2 引入了 Darknet-19 作为特征提取网络，并提出了多尺度训练和 Anchor Boxes（锚框）的概念，使得模型可以更好地处理不同尺度和形状的目标。
- YOLOv3：YOLOv3 引入了 3 个不同尺度的检测，使得模型在小目标检测上有了更好的性能。YOLOv3 使用 Darknet-53 作为特征提取网络，YOLOv3 的网络结构如图 8.5 所示。

	Type	Filters	Size	Output
	Convolutional	32	3 × 3	256 × 256
	Convolutional	64	3 × 3 / 2	128 × 128
1×	Convolutional	32	1 × 1	
	Convolutional	64	3 × 3	
	Residual			128 × 128
	Convolutional	128	3 × 3 / 2	64 × 64
2×	Convolutional	64	1 × 1	
	Convolutional	128	3 × 3	
	Residual			64 × 64
	Convolutional	256	3 × 3 / 2	32 × 32
8×	Convolutional	128	1 × 1	
	Convolutional	256	3 × 3	
	Residual			32 × 32
	Convolutional	512	3 × 3 / 2	16 × 16
8×	Convolutional	256	1 × 1	
	Convolutional	512	3 × 3	
	Residual			16 × 16
	Convolutional	1024	3 × 3 / 2	8 × 8
4×	Convolutional	512	1 × 1	
	Convolutional	1024	3 × 3	
	Residual			8 × 8
	Avgpool		Global	
	Connected		1000	
	Softmax			

图 8.5　YOLOv3 的网络结构

- YOLOv4：YOLOv4 引入了一些新的特性，如 Mish 激活函数、完全交并比（Complete Intersection over Union，CIoU）损失、PANet 和 SAM Block 等，进一步提升了模型的性能。此外，

YOLOv4 还使用了 CSP Darknet-53 作为特征提取网络，YOLOv4 的网络结构如图 8.6 所示。

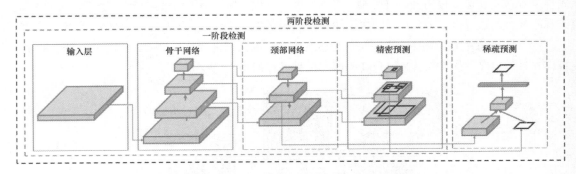

图 8.6　YOLOv4 的网络结构

· YOLOv5：YOLOv5 是 YOLOv4 的一个非官方改进版本，引入了自动选择锚框尺寸的策略，主要在易用性和速度上进行了优化。YOLOv5 使用新的特征提取网络（如 YOLOv5s、YOLOv5m、YOLOv5l、YOLOv5x），YOLOv5 各版本指标如表 8.1 所示。

表 8.1　YOLOv5 各版本指标

模型	大小/像素	验证集精度（IoU 阈值范围 0.5:0.95）	测试集精度（IoU 阈值范围 0.5:0.95）	验证集精度（IoU 阈值 0.5）	速度/ms（V100）	参数/10^6 个	每秒运算次数/10^9 次（输入图像为 640 像素×640 像素）
YOLOv5s	640	36.7	36.7	55.4	2	7.3	17
YOLOv5m	640	44.5	44.5	63.1	2.7	21.4	51.3
YOLOv5l	640	48.2	48.2	66.9	3.8	47	115.4
YOLOv5x	640	50.4	50.4	68.8	6.1	87.7	218.8
YOLOv5s6	1280	43.3	43.3	61.9	4.3	12.7	17.4
YOLOv5m6	1280	50.5	50.5	68.7	8.4	35.9	52.4
YOLOv5l6	1280	53.4	53.4	71.1	12.3	77.2	117.7
YOLOv5x6	1280	54.4	54.4	72	22.4	141.8	222.9
YOLOv5x6TTA	1280	55	55	72	70.8	—	—

相对于其他目标检测算法，YOLO 系列算法的主要优势如下。

· 速度快：YOLO 系列算法只需要对图像进行一次前向传播，就可以得到所有目标的类别和位置，因此速度非常快，尤其适用于实时目标检测。

· 预测精度高：YOLO 系列算法不仅速度快，而且其预测精度也非常高，尤其是 YOLOv4、YOLOv5，其预测精度已经可以与一些二阶段检测算法的相媲美。

· 可处理不同尺度的目标：由于 YOLO 系列算法引入了多尺度训练和锚框的概念，因此它可以很好地处理不同尺度和形状的目标。

8.3.2　YOLOv5 训练过程

尽管 YOLOv5 并非由 YOLO 原创团队开发，但在实践中已获得广泛应用。YOLOv5 的改进如下。

- 模型规模、速度和精度的平衡：YOLOv5 提供了 4 种规模不同的模型（YOLOv5s、YOLOv5m、YOLOv5l、YOLOv5x），以在模型规模、速度和精度之间达到平衡。

- 自动选择锚框尺寸：YOLOv5 引入了自动选择锚框尺寸的策略，以适应不同尺度和形状的目标。

- 优化的模型架构：YOLOv5 优化了模型架构，使模型更小、更快，同时保持了较高精度。

- 新的训练策略：YOLOv5 引入了新的训练策略，如余弦学习率调度（Cosine Learning Rate Schedule）和 CIoU 损失函数，以提升模型的性能。

YOLOv5 的训练过程主要包括以下步骤。

（1）数据准备：准备好训练数据，包括图像和对应的标注信息。标注信息通常包括目标的类别和位置（以边界框即 Bounding Box 的形式给出）。YOLOv5 支持 COCO 和 PASCAL VOC 等常见的数据格式，也支持自定义的数据格式。

（2）数据增强：为了提升模型的泛化能力，YOLOv5 在训练过程中使用了一些数据增强技术，如随机裁剪、缩放、旋转、颜色扭曲等。

（3）模型初始化：YOLOv5 提供了 4 种不同规模的模型，用户可以根据自己的需求选择合适的模型。模型的参数可以随机初始化，也可以使用预训练的权重进行初始化。

（4）前向传播：在每次迭代中，将一批图像输入模型中，进行前向传播，得到预测的目标类别和位置。

（5）计算损失：根据预测的目标类别和位置，以及真实的标注信息，计算损失。

（6）反向传播和参数更新：根据损失进行反向传播，计算每个参数的梯度，然后使用优化器（如 SGD 或 Adam）更新参数。

（7）学习率调整：使用余弦学习率调度来动态调整学习率，使得模型在训练初期可以快速收敛，而在训练后期可以更精细地调整参数。

（8）模型验证和保存：在训练过程中，定期在验证集上评估模型的性能，并保存性能最好的模型。

在使用 YOLOv5 进行训练时，有一些技巧可以帮助提升训练效果。

- 使用预训练模型：使用预训练模型进行初始化，而不是从零开始训练，可以加快模型的收敛速度，提升模型的性能。YOLOv5 提供了在 COCO 数据集上预训练的模型，可以直接使用。

- 选择合适的模型规模：在实践中，可以根据具体的任务和硬件资源来选择合适的 YOLOv5 模型。一般来说，模型越大，性能越好，但计算量也越大。

- 早停：早停是一种防止过拟合的技术，当模型在验证集上的性能在一段时间内没有提升时，就停止训练。YOLOv5 的训练过程中已经内置了早停的机制。

以下以 YOLOv5s 为例，对 YOLOv5 训练过程进行概要说明。

（1）数据准备

准备训练集和验证集，并将其数据组织为特定的格式，如 COCO 或 YOLO 格式。修改 voc_annotation.py 里的 annotation_mode=2，运行 voc_annotation.py 生成根目录下的 2007_train.txt 和 2007_val.txt。在 YAML 配置文件中设置数据集的路径、类别数、输入图像大小等相关参数。

（2）模型定义和初始化

在 models/yolo.py 中定义了 YOLOv5 的网络结构，包括主干网络、FPN（Feature Pyramid Network，特征金字塔网络）、YOLO 层等组件。使用预训练的权重文件（如 weights/yolov5s.pt）

初始化模型参数。

（3）训练参数配置

在 YAML 配置文件中配置训练的相关参数，如学习率、批大小、优化器类型、训练次数等。可以根据实际需要修改这些参数，以满足不同的训练需求。

（4）数据加载和增强

使用 datasets.py 中的 LoadImagesAndLabels 类加载训练集和验证集。在数据集加载过程中，进行一系列数据增强操作，如随机缩放、随机翻转、颜色变换等。

（5）损失函数定义

在 models/yolo.py 中定义了 YOLOv5 的损失函数 compute_loss。损失函数涉及的损失包括目标检测的分类损失、边界框回归损失和目标置信度损失。

（6）训练循环

使用 train.py 脚本进行训练，其中调用了 utils/train.py 中的 train 函数。在每轮训练内迭代训练集数据，并将图像和标签送入模型进行前向传播。根据前向传播的结果计算损失，并通过反向传播更新模型参数。可以根据需要使用梯度累积、混合精度训练等技术来优化训练过程。

（7）模型保存和日志输出

在训练过程中，可以选择定期保存模型的参数到指定文件夹（如 weights 文件夹）。还可以选择输出训练过程中的日志信息，如损失值、学习率变化等。

（8）验证和评估

在训练过程中，可以选择定期使用验证集进行模型的评估和性能测试。使用 test.py 脚本加载训练好的模型，对验证集数据进行目标检测，并计算准确率、召回率等评估指标。

YOLOv5s 的训练过程包括数据准备、模型定义和初始化、训练参数配置、数据加载和增强、损失函数定义、训练循环、模型保存和日志输出以及验证和评估等步骤。通过逐步执行这些步骤，可以训练出在目标检测任务上具有较好性能的 YOLOv5 模型。

8.3.3　损失函数

YOLOv5 的损失函数由 3 个主要部分构成，分别是分类损失、位置损失和对象存在损失。

• 分类损失：分类损失用于衡量模型预测的目标类别与真实类别之间的差异。YOLOv5 采用交叉熵损失函数来计算分类损失，这是一种常用的分类任务损失函数，能够有效衡量模型预测的概率分布与真实的概率分布之间的差异。使用交叉熵损失函数计算目标类别的分类损失，其公式如下：

$$L_{cls} = -\sum [y_i \times \log(\hat{y}_i) + (1 - y_i) \times \log(1 - \hat{y}_i)]$$

• 位置损失：位置损失用于衡量模型预测的目标位置（即边界框）与实际位置之间的差异。YOLOv5 采用 CIoU 损失作为位置损失。CIoU 损失不仅考虑了预测的边界框和真实的边界框之间的 IoU，还考虑了它们的中心点距离和宽高比，从而更全面地衡量了预测的目标位置的准确性。使用平滑 L1 范数损失函数计算目标边界框的位置损失，其公式如下：

$$L_{box} = \lambda_{box} \times \sum [(x - x')^2 + (y - y')^2 + (w - w')^2 + (h - h')^2]$$

• 对象存在损失：对象存在损失用于衡量模型预测的目标存在与否与真实情况之间的差异。

YOLOv5采用二元交叉熵（Binary Cross Entropy，BCE）损失作为对象存在损失，这是一种常用的二分类任务损失，能够有效衡量模型预测的类别概率与真实的标签之间的差异。使用二元交叉熵损失计算对象存在损失，其公式如下：

$$L_{obj} = -\sum[obj_i \times \log(\hat{y}_{obj_i}) + (1 - obj_i) \times \log(1 - \hat{y}_{obj_i})]$$

其中，y_i表示目标类别的真实标签，$\hat{y}_i$表示预测的类别概率。x、y、w、h分别表示预测边界框的中心坐标和宽度、高度，x'、y'、w'、h'表示真实边界框的中心坐标和宽度、高度。obj_i表示对象存在的真实标签，$\hat{y}_{obj_i}$表示预测的对象存在概率。在YOLOv5中，损失函数中的λ_{box}是一个用于平衡位置损失和分类损失的权重系数。总的损失函数为：

$$L = L_{cls} + \lambda_{box} \times L_{box} + L_{obj}$$

通过优化这个综合的损失函数L，可以完成训练YOLOv5模型进行目标检测的任务。

在计算总损失时，这3个部分的损失会被加权求和，其中的权重可以根据具体的任务和数据进行调整。这种设计使得YOLOv5能够在保证检测精度的同时，对不同类型的错误进行适当的惩罚，从而提升模型的整体性能。

8.3.4　基于YOLO模型的图片检测和识别

现在使用PyTorch框架搭建YOLOv5模型，对PASCAL VOC 2007数据集进行检测和识别。

1. 数据准备

下面给出将 PASCAL VOC 2007 数据集转换成 YOLOv5 训练所用的 2007_train.txt 和 2007_val.txt的示例代码，并解释示例代码的相关内容。

```
1 import os
2
3 # 设置 PASCAL VOC 2007 数据集的路径
4 voc2007_path = 'path_to_voc2007_dataset'
5
6 # 设置转换后的训练集和验证集的 TXT 文件路径
7 train_txt_path = 'path_to_save_train_txt'
8 val_txt_path = 'path_to_save_val_txt'
9
10 def convert_voc_to_yolov5(voc2007_path, train_txt_path, val_txt_path):
11     with open(train_txt_path, 'w') as train_file:
12         with open(val_txt_path, 'w') as val_file:
13             # 遍历 PASCAL VOC 2007 数据集的 Annotations 目录
14             annotations_dir = os.path.join(voc2007_path, 'Annotations')
15             for filename in os.listdir(annotations_dir):
16                 file_id = os.path.splitext(filename)[0]
17
18                 # 根据文件名判断其属于训练集还是验证集
19                 if file_id[:2] == '00':   # 前两位为'00'表示训练集
20                     file_path = os.path.join(
21                         voc2007_path, 'JPEGImages', f'{file_id}.jpg')
22                     train_file.write(file_path + '\n')
23                 elif file_id[:2] == '01': # 前两位为'01'表示验证集
24                     file_path = os.path.join(
```

```
25                      voc2007_path, 'JPEGImages', f'{file_id}.jpg')
26                  val_file.write(file_path + '\n')
27
28  # 调用函数进行转换
29  convert_voc_to_yolov5(voc2007_path, train_txt_path, val_txt_path)
```

示例代码的相关解释如下。

（1）设置 PASCAL VOC 2007 数据集的路径

将 voc2007_path 设置为实际的 PASCAL VOC 2007 数据集的路径。

（2）设置转换后的训练集和验证集的 TXT 文件路径

将 train_txt_path 和 val_txt_path 设置为保存转换后训练集和验证集的 TXT 文件路径。

（3）定义转换函数

在 convert_voc_to_yolov5 函数中，通过遍历 PASCAL VOC 2007 数据集的 Annotations 目录来处理每个标注文件。

根据文件名的前两位判断其属于训练集还是验证集，将对应的图像文件路径写入相应的 TXT 文件中。

（4）调用转换函数

调用 convert_voc_to_yolov5 函数，传入数据集的路径和目标 TXT 文件的路径，实现数据集的转换。

在数据集格式调整完成后，完成图像数据的增强。下面给出 YOLOv5 模型数据准备过程中数据增强部分的示例代码：

```
1  import random
2  import numpy as np
3  from PIL import Image
4  def random_resize(img,targets,sizes=[320,352,384,416, \
5                       448,480,512,544,576,608]):
6      # 随机选择尺寸
7      size = random.choice(sizes)
8
9      # 调整图像大小
10     img = img.resize((size, size), Image.BICUBIC)
11
12     # 调整目标框坐标
13     ratio = size / max(img.size)
14     for t in targets:
15         t['bbox'] *= ratio
16
17     return img, targets
18
19 def random_horizontal_flip(img, targets):
20     # 随机水平翻转
21     if random.random() < 0.5:
22         img = img.transpose(Image.FLIP_LEFT_RIGHT)
23
24         # 更新目标框坐标
25         for t in targets:
26             bbox = t['bbox']
27             bbox[[0, 2]] = img.width - bbox[[2, 0]]
28             t['bbox'] = bbox
```

```
29
30      return img, targets
```

示例代码的相关解释如下。

（1）定义数据增强函数

在这个示例中，定义了两个数据增强函数：random_resize 和 random_horizontal_flip。random_resize 函数用于随机调整图像大小，接收图像和目标尺寸作为输入，并在给定的尺寸范围中随机选择一个尺寸进行调整。random_horizontal_flip 函数用于随机水平翻转图像和更新对应的目标框坐标。

（2）数据增强的具体实现

在 random_resize 函数中，从给定的尺寸列表 sizes 中随机选择一个尺寸，然后使用 resize 方法调整图像大小，将图像和目标框的坐标按比例缩放。在 random_horizontal_flip 函数中，通过判断随机生成的值是否小于 0.5 来决定是否执行水平翻转操作。如果需要翻转，则使用 transpose 方法进行水平翻转，并更新目标框的坐标。

通过数据增强函数可以对图像和目标进行各种操作，以增加数据的多样性和模型的稳健性。

下面给出 YOLOv5 模型数据准备过程中关键部分的示例代码：

```
1 from utils.datasets import LoadImagesAndLabels
2
3 # 设置训练集数据路径和图像大小
4 train_path = 'path_to_train_images'
5 img_size = 640
6
7 # 加载训练集数据
8 train_dataset = LoadImagesAndLabels(
9     path=train_path, img_size=img_size, batch_size=8)
10 train_loader = torch.utils.data.DataLoader(
11    train_dataset, batch_size=8, shuffle=True)
```

示例代码的相关解释如下。

（1）导入所需的库和模块

导入 LoadImagesAndLabels 类（在 utils/datasets.py 中定义）。

（2）设置训练集数据路径和图像大小

将 train_path 设置为实际的训练集数据路径。将 img_size 设置为期望的图像大小（如 640 像素×640 像素）。

（3）加载训练集数据

使用 LoadImagesAndLabels 类加载训练集数据，传入训练集数据路径和图像大小等参数。可以通过调整 batch_size 参数设置每个批次的样本数量，通过设置 shuffle 参数来控制是否随机打乱数据顺序。

以上示例代码包括加载训练集数据和创建数据加载器的代码。通过执行这些代码，可以将训练集数据加载到内存中，并按照指定的批大小进行划分和"洗牌"。请确保替换 path_to_train_images 为实际的训练集数据路径，并根据需要调整图像大小和其他参数。

2．模型网络结构与损失函数

下面给出 YOLOv5 模型定义过程中网络结构部分的示例代码：

```
1 import torch
2 import torch.nn as nn
3
```

```
4  class YOLOLayer(nn.Module):
5      def _ _init_ _(self, in_channels, out_channels, num_classes):
6          super(YOLOLayer, self)._ _init_ _()
7
8          # 定义YOLO层的网络结构
9          self.conv = nn.Conv2d(in_channels, out_channels, kernel_size=1)
10         self.bn = nn.BatchNorm2d(out_channels)
11         self.relu = nn.LeakyReLU(0.1)
12         self.output = nn.Conv2d(out_channels, num_classes + 5, kernel_size=1)
13
14     def forward(self, x):
15         x = self.conv(x)
16         x = self.bn(x)
17         x = self.relu(x)
18         x = self.output(x)
19
20         return x
21
22 class YOLO(nn.Module):
23     def _ _init_ _(self, num_classes=80):
24         super(YOLO, self)._ _init_ _()
25
26         # 定义主干网络和多个YOLO层的实例
27         self.backbone = ...
28         self.yolo_layers = nn.ModuleList([
29             YOLOLayer(in_channels=..,out_channels=..,num_classes=num_classes),
30         ])
31
32     def forward(self, x):
33         # 前向传播
34         features = self.backbone(x)
35         output = []
36         for i, layer in enumerate(self.yolo_layers):
37             if i > 0:
38                 features = torch.cat((features, output[-1]), dim=1)
39             output.append(layer(features))
40
41         return output
```

示例代码的相关解释如下。

（1）定义YOLOLayer类

YOLOLayer类继承自nn.Module，用于表示网络中的每个YOLO层。在构造函数_ _init_ _中定义了YOLO层的网络结构，包括卷积层、批量归一化层、激活函数和输出层。在前向传播方法forward中，按照顺序执行网络结构，并返回输出特征。

（2）定义YOLO类

YOLO类继承自nn.Module，用于表示整个YOLOv5模型。在构造函数_ _init_ _中定义了主干网络和多个YOLO层的实例。在前向传播方法forward中，首先通过主干网络提取特征，然后逐个将特征输入每个YOLO层，并将各个层的输出保存在列表output中。

通过定义YOLOLayer和YOLO类，可以构建YOLO网络的各个层和整体模型。这里可根据实际需求完善主干网络的定义，并调整 YOLO 层的输入通道数、输出通道数和类别数。

下面给出 Yolov5 模型定义过程中损失函数部分的示例代码：

```
1  import torch
2  import torch.nn as nn
3
4  class YOLOLoss(nn.Module):
5      def _ _init_ _(self, num_classes=80, ignore_thresh=0.5):
6          super(YOLOLoss, self)._ _init_ _()
7
8          self.num_classes = num_classes
9          self.ignore_thresh = ignore_thresh
10         self.mse_loss = nn.MSELoss()
11         self.bce_loss = nn.BCEWithLogitsLoss()
12
13     def forward(self, pred, targets):
14         obj_mask = targets[..., 4] > 0
15         noobj_mask = targets[..., 4] == 0
16
17         # 计算xy损失值
18         xy_loss=self.mse_loss(pred[..,:2][obj_mask],targets[..,:2][obj_mask])
19
20         # 计算wh损失值
21         wh_loss=self.mse_loss(pred[..,2:4][obj_mask],targets[..,2:4][obj_mask])
22
23         # 计算conf损失值
24         conf_obj_loss=self.bce_loss(pred[..., 4][obj_mask],
25                         targets[..., 4][obj_mask])
26         conf_noobj_loss = self.bce_loss(pred[..., 4][noobj_mask],
27                         targets[..., 4][noobj_mask])
28         conf_loss = conf_obj_loss + 100 * conf_noobj_loss
29
30         # 计算class损失值
31         class_loss = self.bce_loss(pred[..., 5:][obj_mask],
32                         targets[..., 5:][obj_mask])
33
34         loss = xy_loss + wh_loss + conf_loss + class_loss
35         return loss
```

示例代码的相关解释如下。

（1）定义 YOLOLoss 类

YOLOLoss 类继承自 nn.Module，用于表示 YOLO 模型的损失函数。在构造函数_ _init_ _中定义了损失函数的相关参数，如类别数、忽略阈值等。使用 nn.MSELoss 和 nn.BCEWithLogitsLoss 分别定义了 MSE 损失和二进制交叉熵损失。

（2）定义前向传播方法

在前向传播方法 forward 中，接收模型的预测输出 pred 和目标数据 targets 作为输入。根据目标数据的标签信息，构建了目标对象掩码 obj_mask 和非目标对象掩码 noobj_mask，计算了 xy 损失值、wh 损失值、conf 损失值和 class 损失值，并将它们加权求和得到最终的损失值。

通过定义 YOLOLoss 类，可以计算模型预测结果与目标数据之间的损失值。在前向传播过程中，通过计算 MSE 损失和二进制交叉熵损失，得到最终的损失值。这里可根据实际需求调整损失函数的权重、损失计算方法以及损失的组合方式。

3. 模型定义与加载

下面介绍模型的加载过程，给出 YOLOv5 模型实例化及优化器定义过程的示例代码：

```
1 from models.yolo import Model
2
3 # 实例化 YOLOv5 模型
4 model = Model()
5 model.to(device)
6
7 # 定义优化器
8 optimizer = torch.optim.Adam(model.parameters(), lr=0.001)
```

示例代码的相关解释内容如下。

（1）导入所需的库和模块

导入 Model 类（在 nets/yolo.py 中定义）。

（2）实例化 YOLOv5 模型

使用 Model 类创建 YOLOv5 模型的实例，通过调用 to(device)方法将模型参数移动到指定的设备（如 GPU 或 CPU）上。

（3）定义优化器

使用 Adam 优化器来更新模型参数，通过 torch.optim.Adam 函数实例化一个优化器对象。通过 model.parameters 获取模型的可训练参数，将模型的参数传递给优化器。设置学习率为 0.001，通过 lr 参数传递给优化器。

通过执行上述代码，可以实例化 YOLOv5 模型，并为模型定义一个优化器以便进行参数优化。请确保在使用模型之前已经定义了 device 变量，且其值为指定的设备（如 GPU 或 CPU）。

4. 模型训练

下面给出 YOLOv5 模型训练循环过程中关键部分的示例代码：

```
1 for epoch in range(10):
2     for i, (imgs, targets) in enumerate(train_loader):
3         imgs = imgs.to(device)
4         targets = [{k: v.to(device) for k, v in t.items()} for t in targets]
5
6         # 前向传播
7         outputs = model(imgs)
8
9         # 计算损失值
10        loss = sum(outputs['loss'])
11
12        # 反向传播和参数更新
13        optimizer.zero_grad()
14        loss.backward()
15        optimizer.step()
16
17        # 输出损失值
18        if i % 10 == 0:
19            print(f"Epoch [{epoch+1}/{10}], Batch [{i+1}/{len(train_loader)}], Loss: {loss.item():.4f}")
```

示例代码的相关解释如下。

（1）设置训练轮数

使用 range(10)设置总共训练 10 轮（可以根据实际需要修改训练轮数）。

（2）循环迭代训练集数据

使用 enumerate(train_loader)对训练数据加载器进行迭代，并获取批次索引、图像及目标。通过 to(device)将图像和目标移动到指定的设备上。

（3）前向传播

将图像输入模型，执行前向传播操作，得到模型输出。

（4）计算损失值

通过访问模型输出字典的 loss 键，获取所有层的损失值，并将它们相加得到总损失值。

（5）反向传播和参数更新

使用 optimizer.zero_grad 清除之前的梯度信息；调用 loss.backward 执行反向传播计算梯度；调用 optimizer.step 更新模型参数。

（6）输出损失值

如果批次索引 i 能被 10 整除，则输出当前训练批次的损失值。

通过执行以上代码，可以实现对 YOLOv5 模型的训练：在每个训练批次中，首先进行前向传播计算损失值，然后执行反向传播并更新模型参数，最后根据需要输出当前训练批次的损失值。

5. 模型推理

下面给出模型推理过程的示例代码：

```
1 if mode == "predict":
2     while True:
3         img = input('Input image filename:')
4         try:
5             image = Image.open(img)
6         except:
7             print('Open Error! Try again!')
8             continue
9         else:
10            r_image = yolo.detect_image(image, crop=crop, count=count)
11            r_image.show()
```

这段代码实现了对单张图片进行预测的功能。首先通过 input 函数获取用户输入的图像文件名。然后使用 PIL 库的 Image.open 方法打开图像。接下来调用 yolo.detect_image 方法对图像进行目标检测，并将返回的结果保存到变量 r_image 中。最后使用 show 方法显示检测结果的图像。

其中，yolo.detect_image 方法是 YOLO 类中定义的方法，它接收一个图像作为输入，并返回添加了检测框和标签的图像。在这个方法内部，会使用 YOLO 模型对图像进行目标检测，并在图像上绘制检测框和标签。参数 crop 和 count 用于指定是否对目标进行截取和计数。

需要注意的是，上述代码使用了一个 while 循环语句，可以连续进行多次预测。用户可以通过输入不同的图像文件名进行多次预测操作。当用户输入无效的图像文件名时，会捕获异常并提示重新输入。

8.4　SSD 目标检测算法

SSD 是一种高效的目标检测算法，具有快速和准确的特点。本节将介绍 SSD 算法的核心思想，还将介绍 SSD 的训练过程。此外，本章还将讨论 SSD 中的损失函数定义。

8.4.1 SSD 基本概念

SSD 是一种一阶段检测算法，其基本概念主要包括以下几点。

• 多尺度特征图：SSD 在多个尺度的特征图上进行预测，这使得它能够检测到不同大小的目标。

• 默认框（Default Boxes）：在每个特征图上，SSD 定义了一系列的默认框（包括先验框或锚框）。这些默认框有不同的尺寸和宽高比，用于匹配不同形状的目标。对于每个默认框，SSD 预测一个类别和一个位置偏移。

• 损失函数：SSD 的损失函数是分类损失和位置损失的加权和。分类损失使用了 Softmax Loss，位置损失使用了 Smooth L1 Loss。

• NMS：在预测结束后，SSD 使用了 NMS 来去除重叠的预测框，得到最终的检测结果。这是一种常用的后处理技术，即通过抑制非最大值的预测框，保留得分最高的预测框，从而提高检测的准确性。

8.4.2 SSD 核心思想

SSD 的核心思想是在一个单一的网络中同时预测目标的类别和位置，无须额外的候选区域生成步骤，这使得 SSD 在保持较高检测精度的同时，具有较高的计算效率。SSD 的核心思想主要体现在以下几点。

• 一阶段检测：与需要两个阶段（候选区域生成和候选区域分类）的 Faster R-CNN 等算法不同，SSD 在一个阶段内可完成目标的检测，这使得 SSD 的计算效率较高。

• 多尺度检测：SSD 在多个尺度的特征图上进行预测，SSD 使用了一系列逐渐缩小的特征图，每个特征图对应一个尺度的目标。

• 默认框：SSD 引入了默认框的概念，这些默认框有不同的尺寸和宽高比，用于匹配不同形状的目标。对于每个默认框，SSD 预测一个类别和一个位置偏移，这使得 SSD 能够在一个网络中同时预测目标的类别和位置，如图 8.7 所示。

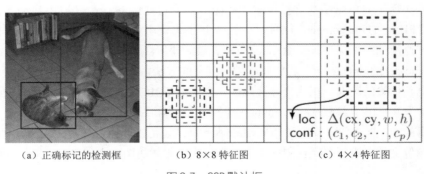

（a）正确标记的检测框　　（b）8×8 特征图　　（c）4×4 特征图

图 8.7　SSD 默认框

• 损失函数：SSD 的损失函数是分类损失和位置损失的加权和，这使得 SSD 能够同时优化目标的类别和位置的预测，其中分类损失使用了 Softmax Loss，位置损失使用了 Smooth L1 Loss。在计算损失时，SSD 使用了硬负样本挖掘（Hard Negative Mining），即在负样本中选择损失最大的一部分，使得正负样本的比例接近 1 : 3，以防止由于负样本过多而导致的类别不平衡问题。这种设计使得 SSD 在保证检测精度的同时，对不同类型的错误进行适当的"惩罚"，从而提升模型的整体性能。

8.4.3 SSD 训练过程

SSD 的训练过程主要包括以下步骤。

（1）数据预处理：对输入的图像进行尺度和颜色的预处理。尺度预处理是将图像的大小调整到预定的尺度，颜色预处理是进行一些颜色空间的转换和归一化，以增强模型的泛化能力。

（2）正负样本的选择：在每个特征图上，对每个默认框，根据与真实目标的 IoU 值来确定它是正样本还是负样本。一般来说，如果一个默认框与某个真实目标的 IoU 超过一个阈值（如 0.5），那么它就被认为是正样本；否则，它就被认为是负样本。对于每个真实目标，选择与它 IoU 值最大的默认框作为正样本，即使这个 IoU 值没有超过阈值。

（3）损失函数的计算：对于每个正样本，计算分类损失和位置损失。对于每个负样本，只计算分类损失。

（4）反向传播和参数更新：根据损失函数计算出的梯度，使用优化算法（如 SGD）更新模型的参数。

（5）迭代训练：重复上述步骤，直到模型的性能达到令人满意的程度，或者达到预设的最大迭代次数。模型的性能可以通过在验证集上的表现来评估，以防止过拟合并监控训练进度。

在训练 SSD 时，可以采用以下策略来提升检测性能。

* 多尺度训练：在训练过程中，使用不同尺度的图像可以使模型更好地适应不同尺度的目标，从而提升检测性能。

* 学习率调整：在训练过程中，可以根据模型的性能动态地调整学习率。一般来说，开始时使用较大的学习率，随着训练的进行逐渐减小学习率，这可以使模型更好地收敛，从而提升检测性能。

* 此外，还可以考虑使用更复杂的优化算法，如 Adam 或 RMSProp，它们可以自动调整学习率，有助于模型的收敛。同时，也可以尝试使用不同的损失函数，如 Focal Loss，它可以更好地解决类别不平衡问题。

8.4.4 SSD 训练样本

SSD 训练样本详细解释如下。

1. 加载数据集和创建数据加载器

使用 VOCDetection 类加载 PASCAL VOC 2007 数据集，并通过设置 root、year 和 image_set 参数指定数据集的路径和名称。创建数据加载器 train_loader，用于批量加载训练数据，参数可以设置批大小、是否随机"洗牌"、并行加载等。

2. 定义模型和优化器

使用 ssdlite320_mobilenet_v3_large 函数定义 SSD 模型，并选择预训练权重进行初始化；设置设备，将模型移动到 GPU（如果可用）或 CPU 上；使用 SGD 算法定义优化器，并设置学习率、动量和权重衰减等参数；使用 StepLR 方法定义学习率调度器，在每隔 step_size 轮后按 gamma 因子降低学习率。

3. 定义训练函数

train 函数用于执行一轮训练过程。将模型设置为训练模式，启用批量归一化和 Dropout 等训练模式下的操作。迭代数据加载器，获取图像和目标。将图像转换为张量形式，并将其送入设备。将目标转换为模型所需的格式，并将其送入设备。将图像和目标传递给模型进行前向传播，得到模型输出。根据模型输出和目标计算损失值，并将各个损失项相加。清除之前的梯度信息，执行反向传播，更新模型参数。计算并累积总体损失值，并在进度条中显示当前损失值。返回总体损失值和各个损失项的字典。

4. 开始训练

设置训练轮数 num_epochs，即要训练的总轮数，迭代训练，输出当前轮数。调用 train 函数进行一轮训练，并获取总体损失值和各个损失项的字典，使用学习率调度器更新学习率，输出当前轮数的总体损失值和各个损失项的值。

5. 模型存储和加载

在训练结束后，将训练好的模型保存到文件中，使用 torch.save 函数将模型参数保存到指定路径。可以随时加载已训练好的模型，使用 torch.load 函数加载之前保存的模型参数。

6. 加载测试集数据和模型指标评估

使用与训练集相同的方法加载 PASCAL VOC 2007 的测试集数据。设置 IoU 阈值，它用于判断预测框和真实框之间的重叠程度。将模型设置为评估模式，禁用批量归一化和 Dropout 等评估模式下的操作。迭代测试集数据，获取图像和目标。将图像转换为张量形式，并将其送入设备。将目标转换为模型所需的格式，并将其送入设备。使用模型进行前向传播，得到预测框和类别。根据预测框和真实框的 IoU 值计算准确率。计算并累积总体正确预测的数量和总样本数，最后计算模型的准确率。

7. 使用模型对样例图片进行预测和可视化

获取一个样例图片，并将其转换为张量形式，使用模型进行前向传播，得到预测框、类别和置信度。在 Matplotlib 中显示样例图片，并根据预测结果绘制边界框和标签。

8.4.5 损失函数

SSD 的损失函数由分类损失和位置损失的加权和组成，具体来说，对于每个默认框，SSD 预测一个类别和一个位置偏移。

对于每个默认框，SSD 预测一个类别分布，然后使用 Softmax Loss 来计算预测的类别分布和真实的类别分布之间的差异。如果默认框是正样本，那么它的真实类别是该目标的类别；如果默认框是负样本，那么它的真实类别是背景。使用 Softmax Loss 计算目标类别的分类损失，其公式如下：

$$L_{cls} = -\sum [y_i \times \log(\hat{y}_i)]$$

对于每个正样本，SSD 预测一个位置偏移，然后使用 Smooth L1 Loss 来计算预测的位置偏移和真实的位置偏移之间的差异。真实的位置偏移是正样本默认框和对应的真实目标之间的位置差异，这个位置差异是相对于默认框的大小和位置的。使用 Smooth L1 Loss 计算目标边界框的位置损失，其公式如下：

$$L_{loc} = \sum [\text{Smooth L1}(\delta_i - \hat{\delta}_i)]$$

其中，y_i 表示目标类别的真实标签，$\hat{y}_i$ 表示预测的类别概率。δ_i 表示真实边界框与默认框之间的位置偏移，$\hat{\delta}_i$ 表示预测的位置偏移。

在 SSD 中，损失函数的总体形式为：

$$L = (\alpha \times L_{cls}) + (\beta \times L_{loc})$$

其中，α 和 β 是用于平衡分类损失和位置损失的权重系数。

通过优化这个综合的损失函数，可以训练 SSD 模型完成目标检测任务。

8.4.6 基于 SSD 模型的图片检测和识别

现在介绍基于 PyTorch 的 SSD 模型对 PASCAL VOC 2007 数据集进行目标检测和识别的代码，主要步骤如下。

（1）导入所需的库和模块，包括 torch、torchvision 以及其他需要使用的模块。

（2）定义数据预处理函数 convert_targets，将数据集中的标注信息转换为模型所需格式。

（3）加载 PASCAL VOC 2007 数据集，并创建数据加载器。

（4）定义 SSD 模型。

（5）定义优化器和学习率调度器。

（6）定义训练函数，循环迭代数据加载器，在每个批次上进行前向传播、损失计算，并进行反向传播、模型参数更新。

（7）训练模型，在每个训练轮数内调用训练函数进行训练，并输出训练过程中的损失值。

（8）存储训练好的模型，保存模型参数到文件中，并可以随时加载已训练好的模型。

（9）加载测试集数据。

（10）进行模型指标评估，计算模型在测试集上的准确率。

（11）使用模型对样例图片进行预测，将预测结果可视化。

本案例的重难点如下。

• SSD 模型的构建和配置：了解 SSD 模型的基本原理和架构，并选择适当的主干网络、Anchor 生成器等组件，进行模型的初始化和设置。

• 模型训练：掌握使用 PyTorch 进行模型训练的基本流程，包括数据加载、前向传播、损失计算、反向传播和参数更新等步骤。

• 模型评估和预测可视化：了解如何计算模型在测试集上的准确率，以及如何使用训练好的模型对样例图片进行预测并可视化结果。

示例代码如下：

```
1 # 使用 PyTorch，实现基于 SSD 模型对 PASCAL VOC 数据集图片进行目标检测和识别
2 # 查看版本号
3 # ```
4 # import torch
```

```
5  # import torchvision
6  #
7  # print(torch._ _version_ _)
8  # print(torchvision._ _version_ _)
9  # ```
10 # 2.1.0+cu118 \
11 # 0.16.0+cu118
12
13 # 1. 导入所需的库和模块
14 import torch
15 import torchvision
16 from torchvision.models.detection import ssdlite320_mobilenet_v3_large
17 from torchvision.transforms import functional as F
18 import torchvision.transforms as transforms
19 from torchvision.datasets import VOCDetection
20 from torch.utils.data import DataLoader
21 import hashlib
22 from tqdm import tqdm
23
24 import matplotlib.pyplot as plt
25
26
27 # 2.1 定义数据预处理函数 convert_targets，用于将数据集中的目标标注信息转换为模型所需的格式
28 # 定义数据预处理函数
29 def convert_targets(targets):
30     converted_targets = []
31
32     for target in targets:
33         filename = target['annotation']['filename']
34         # 使用 SHA-1 哈希值，并对其进行取模操作，限制在一定范围内
35         # 根据实际情况设置唯一的图像 ID
36         image_id = int(hashlib.sha1(filename.encode()).hexdigest(), \
37                        16) % (10 ** 8)
38         # 提取边界框坐标
39         xmin = float(target['annotation']['object'][0]['bndbox']['xmin'])
40         ymin = float(target['annotation']['object'][0]['bndbox']['ymin'])
41         xmax = float(target['annotation']['object'][0]['bndbox']['xmax'])
42         ymax = float(target['annotation']['object'][0]['bndbox']['ymax'])
43
44         boxes = torch.tensor([[xmin, ymin, xmax, ymax]])
45
46         # 目标类别标签
47         label = 0 if target['annotation']['object'][0]['name']=='cat' else 1
48
49         # 计算目标区域面积
50         area = (xmax - xmin) * (ymax - ymin)
51
52
53         iscrowd = 0   # 根据实际情况设置是否为密集目标的值
54
55         converted_target = {
56             'boxes': boxes,
57             'labels': torch.tensor([label]),
```

```
58                    'image_id': torch.tensor([image_id]),
59                    'area': torch.tensor([area]),
60                    'iscrowd': torch.tensor([iscrowd])
61              }
62
63          converted_targets.append(converted_target)
64
65      return converted_targets
66
67  # 定义转换操作
68  transform_img = transforms.ToTensor()
69
70  # 定义类别
71  class_labels=['aeroplane','bicycle','bird','boat','bottle','bus', 'car',
72  'cat', 'chair','cow', 'diningtable', 'dog', 'horse', 'motorbike',
73  'person', 'pottedplant','sheep', 'sofa', 'train', 'tvmonitor']
74
75
76  # 2.2 加载 PASCAL VOC 2007 数据集，创建数据加载器
77  # 加载PASCAL VOC 2007数据集
78  train_dataset = VOCDetection(
79  root='path_to_voc2007_dataset', year='2007',
80  image_set='train', download=True)
81
82  # 创建数据加载器
83  train_loader = DataLoader(
84  train_dataset, batch_size=8, shuffle=True, num_workers=8,
85                      collate_fn=lambda x: (list(zip(*x))[0],
86   convert_targets(list(zip(*x))[1])))
87  # 3.1 定义模型，创建 SSD 模型
88  # 定义模型，初始化SSD模型
89  model = ssdlite320_mobilenet_v3_large(weights='COCO_V1')
90  model.train()
91  # 设置设备
92  device = torch.device('cuda') if torch.cuda.is_available() else \
93         torch.device('cpu')
94  model.to(device)
95
96  # 3.2 定义优化器和学习率调度器
97  optimizer = torch.optim.SGD(
98  model.parameters(), lr=0.005,
99  momentum=0.9, weight_decay=0.0005)
100 # optimizer = torch.optim.AdamW(model.parameters(), lr=0.01)
101 lr_scheduler=torch.optim.lr_scheduler.StepLR(optimizer,
102                 step_size=3,gamma=0.1)
103
104 # 3.3 定义训练函数
105 def train(model, dataloader, optimizer, device):
106     # 定义转换操作
107     transform_img = transforms.ToTensor()
108
109     model.train()
110     total_loss = 0.0
111
112     with tqdm(total=len(dataloader)) as progress_bar:
113         for images, targets in dataloader:
```

```
114            images=list(transform_img(image).to(device) for image in images)
115            targets=[{k:v.to(device) for k,v in t.items()} for t in targets]
116
117            # 检查是否包含boxes键
118            # if 'boxes' not in targets[0]: continue
119
120            loss_dict = model(images, targets)
121
122            losses = sum(loss for loss in loss_dict.values())
123
124            optimizer.zero_grad()
125            losses.backward()
126            optimizer.step()
127
128            total_loss += losses.item()
129
130            # 更新进度条
131            progress_bar.set_postfix({'loss': total_loss})
132            progress_bar.update(1)
133
134     return total_loss, loss_dict
135
136
137 # 3.4 开始训练
138 num_epochs = 10
139 for epoch in range(num_epochs):
140     print(f"Epoch [{epoch+1}/{num_epochs}]: ")
141     loss, loss_dict = train(model, train_loader, optimizer, device)
142     lr_scheduler.step()
143
144     print(f"Epoch [{epoch+1}/{num_epochs}], Total Loss: {loss:.4f}")
145     for component, component_loss in loss_dict.items():
146         print(f"{component}: {component_loss.item():.4f}")
147
148
149 # 3.5 模型存储
150 # 保存训练好的模型
151 torch.save(model.state_dict(), 'ssdlite320_trained_model.pth')
152
153 # 加载训练好的模型
154 model.load_state_dict(torch.load('ssdlite320_trained_model.pth'))
155
156
157 # 4.1 加载测试集数据
158 dataset_test = VOCDetection(
159 root='path_to_voc2007_dataset',
160 year='2007', image_set='val', download=True)
161 test_loader  = DataLoader(dataset_test, batch_size=1, shuffle=False,
162 collate_fn=lambda x: (list(zip(*x))[0],
163 convert_targets(list(zip(*x))[1])))
164
165 # 4.2 模型指标评估
166 # 设置IoU阈值
167 iou_threshold = 0.2
168
169 model.eval()
```

```
170 total_correct = 0
171 total_images = 0
172
173 with torch.no_grad():
174     for images, targets in test_loader:
175         images = [transform_img(image).to(device) for image in images]
176         targets = [{k: v.to(device) for k, v in t.items()} for t in targets]
177
178         outputs = model(images)
179         for output, target in zip(outputs, targets):
180             predicted_boxes = output['boxes']
181             predicted_labels = output['labels']
182
183             true_boxes = target['boxes']
184             true_labels = target['labels']
185
186             # 根据预测框和真实框的 IoU 计算准确率
187             ious = torchvision.ops.box_iou(predicted_boxes, true_boxes)
188             max_ious, _ = ious.max(dim=1)
189
190             correct = (max_ious > iou_threshold).sum().item()
191             total_correct += correct
192             total_images += 1
193
194 accuracy = total_correct / total_images
195 print('Model Accuracy: {:.2%}'.format(accuracy))
196
197
198 # 4.3 使用模型对样例图片进行预测
199 model.eval()
200
201 sample_image = dataset_test[0][0]   # 获取第一张样例图片
202 image_tensor = transform_img(sample_image).unsqueeze(0).to(device)
203 outputs = model(image_tensor)
204
205 predicted_boxes  = outputs[0]['boxes']
206 predicted_labels = outputs[0]['labels']
207 predicted_scores = outputs[0]['scores']
208
209 plt.imshow(sample_image)
210 ax = plt.gca()
211 for box,label,score in zip(predicted_boxes,
212                            predicted_labels,predicted_scores):
213     box = box.detach().cpu().numpy()
214     label = label.item() - 1   # 将类别标签中从1开始的整数转换为从0开始的整数
215     score = score.item()
216
217     if score > iou_threshold:
218         label_name = class_labels[label]
219         ax.add_patch(
220 plt.Rectangle((box[0], box[1]), box[2]-box[0], box[3]-box[1],
221 fill=False, edgecolor='r', linewidth=2))
222         ax.text(box[0], box[1], label_name,
223 bbox=dict(facecolor='r', alpha=0.5), fontsize=12, color='white')
224
225 plt.axis('off')
226 plt.show()
```

以上代码中的重难点解释如下。

（1）SSD模型定义

使用ssdlite320_mobilenet_v3_large作为主干网络构建SSD模型。这个步骤中需要理解SSD模型的基本原理和架构，包括多尺度特征图、锚框生成、分类和回归等组件的作用。

（2）模型训练

通过迭代数据加载器，将图像和目标传递给模型进行前向传播，根据损失函数计算损失值并进行反向传播更新模型参数。此外，还需要了解优化器的选择和学习率调度器的设置，以及如何监视和输出训练过程中的损失值。

（3）模型评估

使用IoU阈值计算模型在测试集上的准确率。在模型评估过程中，需要了解IoU的概念和计算方法，并根据预测框与真实框之间的IoU值判断预测是否正确，进而计算准确率。

8.5 其他目标检测算法及改进

除了YOLO、SSD等经典目标检测算法外，还有一些新兴的目标检测算法值得关注。本章将介绍RetinaNet、FCOS和CornerNet这几种算法。首先将详细介绍RetinaNet，它通过使用特殊的损失函数和多尺度特征来解决目标不平衡问题。然后探讨FCOS（全卷积一阶段检测）算法，该算法采用全连接的方式进行目标检测，避免了锚框的设计。最后介绍CornerNet，它通过检测目标的角点来实现高效准确的目标定位。我们将比较这些算法，并讨论它们在实际应用中的适用性。

8.5.1 其他目标检测算法

1. RetinaNet

RetinaNet是一种基于深度学习的目标检测算法，通过引入新的Focal损失（Focal Loss）函数，有效地解决了一阶段检测算法中的类别不平衡问题。

RetinaNet的结构主要由两个部分组成：一个基础网络和两个任务特定的子网络。

基础网络用于从输入图像中提取特征。两个任务特定的子网络中的一个用于分类，另一个用于回归。分类子网络用于预测每个锚点的类别，回归子网络用于预测每个锚点的位置偏移。这两个子网络都是FCN，可以在所有尺度的特征图上进行密集预测。RetinaNet的结构如图8.8所示。

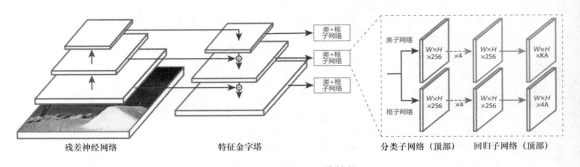

图8.8　RetinaNet的结构

Focal Loss 在交叉熵损失的基础上引入了一个调制因子，这个调制因子可以减少简单样本（即模型可以很容易正确分类的样本）的损失，增加困难样本（即模型难以正确分类的样本）的损失。这样，Focal Loss 可以自动地平衡正负样本，解决一阶段检测算法中的类别不平衡问题。

在目标检测任务中，正样本（存在目标的样本）通常远少于负样本（背景样本），这导致了严重的类别不平衡。传统的交叉熵损失函数在类别不平衡情况下容易受到大量负样本的影响，使得模型难以准确地学习到少量的正样本信息。

Focal Loss 的原理是通过降低简单样本的权重，增加困难样本的权重，聚焦难以分类的样本。这样做的目的是减少简单样本的影响，使得模型更关注难以分类的样本，从而提高对少量正样本的分类精度。Focal Loss 的核心思想可以用以下公式表示：

$$\mathrm{FL}(p_t) = -\alpha_t (1 - p_t)^\gamma \log(p_t)$$

其中，p_t 表示模型预测的概率值，α_t 是样本类别的平衡因子，γ 是可调节的指数参数。

该公式中的 $(1 - p_t)^\gamma$ 是 Focal Loss 引入的新项，它被称为 Focusing Parameter。当样本被错误分类时，该项会增加损失值的权重，从而提高对难分类样本的关注度。当 γ 大于 0 时，Focal Loss 会降低简单样本的权重，使得模型更专注于难以分类的样本。通过引入 Focal Loss，RetinaNet 能够更好地处理类别不平衡问题，提高目标检测模型在少量正样本上的分类精度，并且取得了较好的性能。

在目标检测任务中，Focal Loss 相对于传统的损失函数具有以下创新点。

（1）处理类别不平衡问题

传统的交叉熵损失函数在面对类别不平衡问题时容易被大量的负样本主导，难以有效地学习到少量正样本的信息。

（2）聚焦难以分类的样本

通过引入 Focusing Parameter，减小简单样本的权重，使得模型更专注于难以分类的样本，提高对少量正样本的分类精度。

（3）提升目标检测性能

由于 Focal Loss 能够解决类别不平衡问题，并且更关注难以分类的样本，因此可以提升目标检测模型在少量正样本上的分类准确率。RetinaNet 作为使用 Focal Loss 的目标检测算法，具有较好的性能，在多个数据集上取得了令人满意的结果。

2．FCOS

FCOS 是一种全卷积的一阶段检测算法。与其他一阶段检测器不同，FCOS 完全放弃了预定义的锚点，从而大大简化了目标检测的流程。

FCOS 的结构主要由两个部分组成：一个基础网络和一个全卷积的检测头（Detection Head）。FCOS 的结构如图 8.9 所示。

基础网络用于从输入图像中提取特征。FCOS 通常使用 ResNet 和 FPN 作为基础网络。ResNet 用于提取底层特征，FPN 用于将底层特征和高层特征融合，生成多尺度和丰富语义的特征图。

检测头是一个 FCN，它在基础网络生成的特征图上进行密集预测。对于每个像素，检测头预测一个类别和一个位置。类别预测是一个多分类问题，位置预测是一个回归问题，它预测的是该像素到真实目标的上、下、左、右 4 个边界的距离。

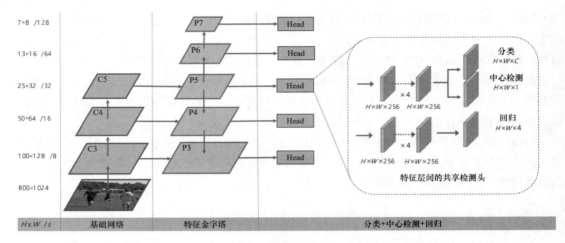

图 8.9　FCOS 的结构

FCOS 损失函数由分类损失、中心点回归损失和尺寸回归损失 3 个部分组成。中心检测示意如图 8.10 所示。以下是 FCOS 损失函数的数学公式：

图 8.10　中心检测示意

（1）分类损失（Classification Loss）

使用交叉熵损失函数计算目标类别的分类损失。其公式如下：

$$L_{\text{cls}} = -\sum[y_i \times \log(\hat{y}_i)]$$

（2）中心点回归损失（Center Point Regression Loss）

使用 Smooth L1 Loss 函数计算中心点坐标的回归损失。其公式如下：

$$L_{\text{ctr}} = \sum[\text{Smooth L1}(c_i - \hat{c}_i)]$$

（3）尺寸回归损失（Size Regression Loss）

使用 Smooth L1 Loss 函数计算目标框尺寸的回归损失。其公式如下：

$$L_{\text{size}} = \sum[\text{Smooth L1}(s_i - \hat{s}_i)]$$

其中，y_i 表示目标类别的真实标签，$\hat{y}_i$ 表示预测的类别概率；c_i 表示目标中心点的真实回归值，$\hat{c}_i$ 表示预测的中心点回归值；s_i 表示目标框尺寸的真实回归值，$\hat{s}_i$ 表示预测的尺寸回归值。

在 FCOS 中，损失函数的总体形式为：

$$L = L_{\text{cls}} + \lambda_{\text{ctr}} \times L_{\text{ctr}} + \lambda_{\text{size}} \times L_{\text{size}}$$

其中，λ_{ctr} 和 λ_{size} 是用于平衡中心点回归损失和尺寸回归损失的权重系数。

通过优化这个综合的损失函数，可以训练 FCOS 模型进行目标检测任务。需要注意的是，具体的实现可能会有一些变化，以上给出的公式是对 FCOS 损失函数的一般描述。

相对于传统的二阶段检测算法，FCOS 具有以下优点。

（1）端到端的设计

FCOS 采用了端到端的设计，没有使用候选框生成过程，直接在特征图上进行密集预测。这简化了目标检测流程，减少了计算开销和推理时间。

（2）高效的检测头

FCOS的检测头是一个FCN，在特征图上密集地预测目标的类别、边界框和对象存在性。这样做的好处是可以同时处理多个不同尺寸和长宽比的目标，并且无须预定义锚框或设定候选框数量。

（3）自适应感受野

通过自适应感受野机制，FCOS可根据目标的大小动态调整感受野大小。这使得FCOS能够有效地处理小目标和大目标，并且在不同尺度的目标上具有更好的检测性能。

（4）全局目标信息

FCOS通过在特征图上进行密集预测，使每个位置都可以获取全局的目标信息。相比于仅在锚框上进行采样和预测的方法，FCOS能更充分地利用特征图中的上下文信息，提升检测准确性。

（5）不受先验框限制

FCOS不依赖于先验框的设定，而是通过回归方式直接预测目标的边界框。这使得FCOS对于目标的尺寸、长宽比等变化具有较好的适应性，更加灵活。

FCOS凭借端到端的设计、高效的检测头、自适应感受野、全局目标信息和不受先验框限制等优点，在准确性和速度方面取得了良好的平衡，成为目标检测领域的重要算法之一。

3. CornerNet

CornerNet是一种基于关键点检测的目标检测算法。与传统的基于锚点的目标检测算法不同，CornerNet通过检测目标的两个角点（左上角点和右下角点）坐标来定位目标，从而避免了复杂的锚点和候选框的设计。

CornerNet的网络结构主要由两个部分组成：一个基础网络和两个任务特定的头（Head）。CornerNet的结构如8.11所示。

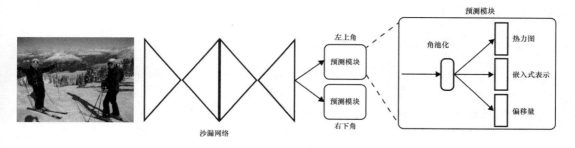

图8.11 CornerNet的结构

基础网络用于从输入图像中提取特征。CornerNet使用沙漏（Hourglass）网络作为基础网络。沙漏网络是一个FCN，它通过多次下采样和上采样，可以提取多尺度和丰富语义的特征。

两个任务特定的头中的一个用于检测左上角点坐标，另一个用于检测右下角点坐标。这两个头都是FCN，可以在基础网络的特征图上进行密集预测。对于每个像素，头预测一个类别和一个位置偏移。类别预测是一个二分类问题，位置偏移预测是一个回归问题，它预测的是其像素到真实角点坐标的偏移。

CornerNet的损失函数是分类损失和位置损失的加权和。CornerNet的整体损失函数可以用以下公式表示：

$$L = L_{det} + \alpha \times L_{pull} + \beta \times L_{push} + \gamma \times L_{off}$$

其中，L_{det} 是角点分类损失（Corner Classification Loss），$\alpha \times L_{pull}$ 和 $\beta \times L_{push}$ 是角点回归损失（Corner Regression Loss）中的 pull 和 push 项，$\gamma \times L_{off}$ 是角点偏移量回归损失（Corner Offset Regression Loss）。

具体解释如下。

（1）角点分类损失 L_{det}

使用二元交叉熵损失函数计算预测的角点坐标是否为前景（存在目标）的概率与真实标签之间的差异。该损失函数可衡量网络对于角点坐标的正确分类。

（2）角点回归损失 L_{pull} 和 L_{push}

L_{pull} 通过最小化预测角点坐标相对于真实角点坐标的位置偏移量，促使网络将预测的角点坐标与真实角点坐标接近。L_{push} 通过最大化预测角点坐标与其他角点坐标之间的距离，使得不同角点坐标之间的距离尽可能大。L_{pull} 确保网络能够准确地预测角点坐标的位置，而 L_{push} 鼓励网络将不同的角点坐标分开，以避免重叠和相互干扰，它们共同提升了角点坐标的定位精度。

（3）角点偏移量回归损失 L_{off}

使用 Smooth L1 Loss 函数计算预测的角点坐标偏移量与真实角点坐标偏移量之间的差异。该损失函数用于减小角点坐标的位置偏移量，使得网络能够更准确地预测角点坐标的精确位置。

其中，α、β、γ 是用于平衡各个损失项的权重系数。通过调整这些权重系数，可以控制不同损失项在整体损失函数中的"贡献"。

CornerNet 的整体损失函数将角点分类损失、角点回归损失和角点偏移量回归损失结合在一起，通过优化这个整体损失函数，可以训练 CornerNet 模型进行角点级别的目标检测任务，以实现准确的目标定位和识别。

8.5.2　多尺度目标检测

多尺度目标检测算法是一种能够处理不同尺度目标的检测算法。在实际的图像中，目标的尺度可能会有很大的变化，例如，近处的目标可能会很大，远处的目标可能会很小。

多尺度目标检测算法通常包括以下几个步骤。

（1）特征提取：使用 CNN（例如 VGG 或 ResNet）从输入图像中提取特征。这个过程通常会进行多次卷积和池化，每次池化都会将特征图的尺度减半。

（2）构建特征金字塔：构建特征金字塔。特征金字塔是一种多尺度的特征表示，包括多个尺度的特征图。每个尺度的特征图都对应输入图像的一个特定尺度，较大的特征图对应于较小的尺度，较小的特征图对应较大的尺度。

（3）目标检测：在每个尺度的特征图上进行目标检测。这个过程通常包括两个步骤：生成候选框和分类。生成候选框是在特征图上生成一系列的候选框，这些候选框的尺度和特征图的尺度相对应。分类是对每个候选框进行分类，判断它是否包含目标，以及包含的目标的类别。

多尺度目标检测算法的一个典型代表是 FPN，FPN 在每个尺度的特征图上都进行目标检测，可以有效地检测不同尺度的目标。此外，多尺度目标检测算法还通常包括一些其他的策略。例如，使用多尺度训练和数据增强来进一步提升模型的检测性能。

8.5.3 NMS 的改进

NMS 是一种用于目标检测的后处理算法。在目标检测中，我们通常会得到大量的候选框，其中许多候选框可能会高度重叠。NMS 的作用就是从这些高度重叠的候选框中选择出最有可能包含目标的候选框，从而减少冗余的检测结果。

NMS 算法通常包括以下几个步骤。

（1）排序：根据候选框的得分（例如分类得分或目标得分）对所有的候选框进行排序，得分最高的候选框排在最前面。

（2）选择：选择得分最高的候选框，并将其添加到最终的检测结果中。

（3）抑制：计算其他所有候选框与已选择的候选框的 IoU 值，并移除与已选择的候选框有高度重叠（即 IoU 值大于某个 IoU 阈值）的候选框。

（4）迭代：重复上述的选择和抑制步骤，直到所有的候选框都被处理完。

NMS 算法的一个关键参数是 IoU 阈值，它决定了何时认为两个候选框是高度重叠的。IoU 阈值的选择通常取决于具体的应用场景。一般来说，如果目标之间的距离较远，可以选择较大的 IoU 阈值；如果目标之间的距离较近，可以选择较小的 IoU 阈值。

此外，NMS 算法还有一些变体，例如 Soft-NMS 和 Adaptive NMS 等。这些变体在处理高度重叠的候选框时，采用了复杂的策略，可以进一步提升模型的检测性能。

8.5.4 其他改进措施

FPN 是一种用于目标检测的多尺度特征提取网络。FPN 通过构建一个特征金字塔，可以在多个尺度上进行目标检测，从而有效地处理不同尺度的目标。

FPN 的网络结构主要由两个部分组成：一个底层特征提取网络和一个顶层特征重建网络。

底层特征提取网络用于从输入图像中提取特征。这个网络通常是 CNN，通过多次卷积和池化，底层特征提取网络可以提取多尺度的特征，形成一个底层特征金字塔。

顶层特征重建网络用于从底层特征金字塔中重建出一个顶层特征金字塔。这个网络首先在底层特征金字塔的最高层特征图上采样，然后与下一层特征图进行融合，从而得到一个新的特征图。这个过程重复进行，直到重建整个顶层特征金字塔。

在 FPN 中，目标检测是在顶层特征金字塔的每一层上进行的。对于每一层特征图，都会生成一系列的候选框，并对每个候选框进行分类和位置回归。

此外，FPN 还采用了一些其他的策略，例如，使用多尺度训练和数据增强来进一步提升模型的检测性能。同时，FPN 也可以与其他的目标检测算法结合使用，进一步提升目标检测的性能。

PANet（Path Aggregation Network，路径聚合网络）是一种用于目标检测的深度学习网络。PANet 通过增强信息流的传递，提高了特征的利用效率，从而提高了目标检测的性能。

PANet 的网络结构主要由 3 个部分组成：一个底层特征提取网络、一个自下而上的路径增强模块（Bottom-Up Path Augmentation）和一个自上而下的特征融合模块（Top-Down Feature Fusion）。

Mask R-CNN 是一种用于实例分割的深度学习网络。实例分割是目标检测的一种扩展，不仅需要检测出图像中的目标，还需要对每个目标进行像素级的分割。Mask R-CNN 在 Faster R-CNN 的基础上，添加了一个并行的分割分支，用于生成目标的分割掩码。

Mask R-CNN 的网络结构主要由 3 个部分组成：一个底层特征提取网络、一个 RPN 和一个检测网络。

底层特征提取网络用于从输入图像中提取特征。这个网络通常是 CNN，例如 VGG 或 ResNet。通过多次卷积和池化，底层特征提取网络可以提取出丰富的特征。

RPN 用于从底层特征中生成候选区域。这个网络首先使用一系列的滑动窗口在底层特征上进行扫描，然后对每个窗口生成一组候选区域，并对每个候选区域进行得分计算和位置回归，从而得到一组精确的候选区域。

检测网络用于对每个候选区域进行分类和位置回归，以及生成分割掩码。这个网络首先使用 RoI Align 操作对每个候选区域进行特征提取，然后使用一个全连接网络对每个候选区域进行分类和位置回归，以及使用一个 FCN 生成分割掩码。

在 Mask R-CNN 中，目标检测和实例分割是在检测网络中并行进行的。对于每个候选区域，都会生成一个分类标签、一个位置偏移和一个分割掩码。这样，Mask R-CNN 可以在检测出图像中的目标的同时，对每个目标进行像素级的分割。

8.6 本章小结

目标检测是计算机视觉领域中的重要任务，旨在识别和定位图像或视频中的特定物体。在本章中，介绍了一些目标检测的核心概念和技术。目标检测方法主要分为两大类：基于传统特征的方法和基于深度学习的方法。

当前最流行的目标检测框架之一是基于深度学习的框架。其中，Faster R-CNN 采用候选区域网络 RPN 来生成候选框，并通过分类和回归头部进行目标的分类和定位；YOLO 将目标检测视为回归问题，在单个网络中直接预测边界框和类别概率；SSD 是一种一阶段的检测器，通过在不同层级上预测多个尺度的边界框和类别概率来实现目标检测。

目标检测在各个领域都有广泛应用，如人脸识别、物体识别和医学图像分析等。它为这些应用提供了关键的视觉感知能力，可帮助实现智能决策和行为。目标检测仍面临着一些挑战，例如小目标检测、遮挡物体的识别和复杂背景下的定位等。未来，目标检测的发展将更加注重提高准确性和效率，并结合多模态信息、迁移学习和弱监督学习等技术，以进一步扩大其应用范围。

目标检测是计算机视觉领域的重要任务，通过不断创新和发展，目标检测方法在准确性、效率和应用领域上取得了显著进展。它为各行业提供了强大的图像分析工具，并将在未来继续推动人工智能技术的发展。

8.7 习题

一、填空题

1. 目标检测方法中，基于深度学习的方法通过使用_____进行端到端的训练。

2．目标检测评估指标中的mAP代表平均精确度均值，它综合考虑了不同_____下的准确率和召回率。

3．在目标检测中，Faster R-CNN采用的RPN生成_____作为候选框。

4．目标检测方法中常用的深度学习框架包括Faster R-CNN、YOLO和_____。

5．小目标检测是目标检测领域的一项挑战，指的是对尺寸较小的物体进行准确的检测和_____。

6．目标检测的发展趋势之一是结合多模态信息，例如融合图像和_____数据进行更准确的检测与识别。

7．目标检测中的遮挡物体识别是一项较难的任务，指的是在目标被其他物体_____的情况下仍能准确地检测和定位目标。

8．目标检测方法中的NMS用于抑制重叠较多的候选框，保留最后_____的目标框。

9．目标检测中的旋转目标检测是一项具有挑战性的任务，需要在图像中准确地检测和定位_____形状的目标。

10．目标检测方法的实时性是一个重要的考量因素，它要求算法在_____时间内完成对图像或视频的目标检测任务。

二、多项选择题

1．目标检测算法通常包含以下哪些步骤？（　　　）

A．图像预处理　　　　　　　　　B．特征提取

C．候选区域生成　　　　　　　　D．目标分类

E．边界框回归

2．目标检测中的IoU是指什么？（　　　）

A．Input over Unity　　　　　　　B．Intersection over Union

C．Index of Utilization　　　　　　D．Inference of Understanding

3．目标检测中的NMS是用来做什么的？（　　　）

A．选择最佳的目标类别

B．消除重复的检测结果

C．调整目标边界框位置

D．评估目标检测算法的性能

4．目标检测中的锚框是什么？（　　　）

A．固定大小和长宽比的矩形框

B．用于表示目标的标签

C．模型预测的边界框

D．标注数据中的真实边界框

5．在目标检测中，常用的评估指标有哪些？（　　　）

A．准确率　　　　　　　　　　　B．召回率

C．mAP　　　　　　　　　　　　D．F1_Score

6．目标检测中的多尺度处理是如何实现的？（　　　）

A．图像金字塔　　　　　　　　　B．CNN

C．滑动窗口　　　　　　　　　　D．NMS

7．目标检测中的一阶段检测算法与二阶段检测算法的主要区别是什么？（　　　）

A．网络结构复杂度　　　　　　　　　B．速度快慢

C．准确率高低　　　　　　　　　　　D．对小目标的检测效果

8．目标检测中的 ROI 池化是用来做什么的？（　　　）

A．生成候选目标　　　　　　　　　　B．提取目标特征

C．调整目标边界框位置　　　　　　　D．评估目标检测算法的性能

9．目标检测中的损失函数一般包括哪些部分？（　　　）

A．分类损失　　　　　　　　　　　　B．边界框回归损失

C．目标置信度损失　　　　　　　　　D．Smooth L1 Loss

10．目标检测中的数据增强技术常用于解决哪些问题？（　　　）

A．过拟合　　　　　　　　　　　　　B．数据不平衡

C．目标尺寸变化　　　　　　　　　　D．图像模糊

第 **9** 章　**图像分割**

图像分割是计算机视觉中基础的任务之一。图像分割可以认为是像素级的分类任务，即对图像的像素进行分类，使得每个像素被标记并划分为一个特定的类别。与单纯的分类任务相比，图像分割不仅提供类别预测，还提供类别的空间位置信息。本章的主要内容如下。

- 图像分割的概述和应用场景。
- 传统图像分割方法。
- 基于深度学习的图像分割方法。
- 图像分割应用案例。

9.1　图像分割的概述和应用场景

像素是数字图片的基本组成单元，而图像分割旨在找到表示同一类事物或某一个物体像素的集合，使得图片中目标的表示不再以单个像素的方式呈现，而是以像素集合的方式呈现。图像分割可以分为语义分割、实例分割、全景分割。语

图像分割概述

义分割会为图像中的每一个像素都分配一个特定的语义类别，例如车辆、街道、人、建筑等，如图9.1（b）所示。实例分割［见图9.1（c）］与目标检测相似，它们的不同之处在于目标检测输出的是目标的边界框和类别，而实例分割输出的是目标的掩膜（Mask）或轮廓和类别。而全景分割是语义分割和实例分割的结合，如图9.1（d）所示。从图9.1（b）我们可看出，语义分割不能区分物体实例，比如仅给予所有汽车同一个语义标签，而不能区分不同的汽车。从图9.1（c）我们可看出，实例分割可以区分物体实例，但是不关心图片中的背景，比如街道、天空、建筑物等。而全景分割不仅能够区分不同的物体实例，而且不忽视建筑物、天空、街道等。图像中的内容一般都可以分为两类：一类是可计数的实例目标，例如人、汽车等；另外一类是无定形的区域，例如天空、草地等。实例分割只关心可计数的实例目标，并且会给出每个实例目标唯一的标识。语义分割根据纹理等特征将每一个像素归到相应的语义类别中。

图像分割的应用场景十分丰富，随着近年来深度学习取得巨大进步，其应用场景进一步扩大，常见的应用场景有以下几种。

1. 医学影像分割

图像分割在医学影像分割中的应用非常广泛，以下是一些常见的应用场景。

（1）病变检测和诊断：图像分割可以帮助医生在医学影像中准确地检测和定位病变区域，

通过分割出病变区域，可以提供有关病变形状、大小和位置的定量信息，这有助于病情的评估和诊断。

（a）原图

（b）语义分割

（c）实例分割

（d）全景分割

图9.1　3种图像分割

（2）器官分割：图像分割可以用于分割医学影像中的器官，如心脏、肝脏、肾脏等。准确地分割出器官的轮廓和结构，有助于医生进行器官的功能分析、手术规划和治疗方案的确定。

（3）组织分析：图像分割可以用于将医学影像中的组织分割为不同的区域，如骨骼、软组织、血管等。通过分割出不同组织的区域，可以提供组织形态、密度和分布的信息，这有助于对组织病理学特征的研究和疾病的诊断。

（4）辅助手术规划：图像分割可以帮助医生进行手术规划，根据医学影像中的分割结果，确定手术切口和重要结构的位置，提前评估手术风险和确定最佳的手术方案。

总之，图像分割在医学影像分割中的应用可以提供准确和定量化的医学影像分析结果，有助于医生进行疾病诊断、治疗规划和研究等方面的工作。

2．视觉检测与跟踪

在视觉检测与跟踪中，图像分割可以用于目标检测和跟踪，从图像中将目标物体分割出来，实现物体识别和跟踪的功能。其具体应用包括以下几个方面。

（1）目标检测：图像分割可以帮助识别图像中的目标物体。通过将图像分割成不同的区域，可以将目标物体从背景中分离出来，并对目标物体进行识别和分类。

（2）单目标跟踪：图像分割可以用于单目标的跟踪。通过在视频序列中对目标物体进行分割，可以在不同的帧中定位和跟踪目标物体。这对于动态场景下的目标跟踪非常有用，如自动驾驶中的车辆跟踪。

（3）多目标跟踪：图像分割还可以用于多目标的跟踪。通过将图像分割成多个区域，可以同时跟踪多个目标物体，并对它们的位置和运动进行估计。这在视频监控、行人计数等领域中非常重要。

（4）目标分割：除了将目标物体从背景中分割出来，图像分割还可以将目标物体的不同部分进行分割。这对于细粒度的场景理解和分析很有意义，如人体姿态估计、面部表情识别等。

总的来说，图像分割在视觉检测与跟踪中扮演着重要的角色。它可以帮助识别和定位目标物体，实现准确的目标检测和跟踪，为计算机视觉和智能系统提供强大的视觉分析能力。

3．自动驾驶

图像分割在自动驾驶中的应用非常重要。它可以将车辆周围的图像分割成不同的区域，从而为自动驾驶系统提供准确的场景理解和决策依据。图像分割在自动驾驶中的应用主要有以下几个方面。

（1）提高车辆的感知能力：通过将道路区域从图像中分割出来，自动驾驶系统可以更好地理解车辆所处的行驶环境，及时检测和跟踪道路边界、车道线等，从而更精确地进行车辆控制。

（2）提高目标检测和识别的准确性：通过将车辆周围的图像分割成不同的区域，自动驾驶系统可以更好地识别和跟踪行人、车辆、交通标志等物体，进一步提高车辆的感知能力和安全性。

（3）辅助自动驾驶系统的决策：通过将图像分割成不同的区域，可以提取出车辆需要关注的重要区域，例如包含交通信号灯、路口、过街行人等的区域，从而帮助系统做出更准确的决策，如停车、变道、避让等。

总之，图像分割在自动驾驶中的应用对于提高车辆的感知能力、目标识别准确性和决策能力至关重要，有助于实现更安全、高效的自动驾驶技术。

4．遥感图像分析

遥感图像分割是指将遥感图像分割成不同的区域，每个区域代表不同的地物或地物类别，以实现土地利用、资源调查、环境监测等目的。在遥感图像分析中，图像分割扮演着重要的角色，以下是图像分割在遥感图像分析中的一些应用。

（1）土地利用和覆盖分类：通过将遥感图像分割成不同的区域，并根据区域内的特征对其进行分类，可以实现土地利用和覆盖的自动分类。例如，将农田、林地、城市等不同类型的区域进行分割和分类，以便进行土地利用规划和资源管理。

（2）环境监测：通过将遥感图像分割成不同的区域，并对这些区域进行分类和分析，可以实现环境监测。例如，针对水体、湿地、森林等不同的区域进行分割和分类，以监测水质、湿地退化率、森林覆盖率等环境指标。

（3）城市规划：通过将遥感图像分割成不同的区域，并进行分类和分析，可以帮助城市规划和管理。例如，对城市区域、建筑物、交通网络等不同的区域进行分割和分类，以获取城市发展的关键指标，如建筑物密度、交通流量等。

（4）林业管理：通过将遥感图像分割成不同的区域，并对这些区域进行分类，可以实现林业资源的监测和管理。例如，对森林的不同区域进行分割和分类，以了解森林覆盖度、植被健康状况等信息。

（5）地貌和地物提取：通过将遥感图像分割成不同的区域，并针对地貌和地物进行分类，可以提取地貌和地物信息。例如，将山脉、河流、湖泊等不同的地貌进行分割和分类，以获取地形特征和水体信息。

总的来说，遥感图像分割在土地利用、资源调查、环境监测和城市规划等领域的应用，能够提供关键的信息和数据支持，有助于相关人员分析和理解地球表面的特征和变化。

5．图像编辑与合成

图像分割在图像编辑与合成中的应用主要是提取图像中的某个对象或区域，然后将其放置在其他图像中，实现图像合成的效果。其具体应用包括以下几个方面。

（1）图像修复：当图像中存在噪声、模糊、划痕或缺失等问题时，可以使用图像分割技术将受损的区域分割出来，然后进行修复或替换。例如，在旧照片修复中，可以通过图像分割将人物与背景进行分离，然后进行修复和重建。

（2）背景替换：通过图像分割技术，可以将目标对象从原始图像中提取出来，然后将其放置在不同的背景中。这种技术在电影特效、广告设计和艺术创作等领域中广泛应用。例如，在电影中，演员可以在绿幕或蓝幕前进行表演，然后使用图像分割技术将其从背景中分离出来，并添加一个虚拟的背景。

（3）图像合成：图像分割可以用于将不同图像中的对象分割出来，然后将它们合成到同一幅图像中，这样可以创建新的视觉效果。例如，将多张照片中的人物或物体合并到同一张照片中，或者将不同的风景图像合成为一个全景图像。

图像分割在图像编辑与合成领域的应用，可以帮助实现对图像的精细处理和修改，为艺术创作、设计和娱乐产业等提供更多的创作和表现方式。

6．人机交互

在人机交互领域，图像分割可以用于实现手势识别和姿势检测，从而实现更直观和自然的人机交互方式。以下是图像分割在人机交互中的一些具体应用。

（1）手势识别：通过图像分割，可以将图像中的手部分割出来，然后对手的形状、动作进行分析和识别，实现手势交互。例如，可以通过手势在计算机上进行滑动、单击、放大缩小等操作，实现更方便的计算机操作方式。

（2）姿势检测：通过图像分割，可以将图像中的人体进行分割，并对人体的身体姿势进行分析和检测。例如，可以实时检测一个人的姿势，判断其站立、行走、伸手等动作，从而更准确地理解他的意图和行为。

（3）虚拟现实/增强现实：图像分割可以用来分割出人体、手、面部等重要的特征部位，实现对用户的实时跟踪和交互。例如，在虚拟现实或增强现实应用中，可以将用户的手部分割出来，实现对虚拟对象的控制和操作。

（4）人体动作捕捉：通过图像分割和姿势检测，可以实时捕捉用户的动作，并将其应用于游戏开发、体感控制等方面。例如，在体感游戏中，可以通过分割出用户的身体和手部，实时捕捉用户的动作，实现与游戏角色的互动。

综上所述，图像分割在人机交互中的应用可以实现更直观、自然的人机交互体验。

9.2 传统图像分割方法

在本书中，我们把基于深度学习的图像分割以外的图像分割方法统称为传统图像分割方法。尽管目前深度学习在图像分割任务中的性能表现已经远超传统图像分割方法，但是传统图像分割方法在一些特定场景中仍具有简便、高效等优势。此外传统图像分割方法中蕴含的算法思想仍然值得学习。

9.2.1　图像分割评估指标

分割评估指标

图像分割的评估指标有很多，常用的包括像素准确率（Pixel Accuracy，PA）、IoU、Dice系数（Dice Coefficient）、豪斯多夫距离（Hausdorff Distance，HD）等。这些指标各有侧重，例如PA主要关注分割结果的精确性，而HD则关注分割结果的整体性和一致性。

（1）PA：预测类别正确的像素占总像素的比例。其计算公式为：

$$PA = \frac{\sum_{i=0}^{n} p_{ii}}{\sum_{i=0}^{n} \sum_{j=0}^{n} p_{ij}}$$

其中 p_{ii} 指的是真实像素类别为 i 的像素被预测为类别 i 的数量，p_{ij} 是真实像素类别为 i 的像素被预测为类别 j 的总数。下面我们来看一个简单例子，考虑一个 4×4 的像素块，每个像素被标记为0类像素或者1类像素，如图9.2所示。其中图9.2（a）为真值，图9.2（b）为预测结果。

0	0	0	0
0	0	1	1
0	1	1	1
0	1	1	0

（a）真值

0	0	0	0
0	1	1	1
0	1	1	1
0	1	0	0

（b）预测结果

图9.2　真值与预测结果

根据PA计算公式，我们可以计算PA为

$$PA = \frac{8+6}{8+6+2} = 87.5\%$$

其中8是被正确预测的0类像素总数量，6是被正确预测的1类像素总数量，2是被预测错误的像素总数量。当不同类像素的数量差别巨大时，利用PA来评估图像的分割并不是一个理想的方法。例如一种极端的情况如图9.3所示。

0	0	0	0
0	0	0	0
0	1	0	0
0	0	0	0

（a）真值

0	0	0	0
0	0	0	0
0	0	1	0
0	0	0	0

（b）预测结果

图9.3　一种极端的情况

图9.3所示例子中，其PA为

$$PA = \frac{14+0}{14+0+2} = 87.5\%$$

这个是一个较高的数值，然而对于分割任务来说，预测结果几乎是失败的，由此可见PA虽然是很直观的一个评估，但同时存在缺陷。

（2）平均PA：每个类别的PA取平均值。在图9.2中，1类像素的准确率为 $6/7 \approx 85.71\%$，0类像素的准确率为 $8/9 \approx 88.89\%$，所以图9.2中的图像分割的平均准确率为87.3%。同样地，对于图9.3，其图像分割的平均准确率为43.75%，相对于PA的87.5%，平均PA能更好地反映图像分割的性能，因此相比于PA，在特定的情况下平均PA更能反映图像分割的性能。

（3）IoU：用于衡量预测边界框或分割结果与真实边界框或分割结果之间的重叠程度。其计算公式为：

$$IoU = \frac{交集}{并集} = \frac{|G \cap P|}{|G \cup P|}$$

其中 G 表示真值集合，P 表示预测的像素集合。图9.2中1类像素的预测结果与真值的 $IoU = 6/8 = 0.75$，而0类像素的 $IoU = 8/10 = 0.8$。图9.3中1类像素的预测结果与真值的 $IoU = 0/2 = 0$，而0类像素的 $IoU = 14/16 = 0.875$。

（4）MIoU：对于每个类别，分别求出该类别的真实样本和预测样本之间的IoU，然后对所有类别的 IoU 求平均值。例如图 9.2 的 $MIoU = (0.75+0.8)/2 = 0.775$，图 9.3 的 $MIoU = (0+0.875)/2 = 0.4375$。MIoU不受像素数量和类别数量的影响，它可以较为全面地评估分割算法的性能，因此MIoU是图像分割中广泛使用的评估指标。

（5）Dice系数：与IoU非常相似，其计算公式是预测结果和真值的两倍交集除以像素总和：

$$Dice系数 = \frac{2 \times 交集}{像素和} = \frac{2 \times |G \cap P|}{|G| + |P|}$$

根据以上公式，可以计算出图9.2中1类像素的 Dice 系数 $= (2 \times 6)/14 \approx 0.857$，0类像素的 Dice 系数 $= (2 \times 8)/18 \approx 0.889$。而图9.3中1类像素的 Dice 系数 $= (2 \times 0)/2 = 0$，0类像素的 Dice 系数 $= (2 \times 14)/30 \approx 0.933$。Dice 系数被广泛用于图像分割，特别是对医学影像分割的性能评估。

（6）平均Dice系数：将所有类别像素的Dice系数进行平均，图9.2与图9.3中图像分割的平均Dice系数分别为 0.873 和 0.467。

（7）平均表面距离（Average Surface Distance，ASD）：预测分割边界与真实分割边界之间的平均距离。设 S_p 是预测分割边界上像素的集合，而 S_g 是真实分割边界上像素的集合，则ASD可由下面的公式计算而得：

$$ASD = \frac{1}{N}\left(\sum_{p \in S_p} \min\_dist(p, S_g) + \sum_{g \in S_g} \min\_dist(g, S_p) \right)$$

其中 N 是 S_p 和 S_g 中像素的总和，而 $\min\_dist(p, S_g)$ 是像素 p 与 S_g 中最近的像素的距离，同理可知，$\min\_dist(g, S_p)$ 是像素 g 与 S_p 中最近的像素的距离。这里的距离可以是欧氏距离，也可以是曼哈顿距离或者其他距离。距离可以根据具体问题而定。ASD对图像的缩放、旋转等变换不敏感，因为它只关注分割结果的准确性而不涉及形状和空间位置等因素。因此，在比较不同算法的性能时，ASD可以提供一个相对可靠的评估指标。ASD越小，说明两个区域之间的差异越小，分割效果越好。

（8）HD：用于度量两个集合之间的相异度。给定预测分割的像素集合 P 和真实分割像素的集合 G，则：

$$HD = \max\left(h(P,G), h(G,P)\right)$$

其中：

$$h(P,G) = \max\left\{\min\left(\|p-g\|\right)\right\}, p \in P, g \in G$$

$$h(G,P) = \max\left\{\min\left(\|g-p\|\right)\right\}, p \in P, g \in G$$

从以上公式可知，考虑每一个预测像素到所有真实像素的距离并找到最小的距离，假设预测像素总数为 N_P，则能找到 N_P 个最小距离，在这 N_P 个最小距离中最大的那个距离即为 $h(P,G)$，同理可以得到 $h(P,G)$。HD对图像分割的边界比较敏感，常被用于医学影像分割的性能评估。

在本节中我们只介绍了比较常用的图像分割评估指标，这些指标各有优缺点，选择哪个指标来评估图像分割性能要根据具体的问题而定。例如对于语义分割任务，MIoU要比IoU能体现分割模型的性能；而对于实例分割，我们只关心实例个体分割的准确性，因此选择IoU作为评估指标就要比MIoU好。

9.2.2　基于阈值的图像分割方法

分割的传统方法

阈值分割是最简单和最常用的图像分割方法之一。它基于图像的灰度值将像素划分为前景或背景。具体而言，该方法选取一个或多个阈值，将图像中的每个像素与阈值进行比较，并根据比较结果将像素分配给前景或背景。阈值分割适用于具有明显灰度差异的图像。

考虑一种简单的情况，若图像中只有目标和背景两大类，则只需要选取一个阈值对图像进行分割。具体的做法是：（1）选择一个适当的阈值，其可以由经验确定，也可以根据图像的统计特征而确定；（2）将图像的每个像素的灰度值与阈值比较；（3）如果像素的灰度值大于阈值，则将其分配给目标（或背景），如果小于阈值，则分配给背景（或目标）。对于有多个目标或多个背景的复杂图像，其步骤与之类似，不同的是，此时需要多个阈值。由此可见，基于阈值的图像分割方法的关键是找到恰当的阈值。

如果阈值的选择仅取决于各个图像像素的本身的性质，则这样的阈值称为**全局阈值**。如果阈值的选择仅取决于图像的局部区域特性，则称之为**局部阈值**，与坐标相关的局部阈值则称为**动态阈值**或**自适应阈值**。

灰度图直方图可以直观地表现图像中各灰度级的占比以及图像的亮度、对比度等信息。例如灰度直方图分布居中则对应亮度正常，如果偏左则表示图片较暗，偏右则表示图片较亮；分布陡峭则表示对比度较高，分布平缓则表示对比度较低。假设一张图片的灰度直方图分布呈现双峰形状，则可以选择双峰之间的最低点作为分割的阈值。一般情况下，图像的灰度直方图是不规则的、离散的，因此需要利用算法迭代自动获取阈值，具体的做法如下。

（1）设置一个初始阈值 T，通常可以使用图片的平均灰度作为初始阈值。

（2）利用灰度阈值 T 分割图像：灰度值大于 T 的像素属于集合 G_1，灰度值小于 T 的像素属于集合 G_2。

（3）分别计算 G_1 和 G_2 的平均灰度值 g_1 和 g_2。

（4）计算得到新的阈值 $T = (g_1 + g_2)/2$。

（5）重复以上步骤直到阈值的变化小于设定值。

此方法称作**迭代阈值法**。迭代阈值法计算效率较高，不需要依赖复杂的模型或算法，仅仅通过简单的阈值设置和迭代更新就能完成图像分割任务。

1979 年，日本学者大津展之提出一种确定阈值的自适应方法，称之为**大津阈值法（OTSU 方法）**。其基本思想是用一个阈值将像素分为两类，一类大于这个阈值，一类小于这个阈值，最优的阈值可以让这两类的像素的灰度方差最大。OSTU 方法的具体步骤如下。

（1）考虑灰度阈值 T。

（2）利用灰度阈值 T 分割图像，灰度值大于 T 的像素属于集合 G_1，灰度值小于 T 的像素属于集合 G_2。

（3）计算图片的整体灰度均值 g，集合 G_1 和 G_2 的灰度均值 g_1 和 g_2，以及两个集合占总像素的比重 p_1 和 p_2。

（4）定义类间方差（Inter-Class Variance，ICV），$\text{ICV} = p_1(g_1 - g)^2 + p_2(g_2 - g)^2$。

（5）遍历所有灰度值 T，找到使得 ICV 最大即为最优阈值。

OTSU 方法对 ICV 函数为单峰的图像分割有较好的表现，当目标与背景的比例大小差异较大，则 ICV 函数可能会呈现双峰或者多峰，此时 OSTU 性能不佳。

OTSU 方法对噪声非常敏感，例如光照复杂的情况下 OTSU 方法等全局阈值分割方法性能表现不太理想，因此需要考虑局部阈值，即图像中的每个像素或者像素块有不同的阈值。局部阈值与像素的位置、灰度值及其领域特征有关。对图像中的每个点，根据其领域的性质（标准差以及均值等）计算阈值的方法称为**自适应阈值法**。自适应阈值法将整个图像分成很多个像素块，针对每个像素格分别计算其阈值（例如计算像素块的均值或高斯加权平均值），最后把每个小块组合起来，作为最终的分割结果。

基于阈值的图像分割方法的实现相对简单，容易理解。它不需要太多复杂的算法或参数设置，适合快速实现和处理简单的图像。由于阈值分割方法的计算复杂度较低，其执行效率也较高。对于像素灰度值差别明显的图像，通过阈值分割方法往往能够获得较好的分割结果。阈值分割方法通常可以根据具体任务和图像特点进行灵活调整，可以选择不同的阈值或阈值组合，从而实现对分割结果的调整和优化。然而阈值分割方法对图像中的噪声和灰度变化较大的情况比较敏感。当图像存在噪声或背景与前景的灰度重叠较大时，阈值分割方法可能无法准确分割出目标区域。此外，阈值分割方法将图像像素划分为前景和背景，生成二值图像。这种二值图像可能会丢失一些有用的细节信息，并且难以处理具有多个区域或复杂形状的目标。

9.2.3　基于边缘的图像分割方法

基于边缘的图像分割方法主要是指通过检测和提取图像中的边缘信息，然后根据这些边缘信息来划分图像的区域。这种方法的优点是可以有效地处理各种类型的图像，包括灰度图像、彩色图像等。此外，由于边缘信息可以很好地反映出图像的结构特性，因此采用基于边缘的图像分割方法通常可以得到较好的分割效果。

图像边缘即两个区域的边界，基于边缘的图像分割方法的关键在于边缘检测。常见的边缘检测方法有以下几种。

（1）Roberts 算子：一种早期的边缘检测算法，用其可以计算对角相邻两像素之差。Roberts 算子是两个 2×2 的卷积核：

$$\boldsymbol{R}_1 = \begin{bmatrix} 0 & 1 \\ -1 & 0 \end{bmatrix} \qquad \boldsymbol{R}_2 = \begin{bmatrix} 1 & 0 \\ 0 & -1 \end{bmatrix}$$

以 $I(m,n)$ 表示坐标为 (m,n) 的像素值，则一个 2×2 的像素块与 Roberts 算子的卷积将给出对角相邻两像素之差：

$$G_1 = \begin{bmatrix} I(m,n-1) & I(m,n) \\ I(m-1,n-1) & I(m-1,n) \end{bmatrix} * \boldsymbol{R}_1 = I(m,n) - I(m-1,n-1)$$

$$G_2 = \begin{bmatrix} I(m,n-1) & I(m,n) \\ I(m-1,n-1) & I(m-1,n) \end{bmatrix} * \boldsymbol{R}_2 = I(m,n-1) - I(m-1,n)$$

考虑：

$$G = \sqrt{G_1^2 + G_2^2}$$

若 G 的值大于设定的阈值，则像素被认为位于边缘。由于 Roberts 算子维度较小，因此计算简单且快速，但 Roberts 算子提取的边缘相对粗糙，且其对噪声非常敏感。

（2）Prewitt 算子：一种基于梯度的算子，利用图像中的灰度差异来确定目标的边缘以及方向。Prewitt 算子由两个 3×3 的卷积核组成，其中一个用于检测图像中水平方向的边缘，另外一个用于检测垂直方向的边缘，这两个卷积核分别叫作水平算子和垂直算子：

$$\boldsymbol{P}_h = \begin{bmatrix} -1 & 0 & 1 \\ -1 & 0 & 1 \\ -1 & 0 & 1 \end{bmatrix} \qquad \boldsymbol{P}_v = \begin{bmatrix} -1 & -1 & -1 \\ 0 & 0 & 0 \\ 1 & 1 & 1 \end{bmatrix}$$

若考虑一个 3×3 的像素模块 $\boldsymbol{I}$：

$$\boldsymbol{I} = \begin{bmatrix} I_1 & I_2 & I_3 \\ I_4 & I_5 & I_6 \\ I_7 & I_8 & I_9 \end{bmatrix}$$

使用 Prewitt 水平算子和垂直算子则可以得到 $\boldsymbol{I}$ 在水平以及垂直方向的梯度：

$$G_h = \boldsymbol{I} \times \boldsymbol{P}_h = (I_3 + I_6 + I_9) - (I_1 + I_4 + I_7)$$

$$G_v = \boldsymbol{I} \times \boldsymbol{P}_v = (I_7 + I_8 + I_9) - (I_1 + I_2 + I_3)$$

综合水平方向与垂直方向的梯度计算得到

$$G = \sqrt{G_h^2 + G_v^2}$$

最后我们可以将其与设定的阈值比较，进而可以判断像素 I_5 其是否处于边缘。Prewitt 算子能够较好地捕捉图像中的边缘信息，尤其适用于检测具有明显方向性的边缘。Prewitt 算子同样对噪声比较敏感，而且不能检测边缘的宽度，因此其检测出的边缘也比较粗糙。

（3）Sobel 算子：与 Prewitt 算子类似，其也有两个卷积核，其中一个用于计算水平方向的梯度，另外一个用于计算垂直方向的梯度。但 Sobel 算子对不同位置的像素赋予了不同的权重，这是因为考虑到不同位置的像素对当前像素的影响不等价。Sobel 算子的两个卷积核为：

$$S_h = \begin{bmatrix} -1 & 0 & 1 \\ -2 & 0 & 2 \\ -1 & 0 & 1 \end{bmatrix} \qquad S_v = \begin{bmatrix} -1 & -2 & -1 \\ 0 & 0 & 0 \\ 1 & 2 & 1 \end{bmatrix}$$

由 Sobel 算子的卷积核的具体形式可知，在考虑一个像素是否处于边缘，其最邻近的像素值（上、下、左、右的像素值）的影响要比对角像素值的影响重大。Sobel 算子实际上在 Prewitt 算子的基础上加入了高斯平滑，因此 Sobel 算子对噪声的抑制效果也优于 Prewitt 算子的。不过，这也意味着 Sobel 算子的计算过程可能会相对复杂一些。

（4）Laplacian 算子：与以上几种基于一阶导数的算子不同，Laplacian 算子基于二阶导数。它通过计算图像中每个像素的二阶导数来检测边缘。注意，对于一个离散函数 $f(x,y)$，其二阶导数的定义有如下的形式：

$$\nabla^2 f(x,y) = f(x+1,y) + f(x-1,y) + f(x,y+1) + f(x,y-1) - 4f(x,y)$$

由此可以得到 Laplacian 算子的卷积核及其扩展的具体形式为：

$$L_4 = \begin{bmatrix} 0 & -1 & 0 \\ -1 & 4 & -1 \\ 0 & -1 & 0 \end{bmatrix} \qquad L_8 = \begin{bmatrix} -1 & -1 & -1 \\ -1 & 8 & -1 \\ -1 & -1 & -1 \end{bmatrix}$$

由 Laplacian 算子的卷积核我们可以清楚地看到，Laplacian 算子在二维空间上具有各向同性，因此其具有旋转不变性。但是其对于图片中的噪声较为敏感，因此需要在进行 Laplacian 操作之前进行高斯平滑滤波处理。

（5）LoG（Laplacian of Gaussian，高斯拉普拉斯）算子：结合了高斯平滑滤波以及 Laplacian 操作。其在 Laplacian 操作之前加入了高斯平滑滤波，由此可以降低 Laplacian 算子对噪声的敏感性。二维图像中各向同性的高斯函数的形式如下：

$$G(x,y) = \frac{1}{2\pi\sigma^2} e^{-\frac{x^2+y^2}{2\sigma^2}}$$

其中 σ 是标准方差，其值越大，则高斯曲线越平缓，反之则越陡峭。考虑高斯函数的二阶导数则可以得到 LoG 算子：

$$\nabla^2 G(x,y) = -\frac{1}{\pi\sigma^4}\left(1 - \frac{x^2+y^2}{2\sigma^2}\right) e^{-\frac{x^2+y^2}{2\sigma^2}}$$

高斯核的尺寸通常可以根据高斯平滑的作用范围来确定，例如 $6(\sigma+1)\times 6(\sigma+1)$ 为减小计算量，通常可以用 DoG（Difference of Gaussian，高斯函数差分）来代替 LoG，其通过两个大小不同的高斯函数的差值来近似 LoG。

（6）Canny 边缘检测：一种基于多步骤的边缘检测方法，被广泛应用于计算机视觉领域。它通过以下几个步骤来提取图像的边缘信息。首先，使用高斯滤波器来降低噪声；然后用一阶偏导来计算梯度强度和方向（例如通过 Sobel 算子获得）；接着进行 NMS 来消除边缘误检，具体的做法是依次考虑所有可能的边缘像素，将其与正负梯度方向上的像素进行比较，如果其灰度值（或者梯度值）最大则保留该点，否则抑制该点；最后利用双阈值判断其是否确定是边缘像素，具体的做法是设置高、低两个阈值，依次考虑在上述步骤未被抑制的像素，若其像素值（或梯度值）高于高阈值则保留，若低于低阈值则抑制，若位于高低阈值之间，则需要分情况考虑，一般来说若其与主边缘（阈值大于高阈值的像素）相连接则保留，反之则舍弃。Canny 边缘检测准确性高，对噪声的稳健性强，并且能够检测到细微的边缘。

9.2.4　基于区域的图像分割方法

基于边缘的图像分割方法是寻找不同区域的边界，而基于区域的图像分割方法则是依据一定的规则把图像分割成不同的区域，每一个区域内部都是连续的，且具有相似的特征，例如纹理、颜色、灰度值等。基于区域的图像分割方法有两种基本的方法：区域生长法以及区域分裂合并法。

（1）区域生长法：从区域的基本单元——像素出发，利用像素的相似性使该像素逐步和与其相似相邻的像素合并形成一个区域。区域生长法的一般步骤如下。

① 选择一个种子，即一个像素。

② 根据设定的准则，将其与相邻的像素合并成区域。

③ 重复步骤②，直到区域中无法加入新的像素。

④ 重复步骤①～③，直到所有像素都被划分到某一区域。

⑤ 对划分结果进行处理，例如将较小的区域合并到相邻的区域。

区域生长法对噪声不敏感，且能够较好地保留图像中细节信息。然而这种方法计算量较大，而且分割的结果会因为种子选择的不同而异。

（2）区域分裂合并法：与区域生长法从单个像素出发相反，区域分裂合并法从图像整体出发，制定一个区域分裂的标准，然后依据分裂的标准将图片分割成不同的区域。区域分裂合并法的一般步骤如下。

① 将图像随意分割成几个子区域。

② 设置分裂的标准，对这些子区域进行分裂。

③ 重复步骤②直到无法进行分裂。

④ 将相似的区域合并成一个区域。

在不断的分裂与合并过程中需要不断调整分裂与合并的标准，尽可能地提升分割准确性。此方法对复杂场景图像比较有效，可以灵活应对图像中的各种变化。与区域生长法一样，这种方法的计算量较大。区域分裂合并方法对分裂和合并标准比较敏感，因此选择好的分裂与合并的标准是使用这个方法的关键。

常见的基于区域的图像分割方法还有分水岭算法，其是区域生长法的改良版。分水岭算法将图像梯度图的分水岭作为区域边界来分割图像。此算法的核心思想是把图像看作地理上的拓扑地貌，图像中每一个像素的灰度值被视作其海拔，局部极小值及其影响的区域被视作盆地，盆地之间的边界形成分水岭。分水岭算法容易受到噪声和局部最小值的影响，造成过度分割或者欠分割，因此选择合适的阈值参数对分水岭算法至关重要。

9.2.5　基于聚类的图像分割方法

通过聚类像素也可以对图像进行分割。聚类是把具有相似特征的样本归类形成一簇，基于聚类的图像分割方法就是把具有相似特征的像素聚为一簇，并给予它们相同的标签。常见的聚类方法主要有原型聚类、层次聚类以及基于密度的聚类。下面以经典的聚类方法 k-Means 为例介绍如何基于聚类来对图像进行分割。

① 将图像转化为灰度图，并进行归一化处理。

② 设定聚类的数目 k，k 是一个学习模型的超参数，其需要根据已有信息或经验设定。

③ 随机选择 k 个像素作为初始的聚类中心。

④ 依次考虑每个像素，计算其与每个聚类中心的距离，然后将其分配给距离最近的聚类中心，当所有像素都分配完成以后，利用分配好的结果计算新的聚类中心；再次依次考虑每个像素，计算其与新的聚类中心的距离，并据此重新分配像素，重复这个过程，直到聚类中心没有显著变化。

需要注意的是，基于聚类的图像分割方法对初始聚类中心的选择比较敏感，因此聚类中心的选择会直接影响到分割的性能表现。此外 k 值的设定也对分割的效果有较大的影响。

9.2.6　其他传统图像分割方法

除了以上介绍的几种传统图像分割方法外还有很多其他传统图像分割方法，例如基于图论的图像分割方法、基于能量泛函的图像分割方法、基于小波分析和小波变换的图像分割方法等。基于图论的图像分割方法将图像的像素视作节点，而连接结节点的边的权重由像素的相似度决定，由此形成了一个带权无向图。随后对图进行切割，将其分成几个子图，使得每个切割后子图内部的边权值最小。常见的切割算法有 Spectral Clustering、Normalized Cut、Minimum Cut、Graph Cut、Grab Cut 等。基于能量泛函的图像分割方法通过迭代调整轮廓以符合所期待的目标边界，这首先需要定义一个自变量包括边缘曲线的能量泛函，然后求解最小能量泛化找到目标轮廓。基于能量泛函的图像分割方法主要有主动轮廓模型以及相关算法。依据模型中曲线表达形式的不同，主动轮廓模型主要分为参数主动轮廓模型和几何主动轮廓模型。参数主动轮廓模型主要有 SNAKE 模型、ASM（Active Shape Model，主动形状模型）、AAM（Active Appearance Model，主动外观模型）、CLM（Constrained Local Model，约束局部模型）；几何主动轮廓模型主要有水平集（Level Set）方法等。

9.3　基于深度学习的图像分割方法

传统图像分割方法在特定的应用领域和场景中仍然具有一定的价值，特别是在计算资源有限或需要实时性的情况下。然而，随着深度学习和神经网络的发展，基于深度学习的图像分割方法在许多任务中取得了更好的效果，成为当前研究的热点。这些方法能够从大量数据中学习并提取高级特征，从而在复杂的图像场景中更准确地进行分割。

9.3.1　图像分割数据集

数据的质量是影响深度学习性能的一个关键因素，因此在本小节，我们将介绍一下目前常见的图像分割数据集。按照用途不同，我们将常见的图像分割数据集分为 4 个大类来介绍：通用图像分割数据集、街景或者自动驾驶图像分割数据集、医学影像分割数据集、遥感图像分割数据集。在这些数据集中，每个图像都有对应的像素级分割标签，并提供图像中每个像素的语义类别信息。标签通常是用颜色编码的图像，其中每个像素的颜色表示

全卷积神经网络
分割

其所属的目标类别或背景。这些数据集通常具有复杂的形状、纹理以及姿态等,涉及不同的尺度和视角。而且图像中的目标可能与背景存在模糊边界或重叠,需要准确地进行像素级分割。此外,数据集中的图像也存在部分遮挡、光照变化等问题,对分割算法的稳健性提出了要求。

1. 通用图像分割数据集

PASCAL VOC:一个常用的图像分割和目标检测领域的数据集,旨在推动计算机视觉中目标识别和分割的研究。从 2005 年开始,每年都会举行 PASCAL VOC 挑战赛,其内容不断变化和增加,从最初的分类逐渐加入检测、分割、人体布局以及动作识别等。PASCAL VOC 数据集由 10582 张训练图像、1449 张验证图像和 1456 张测试图像组成。这些图像涵盖了各种不同的场景,包括室内和室外环境,具有不同的目标类别和尺度。PASCAL VOC 数据集共包含 20 个目标类别,包括人、动物、车辆、家具、电子产品等。

COCO:一个广泛应用于图像识别、目标检测和图像分割的计算机视觉数据集。COCO 数据集以复杂、多样化的场景为特点,包含大量具有像素级分割标签的图像。这些图像来自各种场景,包括室内和室外环境,具有不同的光照条件、背景和尺度。分割标签提供了图像中每个目标的准确边界和对应的类别标签。COCO 数据集共包含超过 330000 张图像,涵盖了 90 个不同的目标类别,包括人、动物、车辆、家具、食品等。

COCO-Stuff:一个基于 COCO 数据集的衍生数据集,主要用于图像分割和场景理解的研究。COCO-Stuff 数据集提供了更详细和准确的图像分割标签,以支持对图像中各个物体和场景的精细分割。该数据集包含超过 171 个不同的物体类别,涵盖了广泛的场景和物体。除了 COCO 数据集中的常见物体类别(如人、车辆、动物等),COCO-Stuff 还提供了对更细粒度的类别(如不同种类的建筑物、树木等)的标注。

ADE20K:一个用于图像分割和场景解析的大规模数据集。该数据集以复杂和多样化的场景为特点,旨在推动场景理解、图像分割的研究。ADE20K 数据集包含超过 20000 张分辨率高的原始图像和对应的像素级标注。ADE20K 数据集包含 150 个物体类别的标签,包括人、动物、家具、车辆、植物等。每个物体类别都有相应的类别标签,这些类别的多样性使得数据集具有挑战性和真实性。

PartImageNet:一个用于目标部分分割的数据集,旨在推动细粒度图像分割的研究。该数据集基于 ImageNet,其中 ImageNet 是一个常用的图像分类数据集,包含大量的物体类别。PartImageNet 数据集包含从 ImageNet 中选取的图像和相应的部分分割标签。ImageNet 数据集包含超过 1000 个物体类别,而 PartImageNet 则提供了这些类别中每个物体的精细部分分割标签。该数据集中的图像涵盖了各种场景和视角,包括细粒度的物体特征。每个图像都有对应的像素级分割标签,提供了对图像中物体的细粒度部分的准确分割,例如头部、身体、四肢等。这使得 PartImageNet 数据集可以支持对物体内部不同部分的像素级分割。每个类别的部分分割标签可以帮助研究人员更好地理解物体的内部结构和特征。

2. 街景或自动驾驶图像分割数据集

Cityscapes:一个专注于城市场景的图像分割数据集,主要用于推动城市场景理解和自动驾驶领域的研究。该数据集包含来自欧洲各个城市的高质量图像和详细的像素级标签,旨在提供准确的场景解析和分割边界。Cityscapes 数据集包含 30 个不同的类别,涵盖了常见的城市场景。这些类别包括道路、车道、天空、建筑物、汽车、自行车、交通灯等。

CamVid：一个广泛应用于图像分割领域的数据集，主要用于城市交通场景的分割任务。该数据集提供了高质量的图像和像素级标签，旨在促进交通场景的理解和分割算法的研究。该数据集中的图像来自英国剑桥市，并涵盖了不同的交通场景，包括道路、车辆、行人、自行车等。CamVid数据集共包含32个不同的类别，包括道路、行人、车辆、自行车等。这些类别涵盖了城市交通场景中的常见对象和物体。

IDD（Indian Driving Dataset，印度驾驶数据集）：一个专注于印度驾驶场景的图像分割数据集，旨在推动自动驾驶系统和驾驶辅助算法在印度道路环境中的研究和测试。IDD数据集包含来自印度不同城市道路的图像和对应的像素级标签。该数据集涵盖了各种驾驶场景，包括城市道路、乡村道路、高速公路等，以及不同光照和天气条件下的场景。IDD数据集包含超过26个不同的类别，这些类别包括道路、车道、车辆、交通信号灯、行人、建筑物等。

SYNTHIA：一个用于计算机视觉和自动驾驶研究的综合数据集，包含大量的合成图像和相应的标签，合成图像通过在计算机图形渲染引擎中合成来模拟真实场景。每个图像都包含丰富的视觉信息，如道路、建筑物、车辆、行人、天空等。SYNTHIA数据集还提供了多个场景和环境下的图像，包括城市街道、高速公路、乡村等。这使得数据集具有多样性，可以模拟不同的驾驶环境和视觉条件。同时，该数据集还提供了不同天气条件下的图像，如晴天、阴天、雨天等，以增强分割算法的稳健性。

3. 医学影像分割数据集

图像分割一个重要的应用就是医学影像的分割。BRATS（Brain Tumor Segmentation）是脑肿瘤分割挑战赛数据集，也是一个公开的脑部病变分割数据集，包含多种类型的脑部病变，如恶性胶质瘤、转移瘤等。它包含多模态的MRI（Magnetic Resonance Imaging，磁共振成像）图像和相应的分割结果。LiTS（Liver Tumor Segmentation）数据集主要用于肝脏肿瘤的分割。它包含多模态的CT（Computed Tomography，计算机断层扫描）图像和相应的分割结果。LIDC-IDRI是肺癌研究协会提供的肺部影像数据集，主要包含肺部CT扫描图像，是肺部疾病研究的重要数据来源。ChestX-ray8是一个肺部结节检测的数据集，包含108974张胸部X光片。MegaMedical是一个大规模的医学分割数据集，收集了53个医学分割数据集，超过22000次扫描，可进行各种解剖学和成像模态的训练。CHASE_DB是一个先天性心脏病的数据库，包含超过2000个病例的心脏超声图像，是先天性心脏病研究的重要数据来源。DRIVE是一个视网膜病变数据集，包含多种类型的眼底图像，如糖尿病性视网膜病变、黄斑变性等图像。

4. 遥感图像分割数据集

ISPRS（International Society for Photogrammetry and Remote Sensing）数据集是用于遥感图像分割和分类任务的数据集，包括波茨坦、法伊英根等城市地物分类和建筑物分割数据集。DeepGlobe数据集包含来自全球不同地区的高分辨率遥感图像以及建筑物、道路和水域等目标的分割标签。SpaceNet数据集是由美国国家地理空间情报局（National Geospatial-Intelligence Agency，NGA）创建的数据集，用于街景图像的建筑物、道路和汽车等目标的分割任务。AIS数据集是一个用于航空图像分割的数据集，包含来自不同地区的航空图像以及高分辨率的分割标签。WHU-RS19数据集是武汉大学发布的遥感影像数据集，用于道路分割任务。遥感道路数据集（CHN6-CUG Road Dataset）是中国第一个具有代表性的城市大尺度卫星遥感影像道路数据集。该数据集选取了中国6个具有代表性的区域，包括北京市朝阳区、上海市杨浦区、武汉市中心、深圳市南山区、香港特别行政区沙田区和澳门特别行政区。该数据集的遥感影像底图来自谷歌，包含 512 像素×512 像素大小的 4511 幅标记图像，其中 3608 幅用于模型训练，903 幅用于测试和结果评估，其分辨率为 50cm /像素。DroneDeploy 数据集由无人机图像（分辨率 0.1m，RGB）、标签（6 个土地覆盖类别：建筑物、杂物、植被、水、地面、汽车）和高程数据构成，采用基线模型。SkyScapes 是城市基础设施和车道标线数据集，该数据集包含高精度街道车道标线（12 类，例如虚线、长线、斑马区）和城市基础设施（19 类，例如建筑物、道路）。

9.3.2 基于 FCN 的图像分割方法

FCN 是一种特殊的神经网络结构，FCN 主要由卷积层和上、下采样层构成，不包含全连接层。全连接层在 CNN 中通常用于最后的分类任务，但 FCN 的目标是像素级的预测，因此不需要全连接层。FCN 接收任意大小的输入图像，并输出与输入图像尺寸相同的特征图。这使得网络可以处理不同尺寸的图像，而不需要进行大小调整或裁剪。FCN 的训练过程与一般的 CNN 的训练过程类似，通过反向传播算法和优化算法来调整网络参数。在推理预测阶段，FCN 可以对任意大小的图像进行语义分割，输出每个像素的分类结果。

1. FCN

具体地，为了能够实现分割任务，FCN 在一般的 CNN 上进行了 3 个方面的改变。

（1）卷积化：即将全连接层转化换为卷积层。以 VGG16 为例，其包含 5 个卷积模块（13 个卷积层）、5 个最大池化下采样、3 层全连接层，使用 ReLU 函数作为卷积层和全连接层的激活函数，第 3 个全连接层的输出经 Softmax 函数转化概率分布。图像分割不再需要 Softmax 函数，因此首先需要删除 Softmax 函数操作。而卷积化就是就是把 3 个全连接层转化为卷积层：将图像转化为 224×224（3 通道）的尺寸后输入网络，经过第 5 个池化操作后得到 7×7（512 通道）的特征图，将第一个全连接层 Linear(7×7×512,4096) 转化为卷积层 Conv2d(512,4096,kernel_size=7)，第二个全连接层 Linear(4096,4096) 转化为卷积层 Conv2d(4096,4096,kernel_size=1)，第三个全连接层 Linear(4096,1000) 转化为卷积层 Conv2d(4096,1000,kernel_size=1)。

（2）上采样：上采样是一种常用的操作，用于将低分辨率的特征图恢复到原始输入图像的尺寸。由于卷积和池化等操作会导致特征图的尺寸减小，因此需要通过上采样来还原分辨率，以便进行像素级的分割。常见的上采样方法有插值上采样、反卷积采样等。插值上采样通过对特征图进行插值操作，将每个像素的特征值扩展到更大的尺寸。常用的插值方法有最近邻插值、双线性插值和双三次插值等。这些方法可以根据输入像素的值及其周围像素的关系来估计新像素的值。反卷积上采样本质上是卷积的反向操作，可以通过学习权重进行上采样。它使用类似于卷积的过程，在输出特征图上的每个像素位置周围应用滤波器，生成更大尺寸的特征图。

（3）跳跃连接（Skip Connection）：利用上采样之前的特征来辅助上采样。通过上采样操作将较小尺寸的语义特征扩大，然后将扩大后的特征图与上采样前的具有同尺寸的特征图进行融合。这种连接方式可以有效地将浅层特征与深层特征进行对齐，并帮助网络更好地捕捉不同尺度下的语义信息。跳跃连接的引入使得 FCN 能够克服传统 CNN 在图像分割任务上的限制。它充分利用了不同层次的特征，既能够保留高分辨率的细节信息，又能够融合语义信息，提高了分割结果的准确性和细节保真度。通过适当设计和使用跳跃连接，可以构建更强大和高效的图像分割网络。跳跃结构如图9.4所示。

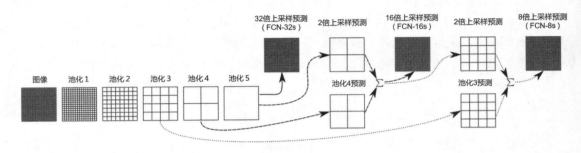

图9.4　跳跃结构

FCN具有端到端的训练能力，可以直接接收和处理任意尺寸的输入图像，无须固定大小的输入。全卷积层可以学习到图像的空间结构信息，对像素之间的上下文关系有较强的建模能力。FCN能够在保持图像细节的同时，进行多尺度的语义特征提取，对于处理不同尺度的目标和场景具有较好的适应性。然而全卷积方法通常会导致分割结果的边界不够精细，这在处理目标边界细节时可能存在一定的不准确性。此外FCN在处理细小目标或低对比度目标时可能表现不佳，因为它主要依赖于局部像素上下文的信息。

2. U-Net

U-Net是一种经典的基于FCN的图像分割架构，由Olaf Ronneberger等人在2015年提出。U-Net的整体结构呈现出U形，因此得名。它由一个编码器和一个解码器组成，两者之间通过跳跃连接进行信息传递。

编码器部分由多个下采样（降维）模块组成。每个下采样模块包含两个3×3卷积层和一个2×2的最大池化层。这些下采样操作通过逐步减小特征图的大小来提取高级语义特征。每经过一次下采样操作，特征图的通道数会翻倍。解码器部分的结构与编码器部分的镜像对称。它由多个上采样（升维）模块、跳跃连接和上卷积操作组成。上采样模块通常使用转置卷积（反卷积）操作，将特征图的尺寸逐步增大。同时，跳跃连接将对应的编码器模块输出与解码器模块进行逐元素相加，将底层的细节信息传递给解码器，以帮助恢复分割结果的细节。U-Net的网络架构如图9.5所示，其中左边为编码器，输入图像经过卷积以及最大池化进行4次下采样；右边为解码器，各层级特征图经过反卷积上采样并通过跳跃连接与左边特征进行融合；最后一层通过与标签计算损失进行网络优化。对比图的左右两边，可以发现对应的图像特征尺寸不一样，这是因为从左边到右边图像特征还要经过一定的裁剪。在实际的应用中可以把左右两边对应的图像特征调整为相同的尺寸。

U-Net设计简洁、易于训练，最初被设计用于生物医学图像分割任务，特别是对于小样本和低对比度的医学影像数据。它在医学图像分割领域取得了显著的成果，由于其灵活性和可扩展性逐渐被应用于其他领域的图像分割任务。相比于FCN，U-Net有比较对称的网络架构以及具体的跳跃连接机制。

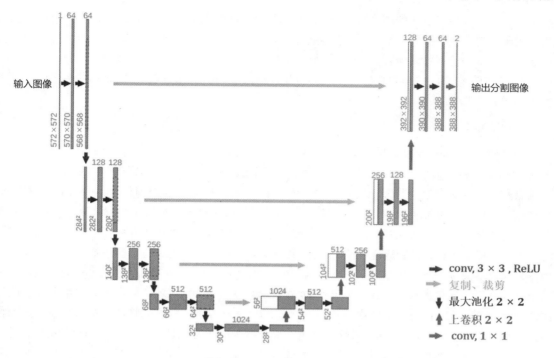

图9.5　U-Net的网络架构

3．SegNet

SegNet 也是一种基于 FCN 的图像分割方法。由 Vijay Badrinarayanan 等人在 2015 年提出。SegNet 主要用于语义分割任务，其设计目标是实现低分辨率图像的高质量分割。SegNet 的架构也包括编码器和解码器两个部分，其结构与自编码器（Autoencoder）的类似。编码器用于提取输入图像的特征表示，解码器则通过上采样操作将编码后的特征图映射到原始图像大小，并生成像素级的预测。解码器部分的结构与编码器部分的镜像对称。解码器采用反卷积和非线性激活函数来进行上采样操作，以提高特征图的空间分辨率。SegNet 的损失函数使用交叉熵损失函数，并结合了 Softmax 激活函数，以实现像素级的分类。比起 U-Net，SegNet 的创新在于使用了最大池化层的索引信息，用于解码器的非线性上采样过程中像素的定位，与反卷积上采样相比，减少了运算量以及参数数量。SegNet 的网络架构如图 9.6 所示，通过卷积层提取特征，批量归一化层起到归一化的作用，最大池化时会记录最大值的索引。

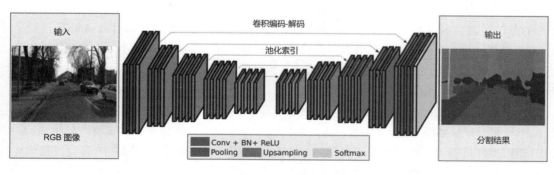

图9.6　SegNet的网络架构

SegNet 是一种轻量化的图像分割方法，在低分辨率图像的分割任务中表现良好，在自动驾驶、医学图像分割等领域得到广泛应用。然而在处理高分辨率图像和复杂目标时，可能需要使用其他更复杂的网络结构或技术来提高分割的准确性和稳健性。SegNet 的核心是编码器-解码器结构，与 U-Net 类似，它们的差异主要在于上采样方法。相比于 U-Net，SegNet 在性能和效率之间达到了更好的平衡。

4. PSPNet

PSPNet（Pyramid Scene Parsing Network，金字塔场景解析网络）是一种用于语义分割任务的深度 CNN。它通过金字塔池化模块来捕捉不同尺度的上下文信息，以更好地理解图像的语义，并生成像素级的分割结果。PSPNet 通过一系列卷积和池化层来逐渐提取图像的低级和高级特征。这些卷积和池化层能够捕捉图像的视觉信息，并将其编码成特征图。在特征提取之后，PSPNet 引入了金字塔池化模块，如图 9.7 所示，给定输入图像，通过 CNN 提取其视觉特征，然后通过金字塔池化模块完成上采样，最后通过 CNN 层得到预测结果。该模块通过对特征图进行不同尺度的池化操作来捕捉多尺度的上下文信息。具体来说，PSPNet 将特征图划分为多个不同大小的区域，然后对每个区域进行池化操作，得到固定尺寸的特征向量。这样 PSPNet 就能够在不同尺度上编码图像的全局和局部信息。在经过金字塔池化模块之后，PSPNet 将不同尺度的特征向量进行级联或加权融合。通过特征融合，PSPNet 能够综合考虑不同尺度上的语义信息，并生成更准确的分割结果。在特征融合之后，PSPNet 使用上采样操作将特征图恢复到与输入图像相同的尺寸。最后，通过分类层将特征图映射到像素级的分割结果，即为每个像素分配对应的语义类别。

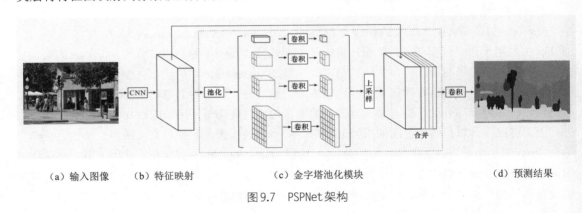

（a）输入图像　　　（b）特征映射　　　　　　（c）金字塔池化模块　　　　　　　　（d）预测结果

图 9.7　PSPNet 架构

5. DeepLab

DeepLab 在 FCN 基础上进行了改进和扩展，以获得更准确的分割结果。DeepLab 同样使用编码器-解码器结构，其中编码器部分通常采用预训练的 CNN（如 VGG、ResNet 等）来提取图像的高级语义特征。解码器部分使用空洞卷积来逐步恢复细节和空间信息。最后一层采用全卷积层，用于生成与原始输入图像相同尺寸的预测结果。

空洞卷积是 DeepLab 的关键技术，通过在卷积核中引入空洞（也称为膨胀因子）来扩大卷积操作的感受野，如图 9.8 所示，卷积核大小为 3×3：左边为正常的卷积，右边为空洞卷积。传统的卷积操作只能捕捉局部的上下文信息，而空洞卷积可以在保持计算效率的同时，有效地捕捉更多的上下文信息，提高分割结果的准确性。在传统的卷积操作中，滤波器在输入特征图上以固定的步幅进行滑动并进行卷积运算。而空洞卷积在滑动过程中，在滤波器的采样点之间引入间隔或空洞，从而扩大滤波器的感受野。在实现时，空洞卷积可以看作普通卷积的变体，对于空洞率为d的空洞卷积，卷积核的大小保持不变，但在应用时，将其采样点之间按照空洞率进行间隔。

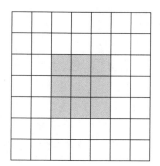 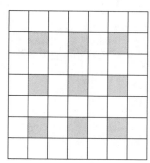

图9.8　空洞卷积示意

DeepLabv2中引入了空洞空间金字塔池化 （Atrous Spatial Pyramid Pooling，ASPP），如图9.9所示，旨在通过并行多尺度的空洞卷积和全局池化来捕捉图像的多尺度上下文信息。这些空洞率可以根据具体的应用进行调整。ASPP包括一个全局池化分支，用于对整个特征图进行平均池化操作。这个分支可以捕捉到图像的全局上下文信息，并将其压缩为一个固定维度的特征向量。最后，所有分支的特征图被拼接或加权融合在一起，将多尺度的上下文信息综合起来。这样，模型就能够同时考虑多个尺度的上下文信息，并将其应用于图像分割任务中以提高分割准确率。

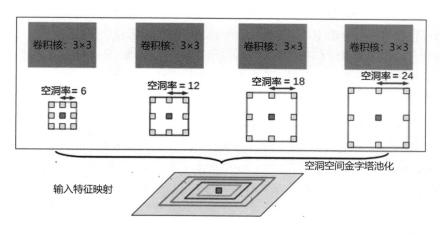

图9.9　ASPP

为了能够获取更多的上下文信息，DeepLabv3设计了级联空洞卷积模块，如图9.10所示。在图9.10中，Block4被复制为Block5、Block6、Block7，并将它们安排为级联的方式。然后将它们与3×3的滤波器进行空洞卷积，空洞率依次增大。级联模块设计的目的在于可以更容易地在深层模块中捕获远程信息。此外DeepLabv3在DeepLabv2中引进的ASSP模块中加入了批量归一化层。此外由于图像是有边界的，因此当空洞卷积的空洞率过大则卷积核会退化成1×1，导致无法捕获远程的信息。为了解决这一问题，DeepLabv3 在 ASPP 模块中加入了一个图片级别的特征，如图 9.11 所示。由于通过空洞卷积获得小于原图 8 倍或者 4 倍的特征图对算力有较高要求，因此 DeepLabv3+ 在 DeepLabv3 的基础上增加了一个解码器来恢复更多图像中目标边界的信息。

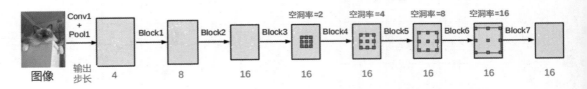

图 9.10　级联空洞卷积模块

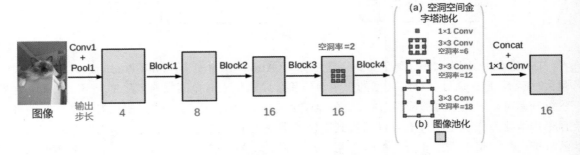

图 9.11　加入图片级别的特征

9.3.3　基于目标检测的图像分割方法

基于目标检测的图像分割方法主要利用已经检测出的目标边界框，将图像分割成不同的区域。这些方法通常包括以下步骤：首先，通过目标检测算法（如 Faster R-CNN、YOLO、SSD 等）获取图像中的目标边界框；然后，根据这些目标边界框将图像分割成不同的区域；最后，对每个区域进行分类和分割。

1．Mask R-CNN

R-CNN 及其延伸方法 Fast R-CNN、Faster R-CNN、Mask R-CNN 在目标检测任务中取得了优异的性能表现。Faster R-CNN 提出了 RPN。RPN 能够端到端地生成候选区域，不需要像 R-CNN 和 Fast R-CNN 那样使用选择性搜索等方法。RPN 同时进行目标检测和候选区域生成，使整个系统更加高效。Mask R-CNN 在 Faster R-CNN 的基础上进一步引入了 FCN 和二值掩膜分支。除了目标分类和边界框回归，Mask R-CNN 还通过二值掩膜分支生成每个候选区域的像素级分割结果，从而实现了实例分割任务。

具体的 Mask R-CNN 的实现步骤如下。首先，使用 RPN 在图像上生成候选区域。RPN 通过在特征图上滑动窗口，预测每个窗口是否包含物体，并生成候选区域的边界框。接下来将生成的候选区域输入特征提取网络中，提取每个候选区域的共享特征。这些共享特征可以在整个图像上共享，从而提高计算效率。对于每个候选区域，使用 RoI Align 池化层对其进行池化操作，将其映射为固定尺寸的特征图，Mask R-CNN 的架构如图 9.12 所示。通过 RoI Align 池化，可以将每个候选区域表示为固定长度的特征向量，然后使用分类器和回归器来对每个候选区域进行目标分类和边界框回归。分类器将每个候选区域分配给相应的语义类别，并预测边界框的位置和尺寸。Mask R-CNN还引入了二值掩膜分支。该分支基于FCN的思想，通过在每个候选区域上添加一个FCN来生成每个物体实例的像素级分割掩膜。掩膜分支输出的是一个二值掩膜，指示每个像素是否属于物体。

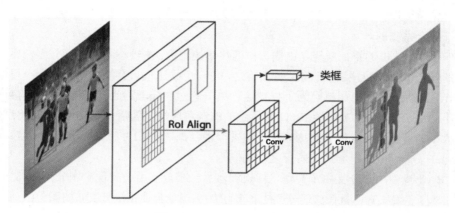

图9.12 Mask R-CNN的架构

2. PANet

PANet是Mask R-CNN的一个延展方法。浅层特征对图像分割来说非常重要，因为其包含大量边缘形状等特征，这对像素的分类任务，即图像分割起到关键作用。然而在Mask R-CNN中，由于从浅层特征到深层特征（尤其是到最深层特征）的信息的路径太长，导致无法获取实例分割需要的准确定位信息，因此PANet提出缩短底层特征到顶层特征之间的路径以提升实例分割的准确性。PANet为在Mask R-CNN的基础上进一步提高实例分割的性能表现，主要采取了3个措施，如图9.13所示：(1)建立一个自下而上的路径增强；(2)引入自适应特征池化（Adaptive Feature Pooling）；(3)建立全连接融合。

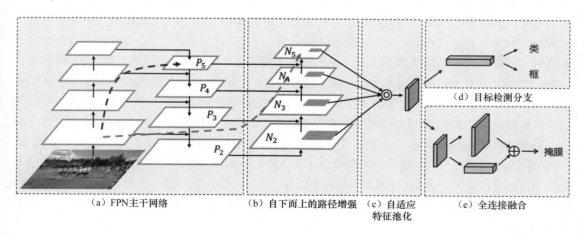

图9.13 PANet的架构

图9.13中自下而上的路径增强是为了缩短底层特征到顶层特征的路径以及通过存在于浅层中

的精确定位信息来提升特征金字塔的性能。图中 P_2、P_3、P_4、P_5 表示由特征金字塔生成的不同层级的图像特征（原图与 P_2 的融合可以记作 P_1，但在 PANet 中不考虑这样的特征）。如图 9.13 所示，在 PANet 中建立了一条连接底层特征层到顶层特征层 N_5 的捷径，通过这条捷径，从底层特征层到顶层特征层 N_5 只需要经过少于 10 个层，而从底层特征层到顶层特征层 P_5 需要经过超过 100 个层。因此建立这样一条捷径能够较好地保存浅层特征信息。需要注意的是，图 9.13 中 P_2 和 N_2 表示的是同一个特征图，而 N_3 是 P_3 和 N_2 经过常规的特征融合操作而得到的，同样地，N_4 和 N_5 也是通过特征融合得到的。

在 FPN 中，候选框的特征层级是由候选框的尺寸决定的：给较小的候选框分配较底层的特征，而给较大的候选框分配较顶层的特征。总而言之，每一个候选框只会被分配到某一个层级的特征。PANet 提出的自适应特征池化就是为了打破这种单一的对应分配。为此 PANet 首先将每一个候选框映射到不同层级的特征，如图 9.13（b）所示的深灰色区域，随后使用 RoI Align 将这些区域池化为相同大小的特征图，最后再对这些特征图进行融合，如图 9.13（c）所示。自适应特征池化本质上就是建立了每个候选框与所有特征之间的联系。

Mask R-CNN 中一个分支用于实现目标检测，另一个分支用于实现实例分割。其为了实现实例分割而引入了 FCN。PANet 在实例分割中还多增加了一个全连接层分支，如图 9.13（e）所示。这个新增的分支的作用就是进行前景和背景的二分类任务，将 FCN 分支和全连接层分支的输出掩膜进行融合可以提升实例分割的准确性。增加新的分支实际上是对 FCN 的一个补充，为每个候选框提供了不同的视图。

3. YOLACT

YOLACT（You Only Look At CoefficienTs）是一种实时实例分割方法，旨在从图像中准确地分割出不同的对象实例。现有的实例分割方法通常采用类似于 R-CNN 系列的二阶段检测方法，首先通过 RPN 生成一系列 RoI，然后对每个 RoI 进行目标检测和分割。这种方法虽然精度较高，但需要消耗大量的计算资源和时间，无法满足实时性的要求。另外，类似于 YOLO 系列的一阶段检测方法虽然速度较快，但精度较低，无法满足实例分割任务的需求。

YOLACT 基于 YOLOv3 的目标检测方法实现实例分割。由于 YOLACT 采用了一阶段检测方法的思想，并融合了检测和分割过程，以实现端到端的实例分割，因此 YOLACT 的速度较快。YOLACT 使用实例级的运算，而不是像素级的运算，以减少计算量。它通过运用实例级的特征选择机制，仅对感兴趣的实例执行运算，从而显著提高了效率。YOLACT 的架构如图 9.14 所示，YOLACT 将实例分割任务分成两个并行的子任务：一个是在整个图片上生成非局域的原型掩膜集合；另外一个是预测每一个实例的掩膜系数。将原型掩膜与掩膜系数结合再经过裁剪等操作后得到实例掩膜。具体来说，最后通过原型掩膜和掩膜系数的线性组合则可以生成实例掩膜。在图 9.14 中，原型网络（Protonet）是一个 FCN，其最后一层有 4 个通道对应生成 4 个原型掩膜，与此同时在预测探头中除了边界框和类别预测两个分支，还有一个掩膜系数预测分支。每一个掩膜系数对应一个原型掩膜，因此有 4 个掩膜系数（对于目标"人"，其掩膜系数为 +、+、+、−）。经过 NMS 操作后，将原型掩膜与掩膜系数在掩膜组件中进行线性组合，随后经过裁剪和阈值判断后得到实例分割结果。

YOLACT 在实时场景中具有较高的性能，能够实现高帧率的实例分割。具体来说，YOLACT 在处理分辨率为 550 像素×550 像素的图片时，其速度超过了 30FPS（Frame Per Second, 帧每秒），因此其可以进行实时的实例分割。YOLACT在保持实时性的同时，具备较高的分割准确性，对目标的检测和分割效果较好。YOLACT存在对目标尺寸的限制，在分割小尺寸目标时可能会受到影响。

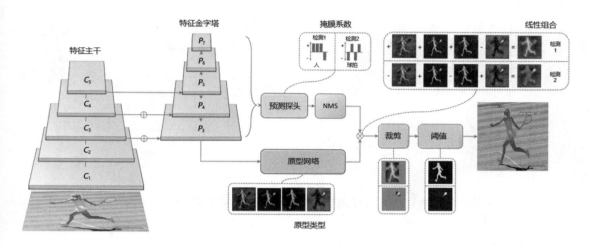

图9.14　YOLACT的架构

4. BlendMask

实例分割算法在处理目标边界和小物体等时面临一定的挑战，BlendMask引入了融合机制，通过将不同层级的特征融合在一起，从而提高实例分割的准确性和稳健性。实例分割一般可以分为自上而下的分割方法和自下而上的分割方法。自上而下的分割方法首先通过目标检测的方法找到实例的边界框，然后对检测框内的像素进行分类，每个分割结果都是一个不同的实例输出。自上而下的分割方法最早出现在DeepMask中，其通过滑动窗口的方法生成实例掩膜。自下而上的分割方法则首先进行像素级的语义分割，然后通过一些技术手段区分不同的实例，例如聚类、度量学习等。自上而下的分割方法和自下而上的分割方法各有其缺点。自上而下的分割方法由于先进行目标检测，可能会丢失一些局部信息，如物体的细节和形状，导致分割结果不够准确。而自下而上的分割方法从局部像素出发，往往难以保持实例的完整性和连续性，容易产生"碎片"或"不连续"的实例。

BlendMask结合了自上而下的分割方法和自下而上的分割方法，旨在将实例层的信息与底层的语义信息有效结合，提升实例分割的准确性。BlendMask的架构如图9.15所示，其包含检测模块（Detector Module）和BlendMask模块（Blend Mask Module）。Blend Mask 中的检测模块使用了one-stage（一阶段）且anchor-free（无锚点）的FCOS方法。Bottom模块用于判断RoI中是否包含目标对象的位置敏感得分图，这个得分图对应图9.15中的Bases。该图中的每一个"塔"之上都加上了一个卷积层（称为Top layer）用于预测最顶层的注意力（Attentions，Attns）。最后通过Blender模块将Bases和Attns进行融合。具体地，对于每个预测实例，Blender使用这些预测实例的边界框裁剪Bases，并根据学习到的Attns将其根据线性方式进行结合，Bases与Attns的结合过程如图9.16所示，有4个Bases（上）和Attns（下）。BlendMask通过这种结合高低层特征的方式，实现了对图像中密集实例的精确分割，并且在精度和速度上都取得了突出的表现。

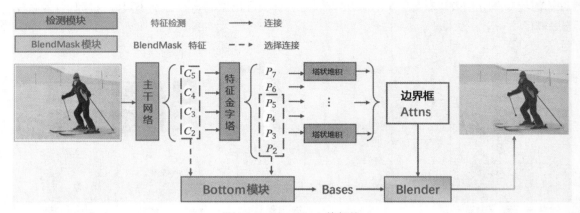

图9.15　BlendMask的架构

由于近年来深度学习被证明可以学习到好的语义特征，因此基于深度学习的目标检测方法和图像分割方法如雨后春笋。除了以上介绍的几种基于目标检测的实例分割方法外，还有很多值得我们关注的分割方法，例如InternImage-H、Co-DETER （single-scale）、PANet++、FCIS、SOLO、TensorMask、PloarMask、ShapeMask、PointRend等。

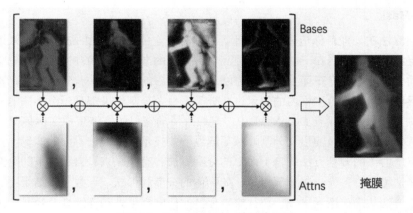

图9.16　Bases与Attns的结合过程

9.3.4　其他基于深度学习的图像分割方法

得益于深度学习的快速发展，基于深度学习的图像分割方法也得到了广泛的研究和发展。因此在本小节中，我们将简单介绍一下其他的基于深度学习的图像分割方法。

1.　基于循环神经网络的图像分割方法

循环神经网络 （Recurrent Neural Network，RNN） 是一种专门用于处理序列数据的神经网络结构。与传统的前馈神经网络不同，RNN具有循环结构，使其能够对序列中的先前信息进行建模和记忆。RNN的基本思想是在每个时间步骤上，将当前的输入与前一个时间步骤的隐藏状态（或记忆）相结合，产生当前时间步骤的输出和新的隐藏状态。这种结构使得RNN能够处理任意长度的序列数据，并且能够捕捉到序列中的时间依赖关系。

使用 RNN 可以将像素连接在一起并按顺序进行处理，以建立全局上下文模型并提高语义分割的准确性。ReSeg 是一种基于 RNN 的图像分割模型，其主要基于一种为图像分类而发展起来的模型，称为 ReNet。每个 ReNet 层由 4 个 RNN 组成，可水平和垂直地在图像中的各个方向上进行扫描，然后编码图像的小片段，并提供相关的全局信息。为了使用 ReSeg 进行图像分割，ReNet 层被堆叠在预训练的 VGG16 卷积层之上，这些卷积层被用于提取通用的局部特征。在 ReNet 层之后是上采样层，用以将预测结果恢复到原图片尺寸。

Byeon 等人使用 LSTM 网络发展了适用于场景图像的像素级分割和分类方法。他们研究了二维 LSTM 网络在自然场景图像中的应用，考虑了标签之间复杂的空间依赖关系。在这项工作中，分类、分割和上下文整合都是通过二维 LSTM 网络完成的，从而可以在一个模型中学习纹理和空间模型参数。除此之外，基于 RNN 的图像分割方法还有 Graph LSTM、DA-RNNs、Segmentation from Natural Language Expressions（基于自然语言表达式的分割）等。

2. 基于注意力的图像分割方法

注意力机制是一种模仿人类视觉系统的机制，用于模型在处理输入时集中关注特定的重要部分或特征。它是深度学习模型中的一种机制，通过动态地分配不同程度的注意力权重，使模型能够自适应地关注输入中的不同部分，从而提高模型的性能。

早在 2016 年就出现了基于注意力的语义分割模型，该模型提出的注意力机制可以学习在每个像素位置上对多尺度特征进行软性加权。通常情况下，注意力机制优于均值池化和最大池化，并使模型能够评估不同位置和尺度的特征的重要性。反向注意力网络（Reverse Attention Network，RAN）提出了一种使用反向注意力机制的语义分割方法，训练模型同时捕捉相反的概念（即目标类别特征和与目标类别无关的特征）。RAN 是一个三支路的网络，同时执行直接注意力和反向注意力的学习过程。金字塔注意力网络利用全局上下文信息对语义分割产生影响，将注意力机制和空间金字塔结合起来以提取精确且密集的特征用于像素分类，而不使用复杂的空洞卷积和人工设计的解码器网络。除此之外，基于注意力的图像分割方法还有对偶注意力网络（Dual Attention Network）、OCNet、EMANet、CCNet 等。

3. 基于 Transformer 的实例分割

Transformer 在 NLP 中展现了强大的性能，这使得研究人员将注意力转移到使用其相关技术来解决计算机视觉问题。目前人们已经引入了几种算法来解决计算机视觉中的不同问题，例如物体识别、目标检测、语义分割等。Transformer 中使用的技术采用了多头自注意力模块，不需要图像特定的偏置。图像被分割成多个像素块，并在 Transformer 编码器的帮助下进行处理。

端到端方法显著提高了各种基于深度学习的计算机视觉模型的准确性。为此，目标检测任务可以通过替换非端到端组件进行升级，例如用二分匹配替换 NMS 等组件，以减少冗余结果。然而，由于实例分割与目标检测相比输出维度更高，这种升级不适用于实例分割。一种基于 Transformer 的实例分割称为 ISTR，是同类中的第一个端到端框架。ISTR 预测低维掩码嵌入，并将其与真值掩码嵌入匹配以获得损失。此外，ISTR 使用递归细化策略平行执行目标检测和分割，与现有的自上向下和自下向上框架相比，提供了一种实现实例分割的新方法。

图像分割将具有不同语义（例如类别或实例）的像素进行分组。每个语义选择都定义了一个任务。虽然每个任务仅有语义方面的不同，但是通常情况下需要为每个任务设计专门的架构。

Masked-attention Mask Transformer（Mask2Former）架构是一个通用的架构，可以完成大多数图像分割（全景分割、实例分割或语义分割等）任务。它的关键组件包括掩膜注意力，通过将交叉注意力限制在预测的掩膜区域内，提取局部特征。基于Transformer的图像分割方法还有SOTR、SOIT等。

9.4 图像分割应用案例

在本节中我们将介绍3个图片分割应用案例，分别为遥感图像分割、医疗影像分割以及街景分割。

9.4.1 遥感图像分割

在本小节中我们将以遥感数据集Aerial Image Segmentation（AIS）为例，介绍如何训练FCN。AIS是一个高分辨率的遥感数据集，其中的图片以RGB格式呈现，并配有3种类别的标签，它们分别是建筑、道路以及背景。在标签图片中，组成建筑的像素被标记为红色，组成道路的像素被标记为蓝色，而背景设置为全透明，数据集的图像及其标签如图9.17所示。目前这个数据集是对公众开放的，可以自行下载。每一张图片都有一个对应的标签图片。这些图片涵盖了柏林、巴黎、东京、苏黎世等城市的建筑、道路以及背景。该数据集中图片来自谷歌地图，而建筑和道路的地理坐标来源于OSM（即 OpenStreetMap）。

（a）苏黎世　　　　　　　　　　　　　　　　（b）巴黎

图9.17 数据集的图像及其标签

首先进行数据准备。先把图片及其标签放入不同的文件夹，图片及其标签使用完全一致的名称。然后将图片及其标签分别按照设定的比例分成训练集以及验证集放入两个文件夹，例如train和val。再利用以下的代码读取图片及其标签：

```
import os
from PIL import Image
# 自定义数据集类
class SegmentationDataset(Dataset):
```

```
    def _ _init_ _(self, image_dir, label_dir, transform=None):
        self.image_dir = image_dir
        self.label_dir = label_dir
        self.transform = transform

        self.image_filenames = os.listdir(self.image_dir)
        self.label_filenames = os.listdir(self.label_dir)

        assert len(self.image_filenames) == len(self.label_filenames), "图像和标签数量不匹配"

    def _ _len_ _(self):
        return len(self.image_filenames)

    def _ _getitem_ _(self, index):
        image_path = os.path.join(self.image_dir, self.image_filenames[index])
        label_path = os.path.join(self.label_dir, self.label_filenames[index])

        image = Image.open(image_path).convert("RGB")
        label = Image.open(label_path).convert("RGB")

        if self.transform is not None:
            image = self.transform(image)
            label = self.transform(label)

        return image, label
```
然后创建训练集及验证集。
```
torchvision.transforms import transformsfrom
transform = transforms.Compose([
    transforms.ToTensor(),
    transforms.Normalize(mean=[0.5], std=[0.5])
])
# 创建训练集及验证集
trainset = SegmentationDataset(image_dir=os.path.join(image_folder, 'train'),
                        label_dir=os.path.join(label_folder, 'train'),
                        transform=transform)
valset = SegmentationDataset(image_dir=os.path.join(image_folder, 'val'),
                        label_dir=os.path.join(label_folder, 'val'),
                        transform=transform)
```
接下来创建数据加载器。
```
from torch.utils.data import DataLoader
trainloader = DataLoader(trainset, batch_size=batch_size, shuffle=True)
Valloader = DataLoader(valset, batch_size=batch_size, shuffle=False)
```
准备好数据以后，开始搭建网络架构。在本小节中，我们以VGG为主干网络，根据FCN的需求搭建VGG网络。
```
class VGGNet(VGG):
    def_ _init_ _(self, pretrained=True, model='vgg16', requires_grad=True, remove_fc=True,
show_params=False):
        super()._ _init_ _(make_layers(cfg[model]))
        self.ranges = ranges[model]

        if pretrained:
            exec("self.load_state_dict(models.%s(pretrained=True).state_dict())" % model)

        if not requires_grad:
```

```
            for param in super().parameters():
                param.requires_grad = False

        if remove_fc:  # 删除全连接层
            del self.classifier

        if show_params:
            for name, param in self.named_parameters():
                print(name, param.size())

    def forward(self, x):
        output = {}

        # 获取每个最大池化层的输出用于后续的跳跃连接
        for idx in range(len(self.ranges)):
            for layer in range(self.ranges[idx][0], self.ranges[idx][1]):
                x = self.features[layer](x)
            output["x%d"%(idx+1)] = x

        return output

ranges = {
    'vgg11': ((0, 3), (3, 6), (6, 11), (11, 16), (16, 21)),
    'vgg13': ((0, 5), (5, 10), (10, 15), (15, 20), (20, 25)),
    'vgg16': ((0, 5), (5, 10), (10, 17), (17, 24), (24, 31)),
    'vgg19': ((0, 5), (5, 10), (10, 19), (19, 28), (28, 37))
}

cfg = {
    'vgg11': [64, 'M', 128, 'M', 256, 256, 'M', 512, 512, 'M', 512, 512, 'M'],
    'vgg13': [64, 64, 'M', 128, 128, 'M', 256, 256, 'M', 512, 512, 'M', 512, 512, 'M'],
    'vgg16': [64, 64, 'M', 128, 128, 'M', 256, 256, 256, 'M', 512, 512, 512, 'M', 512, 512,
512, 'M'],
    'vgg19': [64, 64, 'M', 128, 128, 'M', 256, 256, 256, 256, 'M', 512, 512, 512, 512, 'M',
512, 512, 512, 512, 'M'],
}

def make_layers(cfg, batch_norm=False):
    layers = []
    in_channels = 3
    for v in cfg:
        if v == 'M':
            layers += [nn.MaxPool2d(kernel_size=2, stride=2)]
        else:
            conv2d = nn.Conv2d(in_channels, v, kernel_size=3, padding=1)
            if batch_norm:
                layers += [conv2d, nn.BatchNorm2d(v), nn.ReLU(inplace=True)]
            else:
                layers += [conv2d, nn.ReLU(inplace=True)]
            in_channels = v
    return nn.Sequential(*layers)
```

创建 FCN 的架构，其代码实现如下所示：

```
class FCNs(nn.Module):

    def __init__(self, pretrained_net, n_class):
```

```
        super().__init__()
        self.n_class = n_class
        self.pretrained_net = pretrained_net
        self.relu   = nn.ReLU(inplace=True)
# 不断进行反卷积，直到输出的尺寸为 (batch_size, n_class, H, W)
        self.deconv1 = nn.ConvTranspose2d(512, 512, kernel_size=3, stride=2, padding=1,
dilation=1, output_padding=1)
        self.bn1    = nn.BatchNorm2d(512)
        self.deconv2 = nn.ConvTranspose2d(512, 256, kernel_size=3, stride=2, padding=1,
dilation=1, output_padding=1)
        self.bn2    = nn.BatchNorm2d(256)
        self.deconv3 = nn.ConvTranspose2d(256, 128, kernel_size=3, stride=2, padding=1,
dilation=1, output_padding=1)
        self.bn3    = nn.BatchNorm2d(128)
        self.deconv4 = nn.ConvTranspose2d(128, 64, kernel_size=3, stride=2, padding=1,
dilation=1, output_padding=1)
        self.bn4    = nn.BatchNorm2d(64)
        self.deconv5 = nn.ConvTranspose2d(64, 32, kernel_size=3, stride=2, padding=1,
dilation=1, output_padding=1)
        self.bn5    = nn.BatchNorm2d(32)
        self.classifier = nn.Conv2d(32, n_class, kernel_size=1)


    def forward(self, x):
        output = self.pretrained_net(x)
        x5 = output['x5']  # size=(N, 512, x.H/32, x.W/32)#第5个池化层的输出
        x4 = output['x4']  # size=(N, 512, x.H/16, x.W/16)#第4个池化层的输出
        x3 = output['x3']  # size=(N, 256, x.H/8,  x.W/8)#第3个池化层的输出
        x2 = output['x2']  # size=(N, 128, x.H/4,  x.W/4)#第2个池化层的输出
        x1 = output['x1']  # size=(N, 64, x.H/2,   x.W/2)#第1个池化层的输出

        score = self.bn1(self.relu(self.deconv1(x5)))      # size=(N, 512, x.H/16, x.W/16)
        score = score + x4                             # element-wise add, size=(N, 512, x.H/16,
x.W/16) 将第1次反卷积经过批量归一化层的结果与第4个池化层的输出结果融合，实现跳跃连接
        score = self.bn2(self.relu(self.deconv2(score))) # size=(N, 256, x.H/8, x.W/8)
        score = score + x3                             # element-wise add, size=(N, 256, x.H/8,
x.W/8) 将第2次反卷积经过批量归一化层的结果与第3个池化层的输出结果融合，实现跳跃连接
        score = self.bn3(self.relu(self.deconv3(score))) # size=(N, 128, x.H/4, x.W/4)
        score = score + x2                             # element-wise add, size=(N, 128, x.H/4,
x.W/4)将第3次反卷积经过批量归一化层的结果与第2个池化层的输出结果融合，实现跳跃连接
        score = self.bn4(self.relu(self.deconv4(score))) # size=(N, 64, x.H/2, x.W/2)
        score = score + x1                             # element-wise add, size=(N, 64, x.H/2,
x.W/2) 将第4次反卷积经过批量归一化层的结果与第1个池化层的输出结果融合，实现跳跃连接
        score = self.bn5(self.relu(self.deconv5(score))) # size=(N, 32, x.H, x.W)
        score = self.classifier(score)                 # size=(N, n_class, x.H/1, x.W/1)

        return score # size=(N, n_class, x.H/1, x.W/1) 输出结果的尺寸与原图一致，输出结果的通道
数与数据集类别（包括背景）数相同
```

完成模型搭建后进行网络的训练。将网络模型放入GPU中。

```
import torch
device = torch.device('cuda' if torch.cuda.is_available() else 'cpu')
model = FCN().to(device)
```

在这个案例中我们选用交叉熵损失函数训练网络，用Adam对网络进行优化。

```
import torch.nn as nn
import torch.optim as optim
criterion = nn.CrossEntropyLoss()
```

```
optimizer = optim.Adam(model.parameters(), lr=learning_rate)
for epoch in range(num_epoch):
    running_loss = 0.0
    for images, labels in train_loader:
        images, labels = images.to(device), labels.to(device)
        optimizer.zero_grad()

        outputs = model(images)
        loss = criterion(outputs, labels)
        loss.backward()
        optimizer.step()

        running_loss += loss.item()
    print(f'Epoch {epoch+1} Loss: {running_loss/len(train_loader)}')
```

训练完成以后，用验证集对模型的性能进行评估。在本案例中，我们用 Dice 系数来评估图像分割的质量，其代码如下：

```
def dice_coef(output, target):  # batch_size>1
    smooth = 1e-5
    output=torch.sigmoid(output).data.cpu().numpy()
    output[output > 0.5] = 1    #将概率输出为与标签相匹配的矩阵
    output[output <= 0.5] = 0
    target = target.data.cpu().numpy()
    dice=0
    for i in range(len(output)):
        intersection = (output[i] * target[i]).sum()
        dice += (2. * intersection + smooth)/(output[i].sum() + target[i].sum() + smooth)
    return dice
```

或者使用 IoU 值来评估图像分割的质量，代码如下：

```
def iou_score(output, target):
    smooth = 1e-5
    output=torch.sigmoid(output).data.cpu().numpy()
    output[output > 0.5] = 1    #将概率输出为与标签相匹配的矩阵
    output[output <= 0.5] = 0
    iou = 0
    for i in range(len(output)):
        union = (output_[i] | target_[i]).sum()
        intersection = (output_[i] & target_[i]).sum()
        iou += (intersection + smooth) / (union + smooth)
    return iou
```

经过训练后，可视化的分割结果如图 9.18 所示。使用 torchvision.utils.draw_segmentation_masks 可以可视化分割的掩膜：

```
from torchvision.utils import draw_segmentation_masks
visualize_masks = draw_segmentation_masks(img, masks=mask, alpha=0.7)
show(visualize_mask)
```

其中 img 是原图片，mask 是其掩膜，alpha 是透明度。除了自己搭建 FCN 架构外，我们还可以使用 PyTorch 提供的模型。PyTorch 提供了主干网络为 ResNet 50 和 ResNet 101 的 FCN 模型。其使用方法如下：

```
from torchvision.model.segmentation import fcn_resnet50
model = fcn_resnet50 (weights = 'COCO_WITH_VOC_LABELS_V1', progress = True, num_classes=
number_of_class)

from torchvision.model.segmentation import fcn_resnet101
model = fcn_resnet101 (weights = 'COCO_WITH_VOC_LABELS_V1', progress = True,
num_classes=number_of_class)
```

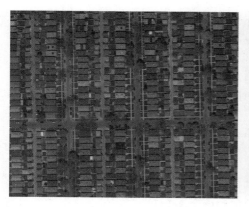

（a）原图　　　　　　　　　　　　　　　　（b）分割结果

图9.18　可视化的分割结果

其中weights='COCO_WITH_VOC_LABELS_V1'表示使用数据集COCO训练过的模型作为预训练模型，weights = None表示不使用预训练模型。

9.4.2　医疗影像分割

在本小节中我们将以一个经典的医疗数据集 DRIVE（Digital Retinal Images for Vessel Extraction）为例来介绍如何应用U-Net训练医疗影像分割模型。采用的基本方法和步骤与9.4.1小节介绍的遥感图像分割的一致。首先我们来详细了解一下DRIVE数据集。DRIVE数据集由Digital Retinal Images for Vessel Extraction项目组提供。该项目组旨在为血管分割算法的研究和评估提供标准数据集。DRIVE数据集包含40张彩色眼底图像，每张图像都有一个对应的手工注释的标签图像用于表示血管分割结果。标签图像与原始图像具有相同的大小，像素值为0和255，其中255表示血管区域。DRIVE数据集样例如图9.19所示。DRIVE数据集从这40张图像中划分20张用于训练，20张用于测试。数据集中的训练图像和测试图像具有不同的特征，以模拟不同来源和性质的眼底图像。

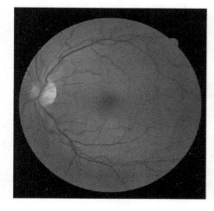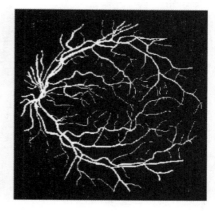

（a）原图　　　　　　　　　　　　　　　　（b）标签

图9.19　DRIVE 数据集样例

数据的准备工作与9.4.1小节的基本一致。下面搭建U-Net架构，首先定义一个双层卷积类：

```python
class Conv(torch.nn.Module):
    def __init__(self,inchannel,outchannel):
        super(Conv, self).__init__()
        self.feature = torch.nn.Sequential(
            torch.nn.Conv2d(inchannel,outchannel,3,1,1),
            torch.nn.BatchNorm2d(outchannel),
            torch.nn.ReLU(),
            torch.nn.Conv2d(outchannel,outchannel,3,1,1),
            torch.nn.BatchNorm2d(outchannel),
            torch.nn.ReLU())
    def forward(self,x):
        return self.feature(x)
```

这个类中包含两个卷积层、两个批量归一化层和两个ReLU操作。基于这个双卷积类，采用一个简单的方式搭建U-Net架构，代码如下：

```python
class UNet(torch.nn.Module):
    def __init__(self,inchannel,outchannel):
        super(UNet, self).__init__()
        self.conv1 = Conv(inchannel,64)
        self.conv2 = Conv(64,128)
        self.conv3 = Conv(128,256)
        self.conv4 = Conv(256,512)
        self.conv5 = Conv(512,1024)
        self.pool = torch.nn.MaxPool2d(2)

        self.up1 = torch.nn.ConvTranspose2d(1024,512,2,2)
        self.conv6 = Conv(1024,512)
        self.up2 = torch.nn.ConvTranspose2d(512,256,2,2)
        self.conv7 = Conv(512,256)

        self.up3 = torch.nn.ConvTranspose2d(256,128,2,2)
        self.conv8 = Conv(256,128)
        self.up4 = torch.nn.ConvTranspose2d(128,64,2,2)
        self.conv9 = Conv(128,64)
        self.conv10 = torch.nn.Conv2d(64,outchannel,3,1,1)

    def forward(self,x):
        xc1 = self.conv1(x)
        xp1 = self.pool(xc1)
        xc2 = self.conv2(xp1)
        xp2 = self.pool(xc2)
        xc3 = self.conv3(xp2)
        xp3 = self.pool(xc3)
        xc4 = self.conv4(xp3)
        xp4 = self.pool(xc4)
        xc5 = self.conv5(xp4)

        xu1 = self.up1(xc5)
        xm1 = torch.cat([xc4,xu1],dim=1)
        xc6 = self.conv6(xm1)
        xu2 = self.up2(xc6)
        xm2 = torch.cat([xc3,xu2],dim=1)
        xc7 = self.conv7(xm2)
        xu3 = self.up3(xc7)
        xm3 = torch.cat([xc2,xu3],dim=1)
        xc8 = self.conv8(xm3)
        xu4 = self.up4(xc8)
```

```
xm4 = torch.cat([xc1,xu4],dim=1)
xc9 = self.conv9(xm4)
xc10 = self.conv10(xc9)

return xc10
```

注意，在 U-Net 中跳跃连接是由 torch.cat 来融合的。使用 torch.cat(,dim=1)会让通道数加倍（dim=1，对应的是通道数），所以我们看到 conv6、conv7、conv8、conv9 中的输入通道数都是前一个反卷积输出通道数的两倍。

在这个例子中，我们使用均方误差损失函数，以及 SGD 优化方法。

```
criterion = torch.nn.MSELoss()
optimizer = torch.optim.SGD(model.parameters(), lr=0.01,momentum=0.9)

Model = UNet(3, 1) #3个输入通道, 1个输出通道
def train():
    mloss = []
    for idx (img, label) in enumerate(trainloader):
        img, label= img.to(device), label.to(device)
        out = model(img)
        loss = criterion(out, label)
        optimizer.zero_grad()
        loss.backward()
        optimizer.step()
        mloss.append(loss.item())
```

类似地，图像分割的质量可以用 Dice 系数或 IoU 来评估。

9.4.3 街景分割

本小节将介绍如何用 DeepLabv3 对街景图片集 Cityscapes 进行分割。首先准备数据集。Cityscapes 数据集可以到其官网下载。Cityscapes 数据集包含 50 个城市的街景图片，这些图片涉及 30 个不同的类别。该数据集有 5000 张细粒度标注的图片以及 20000 张粗粒度标注的图片。图片的标注涵盖了像素级语义标注、实例级语义标注以及全景级语义标注。

利用 PyTorch 可以创建训练集和验证集，代码如下：

```
from torchvision.datasets import Cityscapes
trainset = Cityscapes(root='path/to/Cityscapes', split='train', mode='fine',
target_type='semantic', transform=transform)
    Valset = Cityscapes(root='path/to/Cityscapes', split='val', mode='fine',
target_type='semantic', transform=transform)
```

其中 path/to/Cityscapes 是数据存储的位置。mode 用于选择细粒度的标注图片 fine 或粗粒度的标注图片 coarse。target_type 需要根据任务进行选择，如果是语义分割任务则选择 semantic，如果是实例分割任务则选择 instance。在进行数据加载之前需要先定义 transform，其作用主要是对数据进行预处理，例如调整图像尺寸、把图片转化为 Tensor 形式以及标准化等。简单 transform 的定义如下：

```
from torchvision.transforms import transforms
transform = transforms.Compose([
    transforms.ToTensor(),
    transforms.Normalize((0.485, 0.456, 0.406), (0.229, 0.224, 0.225))
])
```

接下来，进行创建数据的加载，其代码实现如下：

```
from torch.utils.data import DataLoader
trainloader = DataLoader(trainset, batch_size=batch_size, shuffle=True,
num_workers=num_workers)
    valloader = DataLoader(valset, batch_size=batch_size, shuffle=False,
```

```
num_workers=num_workers)
```

其中 batch_size 和 num_workers 需要我们根据训练的需求以及硬件条件来进行相应的设置。如果我们的模型训练是在 GPU 上进行的，则可以设置设备，代码如下：

```
import torch
device = torch.device("cuda" if torch.cuda.is_available() else "cpu")
```

数据准备好以后我们开始构建神经网络模型，在本小节中我们将使用 DeepLabv3 网络架构。除了根据 DeepLabv3 的论文自己构建网络模型以外，我们还可以用 PyTorch 提供的 DeepLabv3 模型：

```
from torchvision.models.segmentation import deeplabv3_resnet50
model = deeplabv3_resnet50(num_classes=30)
model.to(device)
```

除了以 ResNet 50 作为主干网络的 DeepLabv 3 模型，PyTorch 还提供了以 MobileNetV3-Large 及 ResNet 101 作为主干网络的 DeepLabv 3 模型。num_classes 是模型输出的类别数（包含背景），deeplabv3_resnet50 提供了在 COCO 的一个子数据集上训练好的模型，如果我们需要用其作为预训练模型，则可以设置 weights='COCO_WITH_VOC_LABELS_V1'。

在本案例中我们使用交叉熵损失函数以及 Adam 优化器。

```
import torch.nn as nn
import torch.optim as optim
criterion = nn.CrossEntropyLoss()
optimizer = optim.Adam(model.parameters(), lr=0.001)
```

接下来进行模型的训练。

```
# 训练模型
num_epochs = 10
for epoch in range(num_epochs):
    # 训练阶段
    model.train()
    for i, data in enumerate(trainloader):
        images, labels = data['image'].to(device), data['label'].to(device)

        optimizer.zero_grad()
        outputs = model(images)['out']
        loss = criterion(outputs, labels)
        loss.backward()
        optimizer.step()

        if (i+1) % 10 == 0:
            print(f"Epoch [{epoch+1}/{num_epochs}], Step [{i+1}/{len(trainloader)}], Loss:
{loss.item()}")

    # 验证阶段
    model.eval()
    with torch.no_grad():
        total = 0
        correct = 0
        for data in valloader:
            images, labels = data['image'].to(device), data['label'].to(device)

            outputs = model(images)['out']
            _, predicted = torch.max(outputs.data, 1)

            total += labels.size(0) * labels.size(1) * labels.size(2)
            correct += (predicted == labels).sum().item()

        accuracy = 100 * correct / total
        print(f"Validation Accuracy: {accuracy}%")
# 保存模型
torch.save(model.state_dict(), 'deeplabv3_cityscapes.pth')
```

　　图 9.20 展示的是 Cityscapes 验证集上的可视化结果（仅有细粒度标注图像训练）。在 PyTorch 的官方网站以及 GitHub 中都可以找到 deeplabv3_resnet50 的源代码，其中详细地定义了 ASPP 等模块，有一个不使用 PyTorch 提供的网络架构的例子可以供读者学习，通过它读者可加深对图像分割以及 DeepLabv3 的理解。

图 9.20　Cityscapes 验证集上的可视化结果

9.5 本章小结

本章首先介绍了图像分割类型以及图像分割应用场景；在介绍了多种图像分割评估指标后，还介绍了几种传统图像分割方法，旨在让读者学习这些方法蕴含的宝贵思想；接下来重点介绍了基于深度学习的图像分割方法，这些方法主要基于 FCN 或者目标检测算法；最后利用介绍的基于深度学习的图像分割方法对遥感图像、医疗影像以及街景做了图像分割的案例分析。

9.6 习题

一、填空题

1. 图像分割任务本质上是_____分类任务，与分类任务不同的是，图像分割任务除了类别信息，还会给出类的_____信息。

2. 图像分割可以分为三大类，分别是_____分割、_____分割、_____分割。

3. Sobel 算子与 Prewitt 算子的区别是 Sobel 算子加入了_____滤波。

4. FCN 是一种特殊的神经网络，其只包含_____层，而没有_____层，这是因为分割模型的目标是_____的预测。

5. U-Net 整体结构呈现_____形，它由一个_____器和_____器组成，二者之间通过_____进行信息传递。

6. BlendMask 是结合了_____的分割方法和_____的分割方法，通过这两个方法的结合可以有效地融合深层和浅层的特征以提高分割准确性。

二、多项选择题

1. 以下哪些是图像分割的应用场景？（　　　　）

A．自动驾驶　　　　　　B．病变检测　　　　　　C．环境检测　　　　　　D．姿势识别

2. 以下哪些是图像分割的评估指标？（　　　　）

A．Dice 系数　　　　　　B．HD　　　　　　C．欧氏距离　　　　　　D．IoU

3. 基于阈值的图像分割方法有哪些优点？（　　　　）

A．易于理解和实现　　　　　　　　　　　B．执行效率较高

C．对噪声敏感　　　　　　　　　　　　　D．能处理复杂形状

4. FCN 在常规的 CNN 进行了哪 3 个改变？（　　　　）

A．卷积化　　　　　　B．跳跃结构　　　　　　C．上采样　　　　　　D．下采样

5. Mask R-CNN 能够直接用于完成以下哪些视觉任务？（　　　　）

A．图像分割　　　　　　B．分类　　　　　　C．图像生成　　　　　　D．目标检测

6. YOLACT 是一种基于 YOLOv3 的实例分割方法，其优点有哪些？（　　　　）

A．分割速度快　　　　　　　　　　　　　B．可以进行实时分割

C．能较好分割小尺寸目标　　　　　　　　D．具有较高准确性

第 **10** 章 人脸识别

人脸识别技术是一种基于人的脸部的几何形状和纹理进行身份识别的一种生物识别技术。用摄像头或者摄像机采集含有人脸的图像或视频流，并自动在图像中检测和跟踪人脸，进而对检测到的人脸进行识别的一系列相关技术，通常也叫作人像识别、面部识别。

在基于深度学习的人脸识别技术中，通常使用深度神经网络进行人脸检测、人脸特征提取和人脸匹配，通过训练大规模的数据集，深度神经网络能够学习到人脸的抽象特征表示，从而实现高效、准确地识别人脸。

本章以PyTorch为深度学习框架，使用MTCNN（Multi-Task Convolutional Neural Network，多任务卷积神经网络）完成人脸检测，使用MobileFaceNet提取人脸特征，使用已知数据集作为训练数据（一共有85742个人，共5822653张图片），使用lfw-align-128数据集作为测试数据，带领读者完成一个基于深度学习的人脸识别框架。本章的主要内容如下。

- 人脸检测。
- 提取人脸特征。
- 人脸识别。

10.1 人脸检测

人脸检测是人脸识别技术中的关键。早期的人脸识别研究主要针对具有较强约束条件的人脸图像（如无背景的图像），往往假设人脸位置已知或者容易获得，因此人脸检测问题并未受到重视。随着电子商务等应用的发展，人脸识别成为最有潜力的生物身份验证手段之一，这些应用要求自动人脸识别系统对一般图像具有一定的识别能力，由此人脸检测开始作为一个独立的课题受到研究者的重视。本节使用lfw-align-128数据集，并以MTCNN人脸检测模型为主要框架，完成人脸检测任务。

10.1.1 数据集介绍

本节使用的人脸检测数据集为lfw-align-128。lfw-align-128数据集由中国科学院计算技术研究所创建和维护。该数据集可从IMDb网站获取，包含10000个人脸共500000张图片，并做了相似度聚类来去掉一部分噪声。lfw-align-128的数据集源和IMDb-Face的一致，不过因为数据清洗，IMDb-Face比lfw-align-128少一些图片。lfw-align-128数据集噪声不算特别多，适合作为基于深度学习的人脸识别的训练集。

10.1.2　人脸检测框架

1．模型简介

MTCNN 是一个深度级联多任务框架，用来解决由于姿势、照明和遮挡，在不受约束的环境中进行人脸检测和对齐的难题。该框架利用人脸检测和对齐之间的内在相关性来提高性能，还利用深度级联多任务框架和精心设计的深度卷积网络的 3 个阶段，以从粗到细的方式预测人脸和关键点坐标。此外，人们提出了一种新的在线困难样本挖掘（Online Hard Sample Mining）策略，进一步提高了该框架在实践中的性能。

2．模型结构

MTCNN 的工作原理如图 10.1 所示，首先将图像缩放为不同大小（称为图像金字塔），然后第一个模型 Pnet（Proposal Network，候选网络）提取面部候选区域，第二个模型 Rnet（Refine Network，细化网络）过滤边界框，第三个模型 Onet（Output Network，输出网络）输出边界框和面部特征点。

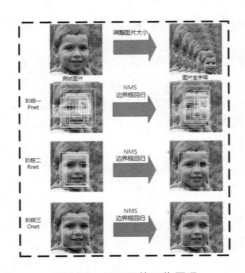

图 10.1　MTCNN 的工作原理

图 10.1 描述了 MTCNN 的 3 个阶段。在阶段一，它先通过浅层 CNN 快速生成候选框。然后，它通过更复杂的 CNN 对窗口进行细化以过滤大量非人脸窗口。最后，它使用更强大的 CNN 来细化结果并输出边界框和面部特征点。

3 个模型（Pnet、Rnet 和 Onet）中的每一个都在 3 个任务上进行训练，例如进行 3 种类型的预测：人脸分类、人脸边界框回归和人脸关键点坐标确定。

这 3 个模型不直接连接，前一模型的输出作为输入送到下一模型。这样阶段之间可以执行额外的处理。例如，NMS 用于在将阶段一中 Pnet 生成的候选边界框提供给阶段二中的 Rnet 模型之前对其进行过滤。

3．网络框架

（1）Pnet 是 MTCNN 框架中的第一个模型，负责生成候选框并提取图像特征。它是一个 FCN，包含多个卷积层、ReLU激活函数和最大池化层。输入图像经过Pnet后输出一系列候选框及其对应的特征图。这些候选框经过NMS处理以去除重叠和冗余，同时保留较为准确的候选框。Pnet的结构相对简单，能够快速筛选出潜在的面部区域，为后续Rnet和Onet的进一步检测提供基础。Pnet的结构如图10.2所示。

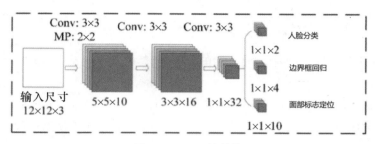

图10.2 Pnet的结构

（2）Rnet是MTCNN框架中的第二个模型，用于进一步优化Pnet生成的候选框。与Pnet相似，Rnet也是一个FCN，但其结构更复杂，包含更多的层和特征通道。它接收Pnet传递过来的候选框和特征图并将其作为输入，输出更精细的面部区域及其边界框坐标。Rnet通过深层的卷积网络提取高级特征，并利用边界框回归来精确定位面部。经过Rnet处理后的结果同样会进行NMS处理，以确保选出最精确的面部区域，并传递给下一个阶段的Onet。Rnet的结构如图10.3所示。

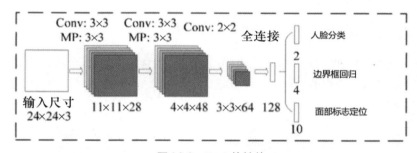

图10.3 Rnet的结构

（3）Onet是MTCNN框架的最后一个模型，用于精细化面部边界和特征点定位。该网络由卷积层、ReLU激活函数、反卷积层和转置卷积层组合而成，以实现精确的面部检测。Onet的输入为经过Pnet和Rnet筛选的候选框及其特征图，其输出包括面部边界的5个关键点以及17个面部特征点的精确坐标。此外，Onet还通过多任务学习同时预测面部置信度，以提高检测的准确性。Onet的结构如图10.4所示。

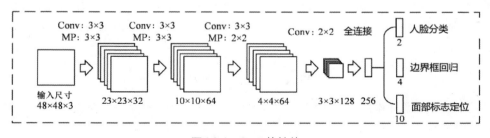

图10.4 Onet的结构

4．损失函数

针对以下任务进行训练，每个任务有不同的损失函数。

（1）人脸分类

人脸分类是一个二分类问题。对于每个样本，使用交叉熵损失函数：

$$L_i^{\mathrm{det}} = -(y_i^{\mathrm{det}} \log(p_i) + (1 - y_i^{\mathrm{det}})(1 - \log(p_i)))$$

其中 p_i 是网络产生的，表明样本是人脸的概率；$y_i^{\mathrm{det}} \in \{0,1\}$，表示真实值标签。

（2）边界框回归

对于每个候选框，预测它和与其最近的真实值之间的偏移（例如，候选框的左上角、高度和宽度）。学习目标被定义为一个回归问题，对每个样本使用欧几里得损失函数：

$$L_i^{\mathrm{box}} = \left\| \hat{y}_i^{\mathrm{box}} - y_i^{\mathrm{box}} \right\|_2^2$$

回归目标 $\hat{y}_i^{\mathrm{box}}$ 从网络中得到；y_i^{box} 为真实值坐标。边界框由4个坐标表示，包括左下角、左上角、高度和宽度，因此 $y_i^{\mathrm{box}} \in \mathbf{R}^4$。

（3）人脸关键点坐标确定

与边界框回归任务相似，人脸关键点坐标确定也被定义为一个回归问题，并将欧几里得损失最小化：

$$L_i^{\mathrm{landmark}} = \left\| \hat{y}_i^{\mathrm{landmark}} - y_i^{\mathrm{landmark}} \right\|_2^2$$

$\hat{y}_i^{\mathrm{landmark}}$ 为从网络中获得的人脸关键点坐标；y_i^{landmark} 为真实值坐标，包含左眼、右眼、鼻子、左嘴角、右嘴角等5种关键点的坐标，如图10.5所示，因此 $y_i^{\mathrm{landmark}} \in \mathbf{R}^{10}$。

图10.5　5种关键点的坐标

（4）Multi-source training

在每个CNN中处理不同的任务，在学习过程中会有不同类型的训练图像，如人脸图像、非人脸图像和部分对齐的人脸图像。在这种情况下，一些损失函数无法使用。例如，对于背景区域的样本，只计算 L_i^{det}，将另外两个损失设为0。这可以通过样本类型指示器直接实现。那么整体学习目标可以表示为：

$$\min \sum_{i=1}^{N} \sum_{j \in \{\mathrm{det,box,landmark}\}} \alpha_j \beta_i^j L_i^j$$

其中，i 表示训练样本；j 表示任务；N 是训练样本的个数；α_j 表示任务的重要性；$\beta_i^j \in 0,1$，是样本类型指示器。若使用SGD训练CNN，则在Pnet和Rnet中：

$$\alpha_{\text{det}} = 1, \alpha_{\text{box}} = 0.5, \alpha_{\text{landmark}} = 0.5$$

Onet 需要更准确的面部关键点坐标定位：

$$\alpha_{\text{det}} = 1, \alpha_{\text{box}} = 0.5, \alpha_{\text{landmark}} = 1$$

（5）在线困难样本挖掘

不同于传统的困难样本挖掘是在原始分类器训练后进行的，这里在人脸分类任务中进行在线困难样本挖掘，以适应训练过程。在每个小批次中，对所有样本在前向传播中计算的损失进行排序，选取前 70% 作为困难样本，然后只计算在反向传播阶段的困难样本的梯度。这意味着忽略了简单的样本，这些样本在训练时对增强检测效果没有太大帮助。实验表明，该策略在不需要人工选择样本的情况下可以获得很好的性能。

10.1.3　数据预处理

1. 数据预处理思路

人脸检测属于单类多目标检测，相对于单类单目标检测，其数据预处理思路如下。

（1）确定人脸数目

因为不知道一张图中需要检测多少人脸，所以不能通过网络直接输出预测值。该问题的解决方法：像卷积操作一样，以一定大小的"卷积核"和步长扫描整张图片，将扫描到的小图输入网络进行检测。

（2）确定人脸大小

如何确定"卷积核"的大小？因为需要检测的人脸大小不确定，所以考虑用不同大小的"卷积核"扫描。相对地，也可以保持"卷积核"不变，通过数次缩小原图（图像金字塔）来实现。

（3）解决精度不高的问题

如果像单类单目标检测一样，直接回归真实框，那么检测中一旦错过了合适的真实框，就错过相应目标了。因此 MTCNN 中有一个精妙的设计：不直接学习真实框，而是学习偏移框，由偏移量反算回真实框。这样做的好处是：在目标人脸周围，会检测到多个偏移框，从而反算回多个预测框，大大增加了容错率。

（4）解决预测框很多的问题

将不同大小的扫描图片传入 Pnet 进行检测，在一大堆重叠的预测框中，我们需要的只是其中最确定的那一个，这就依赖于 NMS 操作。

2. 数据预处理

在输入 Pnet 之前，按照一定的比例（例如：原图×0.7，原图×0.7×0.7，原图×0.7×0.7×0.7……）对图片进行重塑操作，直到将图片重塑成 12×12。在此过程中，会得到许多不同尺寸的图片，这些图片叠加起来，可构成一个图像金字塔。

MTCNN 属于多任务的 CNN 模型，即在做正向推理时，会一次性处理多种任务，例如人脸分类、人脸边界框的偏量回归、人脸关键点坐标回归。为了让 MTCNN 处理更好地这些任务，我们将训练数据划分成以下 4 类。

- 人脸正例数据：图片左上角和右下角的坐标与标签的 IoU 值大于 0.65（人脸几乎全部可见）。
- 部分人脸数据：图片左上角和右下角的坐标与标签的 IoU 值在 (0.65, 0.4) 内（人脸只有一半可见）。

- 人脸反例数据：图片左上角和右下角的坐标与标签的IoU值小于0.4（人脸几乎不可见）。
- 关键点坐标人脸数据：带有关键点坐标与标签的图片。

MTCNN在执行不同任务时，会根据以上划分的数据类别进行检测，具体逻辑如下。

- 人脸分类：使用人脸正例数据和人脸反例数据，在划分人脸正例和反例数据时，中间有0.1的IoU容忍差值，这使得人脸分类便于区分，也便于模型收敛。
- 人脸边框回归：使用人脸正例数据和部分人脸数据，因为这两种数据都包含比较清晰的人脸，有利于做回归。
- 人脸关键点检测：使用关键点坐标人脸数据，因为这些数据有人脸的5个关键点坐标。

处理后的部分数据如图10.6所示。

（a）正例数据

（b）反例数据

图10.6　处理后的部分数据

构建如下代码，将提取到的人脸图片移动至dataset/images文件夹下，并把整个数据集打包为二进制文件，这样可以大幅度地加快训练时数据的读取速度。

```
1  # 人脸识别训练数据的格式转换
2  def convert_data(root_path, output_prefix):
3      # 读取全部的数据类别获取数据
4      person_id = 0
5      data = []
6      persons_dir = os.listdir(root_path)
7      for person_dir in persons_dir:
8          images = os.listdir(os.path.join(root_path, person_dir))
9          for image in images:
10             image_path = os.path.join(root_path, person_dir, image)
11             data.append([image_path, person_id])
12         person_id += 1
13     print("训练数据大小: %d, 总类别为: %d" % (len(data), person_id))
14     # 开始写入数据
15     writer = DataSetWriter(output_prefix)
16     for image_path, person_id in tqdm(data):
17         try:
18             key = str(uuid.uuid1())
19             img = cv2.imread(image_path)
20             _, img = cv2.imencode('.bmp', img)
21             # 写入对应的数据
22             writer.add_img(key, img.tostring())
23             label_str = str(person_id)
24             writer.add_label('\t'.join([key, label_str]))
25         except:
26             continue
```

数据集打包为二进制文件的效果如图10.7所示。

图10.7 数据集打包为二进制文件的效果

10.1.4 网络模型处理

MTCNN 模型利用级联思想，化繁为简，通过 3 个级联的网络（Pnet、Rnet 和 Onet）逐层筛选，在每个网络都非常简单、易于训练的同时，实现了高精度的人脸检测。在训练 MTCNN 模型时，Pnet、Rnet、Onet 都需要进行训练。在实际训练中，需要先训练好前置网络，才能训练后面的网络。每一层网络都有 3 个损失函数，人脸分类使用交叉熵，人脸边界框回归和人脸关键点坐标回归使用的是平方差。

1．定义 MTCNN 类

在 MTCNN 类中，初始化 Pnet、Rnet 和 Onet 等模型。

```
1 class MTCNN:
2   def _ _init_ _(self, model_path):
3     self.device = torch.device("cuda")
4     # 获取 Pnet 模型
5     self.Pnet = torch.jit.load(os.path.join(model_path, 'Pnet.pth'))
6     self.Pnet.to(self.device)
7     self.softmax_p = torch.nn.Softmax(dim=0)
8     self.Pnet.eval()
9     # 获取 Rnet 模型
10    self.Rnet = torch.jit.load(os.path.join(model_path, 'Rnet.pth'))
11    self.Rnet.to(self.device)
12    self.softmax_r = torch.nn.Softmax(dim=-1)
13    self.Rnet.eval()
14    # 获取 Onet 模型
15    self.Onet = torch.jit.load(os.path.join(model_path, 'Onet.pth'))
16    self.Onet.to(self.device)
17    self.softmax_o = torch.nn.Softmax(dim=-1)
18    self.Onet.eval()
```

2．添加模型预测方法

添加 Pnet、Rnet 和 Onet 模型预测方法，添加待预测的图片，进行结果预测。

```
1    def predict_Pnet(self,infer_data):
2      infer_data = torch.tensor(infer_data, dtype=torch.float32/
3      , device=self.device)
4      infer_data = torch.unsqueeze(infer_data, dim=0)
5      cls_prob, bbox_pred, _ = self.Pnet(infer_data)
6      cls_prob = torch.squeeze(cls_prob)
7      cls_prob = self.softmax_p(cls_prob)
8      bbox_pred = torch.squeeze(bbox_pred)
9      return cls_prob.detach().cpu().numpy(), /
10       bbox_pred.detach().cpu().numpy()

11   def predict_Rnet(self,infer_data):
12     infer_data = torch.tensor(infer_data, dtype=torch.float32,/
13      device=self.device)
14     cls_prob, bbox_pred, _ = self.Rnet(infer_data)
15     cls_prob = self.softmax_r(cls_prob)
16     return cls_prob.detach().cpu().numpy(), bbox_pred.detach()./
17      cpu().numpy()

18   def predict_Onet(self,infer_data):
```

```
19    infer_data = torch.tensor(infer_data, dtype=torch.float32,/
20     device=self.device)
21    cls_prob, bbox_pred, KeyPoint_pred = self.Onet(infer_data)
22    cls_prob = self.softmax_o(cls_prob)
23    return cls_prob.detach().cpu().numpy(), bbox_pred.detach()./
24     cpu().numpy(), KeyPoint_pred.detach().cpu().numpy()
```

10.1.5 模型训练

1. Pnet

在MTCNN类中，定义Pnet方法，通过Pnet选择边界框和人脸关键点坐标。预处理后，所有不同尺寸的图片都会输入Pnet中，最后输出一个形状为(m,n,16)的图。在形状为(m,n,16)的图中，最后一个维度"16"包括两个二分类的得分、4个bbox的坐标偏移量、10个关键点坐标（即5个关键点坐标）。计算候选框与标签的IoU值，先去除一些候选框，并根据得分从高到低进行排序。然后，使用4个偏移量对候选框进行校准，得到预处理之后的边界框，从分类得分最高的边界框开始，边界框与剩余的边界框再次计算出一个IoU值，去除IoU值大于0.6的边界框，并根据边界框。去对应原图中截取，结果重塑成24×24。再输入Rnet中，这一步是为了去除边界框重叠的候选框。一直重复这一步骤，直到剩余的边界框为0。

```python
# 获取Pnet的输出结果
def detect_Pnet(self,im, min_face_size, scale_factor, thresh):
    """通过Pnet筛选边界框和关键点坐标
    参数:
        im——输入图像[h,2,3]
    """
    net_size = 12
    # 图像中人脸和输入图像的比例
    current_scale = float(net_size) / min_face_size
    im_resized = processed_image(im, current_scale)
    _, current_height, current_width = im_resized.shape
    all_boxes = list()
    # 图像金字塔
    while min(current_height, current_width) > net_size:
        # 类别和边界框
        cls_cls_map, reg = self.predict_Pnet(im_resized)
        boxes = generate_bbox(cls_cls_map[1, :, :], reg, current_scale, thresh)
        current_scale *= scale_factor  # 继续缩小图像构造金字塔
        im_resized = processed_image(im, current_scale)
        _, current_height, current_width = im_resized.shape

        if boxes.size == 0:
            continue
        # NMS之后留下重复少的边界框
        keep = py_nms(boxes[:, :5], 0.5, mode='Union')
        boxes = boxes[keep]
        all_boxes.append(boxes)
    if len(all_boxes) == 0:
        return None
    all_boxes = np.vstack(all_boxes)
    # 将金字塔之后的边界框也进行NMS
    keep = py_nms(all_boxes[:, 0:5], 0.7, mode='Union')
    all_boxes = all_boxes[keep]
```

```
      # 边界框的长宽
      bbw = all_boxes[:, 2] - all_boxes[:, 0] + 1
      bbh = all_boxes[:, 3] - all_boxes[:, 1] + 1
      # 对应原图的边界框坐标和分数
      boxes_c = np.vstack([all_boxes[:, 0] + all_boxes[:, 5] * bbw,
                           all_boxes[:, 1] + all_boxes[:, 6] * bbh,
                           all_boxes[:, 2] + all_boxes[:, 7] * bbw,
                           all_boxes[:, 3] + all_boxes[:, 8] * bbh,
                           all_boxes[:, 4]])
      boxes_c = boxes_c.T
  return boxes_c
```

2. Rnet

在MTCNN类中，定义Rnet方法。在截取图片时，需要按最大正方形截取，目的是防止图片重塑成24×24时变形，并保留人脸周边信息。Rnet主要是在重复Pnet的功能。

```
# 获取Rnet的输出结果
def detect_Rnet(self,im, dets, thresh):
    """通过Rent选择边界框
        参数：
            im——输入图像
            dets——Pnet选择的边界框，是相对于原图的绝对坐标
        返回值：
            边界框绝对坐标
    """
    h, w, c = im.shape
    # 将Pnet的边界框变成包含它的正方形，可以避免信息损失
    dets = convert_to_square(dets)
    dets[:, 0:4] = np.round(dets[:, 0:4])
    # 调整超出图像的边界框
    [dy, edy, dx, edx, y, ey, x, ex, tmpw, tmph] = pad(dets, w, h)
    delete_size = np.ones_like(tmpw) * 20
    ones = np.ones_like(tmpw)
    zeros = np.zeros_like(tmpw)
    num_boxes = np.sum(np.where((np.minimum(tmpw, tmph) >= delete_size), ones, zeros))
    cropped_ims = np.zeros((num_boxes, 3, 24, 24), dtype=np.float32)
    for i in range(int(num_boxes)):
        # 将Pnet生成的边界框相对于原图进行裁剪，超出部分用0补
        if tmph[i] < 20 or tmpw[i] < 20:
            continue
        tmp = np.zeros((tmph[i], tmpw[i], 3), dtype=np.uint8)
        try:
            tmp[dy[i]:edy[i] + 1, dx[i]:edx[i] + 1, :] = im[y[i]:ey[i] + 1, x[i]:ex[i] + 1, :]
            img = cv2.resize(tmp, (24, 24), interpolation=cv2.INTER_LINEAR)
            img = img.transpose((2, 0, 1))
            img = (img - 127.5) / 128
            cropped_ims[i, :, :, :] = img
        except:
            continue
    cls_scores, reg = self.predict_Rnet(cropped_ims)
    cls_scores = cls_scores[:, 1]
    keep_inds = np.where(cls_scores > thresh)[0]
    if len(keep_inds) > 0:
        boxes = dets[keep_inds]
        boxes[:, 4] = cls_scores[keep_inds]
        reg = reg[keep_inds]
```

```
    else:
        return None
keep = py_nms(boxes, 0.4, mode='Union')
boxes = boxes[keep]
# 对Pnet截取的图像的坐标进行校准，生成Rnet的人脸框对于原图的绝对坐标
boxes_c = calibrate_box(boxes, reg[keep])
return boxes_c
```

3. Onet

在MTCNN类中，定义Onet方法。Onet模型在接收到Rnet模型输出的数据后，会将其重塑成48×48，并执行与Pnet相同的操作。但和前两种网络不同的是，Onet更加关注人脸关键点坐标，前两种网络更加关注边界框的位置。虽然前两种网络也会输出人脸关键点坐标，但由于前两种网络中的候选框很多，且可信度较低，所以Pnet和Rnet会优先关注边界框的筛选。等数据输入Onet，候选框就具有了较高的可信度，此时更关注人脸关键点坐标，便有了回归意义。

```
# 获取Onet模型预测结果
def detect_Onet(self,im, dets, thresh):
    """通过Onet进一步筛选和校准边界框，并返回关键点坐标"""
    h, w, c = im.shape
    dets = convert_to_square(dets)
    dets[:, 0:4] = np.round(dets[:, 0:4])
    [dy, edy, dx, edx, y, ey, x, ex, tmpw, tmph] = pad(dets, w, h)
    num_boxes = dets.shape[0]
    cropped_ims = np.zeros((num_boxes, 3, 48, 48), dtype=np.float32)
    for i in range(num_boxes):
        tmp = np.zeros((tmph[i], tmpw[i], 3), dtype=np.uint8)
        tmp[dy[i]:edy[i] + 1, dx[i]:edx[i] + 1, :] = im[y[i]:ey[i] + 1, x[i]:ex[i] + 1, :]
        img = cv2.resize(tmp, (48, 48), interpolation=cv2.INTER_LINEAR)
        img = img.transpose((2, 0, 1))
        img = (img - 127.5) / 128
        cropped_ims[i, :, :, :] = img
    cls_scores, reg, landmarks= self.predict_Onet(cropped_ims)

    cls_scores = cls_scores[:, 1]
    keep_inds = np.where(cls_scores > thresh)[0]
    if len(keep_inds) > 0:
        boxes = dets[keep_inds]
        boxes[:, 4] = cls_scores[keep_inds]
        reg = reg[keep_inds]
        landmarks= landmarks[keep_inds]
    else:
        return None, None
    w = boxes[:, 2] - boxes[:, 0] + 1
    h = boxes[:, 3] - boxes[:, 1] + 1
    landmarks[:, 0::2] = (np.tile(w, (5, 1)) * 关键点坐标[:, 0::2].T + np.tile/
(boxes[:, 0], (5, 1)) - 1).T
    landmarks[:, 1::2] = (np.tile(h, (5, 1)) * 关键点坐标[:, 1::2].T + np.tile(/
boxes[:, 1], (5, 1)) - 1).T
    boxes_c = calibrate_box(boxes, reg)
    keep = py_nms(boxes_c, 0.6, mode='Minimum')
    boxes_c = boxes_c[keep]
    landmarks= landmarks[keep]
    return boxes_c, landmarks
```

10.1.6 模型测试

在 MTCNN 类中，定义一个 infer_image 的方法，用于对输入的图像进行人脸检测。具体来说，它首先检查输入的图像是否为字符串类型（图像文件的路径），如果是，则使用 OpenCV 库读取图像。然后，依次调用 3 个模型（Pnet、Rnet 和 Onet）进行人脸检测，得到人脸框的位置信息。最后，根据人脸框的位置信息裁剪出人脸图像，并将它们存储在一个列表中返回。

```python
def infer_image(self, im):
    if isinstance(im, str):
        im = cv2.imread(im)
    # 调用 Pnet 模型检测
    boxes_c = self.detect_Pnet(im, 20, 0.79, 0.9)
    if boxes_c is None:
        return None, None
    # 调用 Rnet 模型检测
    boxes_c = self.detect_Rnet(im, boxes_c, 0.6)
    if boxes_c is None:
        return None, None
    # 调用 Onet 模型检测
    boxes_c, landmarks = self.detect_Onet(im, boxes_c, 0.7)
    if boxes_c is None:
        return None, None
    imgs = []
    for landmark in landmarks:
        landmarks= [[float(landmark[i]), float(landmark[i + 1])]/
 for i in range(0, len(landmark), 2)]
        landmarks= np.array(landmarks, dtype='float32')
        img = self.norm_crop(im, landmarks)
        imgs.append(img)
    return imgs, boxes_c
```

人脸检测效果如图 10.8 所示。

图 10.8　人脸检测效果

10.1.7　小结

本节详细介绍了 MTCNN 的结构、搭建过程和训练流程。

其训练主要包括 3 个任务。

（1）人脸分类任务：利用人脸正例数据和人脸反例数据进行训练。

（2）人脸边框回归任务：利用人脸正例数据和部分人脸数据进行训练。

（3）人脸关键点检测任务：利用关键点样本进行训练。

其损失分为以下两个部分。

（1）置信度损失。置信度即判断是否为人脸，由人脸正例数据和人脸反例数据训练，损失函数选择二值交叉熵损失（Binary Crossentropy Loss，BCELoss）。

（2）偏移量损失。偏移量用来回归人脸边界框和关键点坐标，由人脸正例数据和部分人脸数据训练，损失函数选择均方差损失（MSELoss）。

置信度损失与偏移量损失的加权和即为总损失。

Pnet、Rnet 更加注重分类精度训练，找到可靠的候选区域，回归精度在 Onet 中达到要求即可。权重参数 alpha 的值可自行尝试，本章项目选择的值分别为 0.8、0.7、0.5。

MTCNN 主要包括 3 个部分：Pnet、Rnet、Onet。其中 Pnet 在训练阶段的输入尺寸为 12×12，Rnet 的输入尺寸为 24×24；Onet 的输入尺寸为 48×4。Pnet 的模型参数最少，仅有 28.2KB，所以速度最快；Rnet 的模型参数次之，为 407.9KB；Onet 的模型参数为 1.6MB。3 个网络的模型参数合起来不到 2MB。

10.2　提取人脸特征

10.2.1　网络模型构建

1. MobileFaceNet 简介

MobileFaceNet 是运行在移动设备上的网络，其单个网络模型只有 4MB 大小并且有很高的准确率。当前流行的移动端识别网络采用了平均池化层，如 MobileNetV1、ShuffleNet 和 MobileNetV2 等。对于人脸识别，一些研究表明，采用全局平均池化会使精度降低，原因是每个单元都有相同的权重，会导致网络获取的信息不够丰富。

2. MobileFaceNet 的结构

MobileFaceNet 采用 GDConv（Global Depthwise Convolution，全局深度卷积）替代全局平均池化，GDConv 层的核大小等于输入图像的维度大小，填充为 0，步长为 1。GDConv 的计算为：

$$G_m = \sum_{i,j} K_{i,j,m} \cdot F_{i,j,m}$$

F 是输入特征的大小，即 $W \times H \times M$；K 是深度卷积核的大小，即 $W \times H \times M$；G 是输出特征的大小 $1 \times 1 \times M$，深度卷积的计算量为 $W \times H \times M$。

MobileFaceNet 的结构如图 10.9 所示。其中采用 MobileNetV2 的瓶颈层作为主要模块，MobileFaceNet 中的瓶颈层比 MobileNetV2 中的小，激活函数采用 PReLU（比 ReLU 稍好）。此外，在网络的开始部分采用快速下采样，在最后几个卷积层采用早期降维，在线性 GDConv 层后加入一个 1×1 的线性卷积层作为特征输出。在训练中采用批量正则化。

输入尺寸	运算模块	t	c	n	s
3×112×112	Conv3×3	—	64	1	2
64×56×56	Depthwise Conv3×3	—	64	1	1
64×56×56	Bottleneck	2	64	5	2
64×28×28	Bottleneck	4	128	1	2
128×14×14	Bottleneck	2	128	6	1
128×14×14	Bottleneck	4	128	1	2
128×7×7	Bottleneck	2	128	2	1
128×7×7	Conv1×1	—	512	1	1
512×7×7	GDConv7×7	—	512	1	1
512×1×1	Conv1×1	—	128	1	1

图 10.9　MobileFaceNet 的结构

其中，t 代表扩展因子，c 代表输出通道数，n 代表重复次数，s 代表卷积步长。

3．MobileFaceNet 的优势

相对于传统网络，MobileFaceNet 更适合用于人脸识别，因为 MobileFaceNet 摒弃了全连接层和平均池化层。这是因为计算参数量较大的全连接层会影响整体网络的运行效率，而平均池化层会混淆特征图中各像素的权重（见图 10.10）。感受野 1 和感受野 2 分别代表不同的区域，虽然它们拥有相同的感知范围，但滤波结果所包含的信息量明显是不同的，因此二者的权重也应该是不同的。

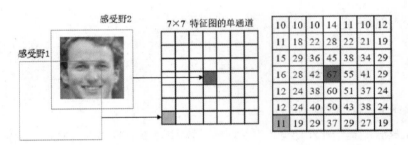

图 10.10　特征图中各像素的权重

MobileFaceNet 使用 GDConv 运算来学习各个像素位置的不同权重，更加明确了不同特征点的权重分布，使得该网络更适用于完成人脸识别任务。

10.2.2　模型训练

定义一个名为 ConvBlock 的类，ConvBlock 类的作用是实现一个卷积块，其中包括卷积层、批量归一化层和 PReLU 激活函数层。在初始化方法 __init__ 中，传入以下参数。

（1）in_c: 输入通道数。

（2）out_c: 输出通道数。

（3）kernel: 卷积核大小，默认为(1, 1)。

（4）stride: 卷积步长，默认为(1, 1)。

（5）padding：填充大小，默认为(0, 0)。

（6）groups：分组卷积的组数，默认为1。

在forward方法中，首先将输入x通过卷积层self.conv进行卷积操作，然后对卷积结果进行批量归一化处理，最后通过PReLU激活函数进行处理，并返回处理结果。

```
class ConvBlock(Module):
    def __init__(self, in_c, out_c, kernel=(1, 1), stride=(1, 1), /
padding=(0, 0), groups=1):
        super(ConvBlock, self).__init__()
        self.conv = Conv2d(in_c, out_channels=out_c,/
kernel_size=kernel, groups=groups, stride=stride, padding=padding,
                        bias=False)
        self.bn = BatchNorm2d(out_c)
        self.prelu = PReLU(out_c)

    def forward(self, x):
        x = self.conv(x)
        x = self.bn(x)
        x = self.prelu(x)
        return x
```

定义一个名为LinearBlock的类，LinearBlock类的作用是实现一个线性块，其中包括卷积层和批量归一化层。在初始化方法__init__中，传入以下参数。

（1）in_c：输入通道数。

（2）out_c：输出通道数。

（3）kernel：卷积核大小，默认为(1, 1)。

（4）stride：卷积步长，默认为(1, 1)。

（5）padding：填充大小，默认为(0, 0)。

（6）groups：分组卷积的组数，默认为1。

在forward方法中，首先将输入x通过卷积层self.conv进行卷积操作，然后对卷积结果进行批量归一化处理，最后返回处理结果。

```
class LinearBlock(Module):
    def __init__(self, in_c, out_c, kernel=(1, 1), stride=(1, 1), /
padding=(0, 0), groups=1):
        super(LinearBlock, self).__init__()
        self.conv = Conv2d(in_c, out_channels=out_c,/
kernel_size=kernel, groups=groups, stride=stride, padding=padding,
                        bias=False)
        self.bn = BatchNorm2d(out_c)
    def forward(self, x):
        x = self.conv(x)
        x = self.bn(x)
        return x
```

根据模型结构，依次构建DepthWise、DepthWiseResidual、Residual。

```
class DepthWise(Module):
    def __init__(self, in_c, out_c, kernel=(3, 3), stride=(2, 2), /
padding=(1, 1), groups=1):
        super(DepthWise, self).__init__()
        self.conv = ConvBlock(in_c, out_c=groups, kernel=(1, 1),/
 padding=(0, 0), stride=(1, 1))
        self.conv_dw = ConvBlock(groups, groups, groups=groups,/
```

```
                 kernel=kernel, padding=padding, stride=stride)
        self.project = LinearBlock(groups, out_c, kernel=(1, 1),/
padding=(0, 0), stride=(1, 1))
    def forward(self, x):
        x = self.conv(x)
        x = self.conv_dw(x)
        x = self.project(x)
        return x

class DepthWiseResidual(Module):
    def __init__(self, in_c, out_c, kernel=(3, 3), stride=(2, 2), /
padding=(1, 1), groups=1):
        super(DepthWiseResidual, self).__init__()
        self.conv = ConvBlock(in_c, out_c=groups, kernel=(1, 1),/
 padding=(0, 0), stride=(1, 1))
        self.conv_dw = ConvBlock(groups, groups, groups=groups, /
kernel=kernel, padding=padding, stride=stride)
        self.project = LinearBlock(groups, out_c, kernel=(1, 1),/
 padding=(0, 0), stride=(1, 1))
    def forward(self, x):
        short_cut = x
        x = self.conv(x)
        x = self.conv_dw(x)
        x = self.project(x)
        output = short_cut + x
        return output

class Residual(Module):
    def __init__(self, c, num_block, groups, kernel=(3, 3), stride=(1, 1),
 padding=(1, 1)):
        super(Residual, self).__init__()
        modules = []
        for _ in range(num_block):
            modules.append(
                DepthWiseResidual(c, c, kernel=kernel, /
padding=padding, stride=stride, groups=groups))
        self.model = Sequential(*modules)
    def forward(self, x):
        return self.model(x)
```

定义一个名为MobileFaceNet的类，用于人脸检测和识别。在初始化方法__init__中，定义多个卷积块、DSC块、残差块等组件，并将它们连接在一起形成一个网络。在forward方法中，输入图像x依次由这些组件进行处理，最终输出一个512维的特征向量。具体来说，该模型包括以下几个部分。

（1）第1层是卷积层conv1，用于将输入图像转换为64通道的特征图。

（2）第2层是DSC块conv2_dw，用于保持通道数不变。

（3）第3层是卷积块conv_23，用于保持通道数不变。

（4）第4层是残差块conv_3，其中包含4个残差模块。

（5）第5层是DSC块conv_34，用于将通道数从64增加到128。

（6）第6层是卷积块conv_4，其中包含6个残差模块。

（7）第7层是DSC块conv_45，用于保持通道数不变。

（8）第8层是卷积块conv_5，其中包含两个残差模块。

（9）第9层是卷积块conv_6_sep，用于将通道数从128增加到512。

（10）第10层是线性块conv_6_dw，用于将特征图映射为512维的向量。

（11）Flatten层用于将特征图展平为一维向量。

（12）Linear层用于将一维向量映射为512维的向量。

（13）BatchNorm1d层用于对特征向量进行归一化处理，最后返回处理后的特征向量。

```python
class MobileFaceNet(Module):
    def __init__(self):
        super(MobileFaceNet, self).__init__()
        self.conv1 = ConvBlock(3, 64, kernel=(3, 3), stride=(2, 2), /
padding=(1, 1))
        self.conv2_dw = ConvBlock(64, 64, kernel=(3, 3), stride=(1, 1),/
 padding=(1, 1), groups=64)
        self.conv_23 = DepthWise(64, 64, kernel=(3, 3), stride=(2, 2),/
padding=(1, 1), groups=128)
        self.conv_3 = Residual(64, num_block=4, groups=128, kernel=(3, 3),/
 stride=(1, 1), padding=(1, 1))
        self.conv_34 = DepthWise(64, 128, kernel=(3, 3), stride=(2, 2), /
padding=(1, 1), groups=256)
        self.conv_4 = Residual(128, num_block=6, groups=256, /
kernel=(3, 3), stride=(1, 1), padding=(1, 1))
        self.conv_45 = DepthWise(128, 128, kernel=(3, 3), stride=(2, 2),/
 padding=(1, 1), groups=512)
        self.conv_5 = Residual(128, num_block=2, groups=256, /
kernel=(3, 3), stride=(1, 1), padding=(1, 1))
        self.conv_6_sep = ConvBlock(128, 512, kernel=(1, 1), /
stride=(1, 1), padding=(0, 0))
        self.conv_6_dw = LinearBlock(512, 512, groups=512, kernel=(7, 7),/
 stride=(1, 1), padding=(0, 0))
        self.flatten = Flatten()
        self.linear = Linear(512, 512, bias=False)
        self.bn = BatchNorm1d(512)

    def forward(self, x):
        x = self.conv1(x)
        x = self.conv2_dw(x)
        x = self.conv_23(x)
        x = self.conv_3(x)
        x = self.conv_34(x)
        x = self.conv_4(x)
        x = self.conv_45(x)
        x = self.conv_5(x)
        x = self.conv_6_sep(x)
        x = self.conv_6_dw(x)
        x = self.flatten(x)
        x = self.linear(x)
        x = self.bn(x)
        return x
```

10.2.3　模型测试

　　MTCNN模型会检测到图片中所有可能的人脸，并把人脸数据直接传输到MobileFaceNet模型中，MobileFaceNet模型会把人脸图片嵌入成NumPy能识别的二进制数据。训练模型，并将其保存为训练模型文件 MobileFaceNet.pth。模型测试结果如图 10.11 所示。

```
---------- Configuration Arguments ----------
face_db_path: face_db
image_path: dataset/test1.jpg
mobilefacenet_model_path: save_model/mobilefacenet.pth
mtcnn_model_path: save_model/mtcnn
threshold: 0.6
---------------------------------------------
人脸检测时间：249ms
人脸识别时间：94ms
人脸对比结果：[('张三', 0.6664138), ('李四', 0.2872737)]
人脸对比结果：[('李四', 0.9751567), ('张三', 0.113328375)]
预测的人脸位置：[[60, 144, 227, 306, 1], [232, 210, 471, 466, 1]]
识别的人脸名称：['张三', '李四']
总识别时间：369ms
```

图 10.11　模型测试结果

10.3　人脸识别

10.3.1　代码框架

图 10.12 显示了本章的人脸识别系统的整体结构。对待识别数据与人脸数据库中的所有数据进行欧氏距离的计算，得到一个距离，该距离越小，两张人脸的相似度越高。

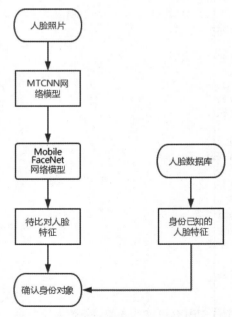

图 10.12　本章的人脸识别系统的整体结构

10.3.2　建立人脸数据库

在 10.2 节中,我们完成了模型的训练和训练模型文件的保存。在执行预测之前,先要在 face_db 目录下存放人脸图片,每张图片只包含一张人脸,并以对应的人的名称命名,即建立一个人脸数据库。预测时将输入的图片跟这些图片进行对比,找出匹配的人脸图片。文件目录结构如图10.13所示。

dataset	2023-10-28 11:09	文件夹	
detection	2023-10-10 9:58	文件夹	
face_db	2023-10-28 12:24	文件夹	
models	2023-10-10 9:50	文件夹	
save_model	2023-10-10 9:50	文件夹	
utils	2023-10-10 9:58	文件夹	
create_dataset.py	2023-10-28 12:34	PY 文件	3 KB
eval.py	2023-10-28 12:34	PY 文件	2 KB
infer.py	2023-10-28 12:34	PY 文件	6 KB
infer_camera.py	2023-10-28 12:34	PY 文件	6 KB
requirements.txt	2023-10-28 12:34	TXT 文件	1 KB
simfang.ttf	2021-11-03 15:34	TrueType 字体文件	10,329 KB
train.py	2023-10-28 12:34	PY 文件	7 KB

图10.13　文件目录结构

10.3.3　完成人脸识别

1. 人脸识别参数配置

使用 argparse 模块定义参数,argparse 模块会自动生成帮助和使用手册,并在用户向程序输入无效参数时给出错误信息。

需要定义的参数有预测图片路径、人脸数据库的路径、判断相似度的阈值、MobileFaceNet 模型路径、MTCNN 预测模型的路径等。

```
parser = argparse.ArgumentParser(description=_ _doc_ _)
add_arg = functools.partial(add_arguments, argparser=parser)
add_arg('image_path',str,'dataset/test.jpg','预测图片路径')
add_arg('face_db_path', str, 'face_db', '人脸库数据库的路径')
add_arg('threshold',float,0.6,'判断相似度的阈值')
add_arg('MobileFaceNet_model_path',str,'save_model/MobileFaceNet.pth')
add_arg('mtcnn_model_path',str,'save_model/mtcnn', 'MTCNN预测模型的路径')
args = parser.parse_args()
print_arguments(args)
```

2. 加载模型

定义一个名为 Predictor 的类,用于进行人脸识别。在其中将传入的 threshold 赋给 self.threshold。在 __init__ 方法中,完成以下操作。

（1）使用 MTCNN 类创建一个 MTCNN 对象,并将其赋给 self.mtcnn。

（2）获取当前设备的 GPU 信息,并将其赋给 self.device。

（3）加载 MobileFaceNet 模型,并将其转换为 CUDA 设备上的数据类型。

269

（4）将模型设置为评估模式。

（5）调用 load_face_db 方法加载人脸数据库，并将其赋给 self.faces_db。

```
class Predictor:
    def _ _init_ _(self, mtcnn_model_path, MobileFaceNet_model_path,/
face_db_path, threshold=0.7):
        self.threshold = threshold
        self.mtcnn = MTCNN(model_path=mtcnn_model_path)
        self.device = torch.device("cuda")

        # 加载模型
        self.model = torch.jit.load(MobileFaceNet_model_path)
        self.model.to(self.device)
        self.model.eval()

        self.faces_db = self.load_face_db(face_db_path)
```

3. Predictor 类方法

在 Predictor 类中，定义 load_face_db、process、infer、recognition、add_text、draw_face 等方法，分别用于完成模型的加载、数据的读取、模型的调用、图片的预测和最终结果展示。考虑到篇幅问题，本章项目的完整代码放在实验资源里面，供读者使用。

```
class Predictor:
    def _ _init_ _(self, mtcnn_model_path, MobileFaceNet_model_path, /
face_db_path, threshold=0.7):

    def load_face_db(self, face_db_path):

    @staticmethod
    def process(imgs):

    # 预测图片
    def infer(self, imgs):

    def recognition(self, image_path):

    def add_text(self, img, text, left, top, color=(0, 0, 0), size=20):

    # 画出人脸框和关键点
    def draw_face(self, image_path, boxes_c, names):
```

项目最终测试结果如图10.14所示。

图10.14　项目最终测试结果

10.4　本章小结

在本章的人脸识别案例中，我们使用了MTCNN和MobileFaceNet两种人脸识别算法。首先，使用MTCNN进行人脸检测，以获取输入图像中所有人脸的位置和大小。然后对每个人脸进行预处理操作，将其调整到统一的大小和位置。最后使用MobileFaceNet进行人脸识别，将每个人脸的特征向量与已知的人脸数据库的数据进行比对，以判断其身份。

在训练阶段使用了大量带标签的人脸图像数据来训练MobileFaceNet模型。在测试阶段，将待识别的人脸图像输入MTCNN中进行人脸检测和对齐操作，然后将对齐后的人脸图像输入MobileFaceNet中进行人脸识别。最后，根据识别结果来判断待识别人脸的身份，并输出相应的结果。

通过实验验证，我们发现使用MTCNN和MobileFaceNet进行人脸识别具有较高的准确率和稳健性。MTCNN能够准确地检测出输入图像中的人脸，并对人脸进行预处理操作，以便于后续的人脸识别处理。MobileFaceNet则能够有效地提取人脸特征向量，并将其与已知的人脸数据库的数据进行比对，以实现准确的人脸识别。

总的来说，本章使用MTCNN和MobileFaceNet实现人脸识别是一种有效的方法。它结合了MTCNN的人脸检测和对齐能力，以及MobileFaceNet的高准确率和低计算复杂度的特点，能够在多种应用场景中实现高效、准确的人脸识别。

10.5　习题

一、填空题

1．MobileFaceNet相比于传统的人脸识别算法有更高的_____、更快的推理速度、更低的计算复杂度、更好的_____优势。

2．MobileFaceNet是专门为移动设备和_____设备优化的。

3．在人脸检测中，使用_____可以消除重叠的候选框，保留最可能包含人脸的候选框。

4．在人脸识别中，一人一档是指将每个人脸映射到一个_____。

5．MobileFaceNet是一种轻量级的人脸识别网络，其主要特点是在最后一层（非全局卷积层）的内嵌CNN人脸特征层之后加入_____。

6．MobileFaceNet使用人脸检测器来对输入图像进行人脸对齐和裁剪，该检测器基于一种称为_____的方法生成候选框。

7．MTCNN是一种多任务级联CNN，主要用于人脸检测和人脸关键点检测。它由3个模块组成，分别是_____、_____和_____。

8．MTCNN具有较高的准确率和稳健性，能够应对光照变化、姿态变化、遮挡等挑战。它被广泛应用于_____、_____和_____等领域。

二、选择题

1．人脸识别技术主要基于哪些特征来进行人脸识别？（　　　）

A．肤色和发型　　　　　　　　　　　B．声音和指纹

C．脸部的几何形状和纹理　　　　　　D．身高和体重

2．以下哪种方法可以用于提高人脸识别系统的准确性？（　　　）

A．增加更多的训练样本　　　　　　B．减少神经网络的层数

C．使用更高的图像分辨率进行训练　D．降低网络的复杂度

3．MTCNN 的主要用途是什么？（　　　）

A．图像分类　　　　　　　　　　　B．目标检测和人脸对齐

C．图像分割　　　　　　　　　　　D．图像生成

4．在人脸检测中，什么是正样本和负样本？（　　　）

A．正样本是指包含人脸的图像，负样本是指不包含人脸的图像

B．正样本是指不包含人脸的图像，负样本是指包含人脸的图像

C．正样本是指人脸部分的图像，负样本是指整个图像

D．正样本是指整个图像，负样本是指人脸部分的图像

5．什么是深度学习中的人脸特征提取方法？（　　　）

A．使用手动设计的特征提取器

B．使用传统的机器学习算法进行特征提取

C．使用 CNN 进行端到端的特征提取

D．使用 RNN 进行序列化的特征提取

6．MobileFaceNet 是基于哪个神经网络架构改进的？（　　　）

A．VGGNet　　　　　　　　　　　B．ResNet

C．Inception　　　　　　　　　　　D．DenseNet

第 **11** 章 生成模型

基于神经网络的生成模型可以追溯到20世纪80年代，主要用于获取样本的内在概率分布，因此在数据没有标记的情况下，它仍然能够有效地提取数据特征。而这些特征可以用于完成一些任务，比如聚类等。在我们目前所处的时代，每天都会产生海量的数据，但是要对这些数据都进行人工标记是不可能的，因此从无标记的数据中获取知识和信息显得尤为重要。除了能够获取无标记数据的特征表示外，生成模型还可以用于生成新的数据，例如图片、文字以及音频等。本章的主要内容如下。

- 生成模型的基本概念及应用场景。
- PixelRNN和PixelCNN。
- 变分自编码器。
- 生成对抗网络。
- 案例分析。

11.1 生成模型的基本概念及应用场景

生成模型是机器学习中的一种重要方法，旨在对数据的概率分布进行学习和建模，并通过该分布生成新的数据样本。

生成模型概述

11.1.1 生成模型的基本概念

具体地，给定一组观测数据 $X = \{x^{(1)}, x^{(2)}, \cdots, x^{(m)}\}$，设其分布为 $P_{data}(X)$，生成模型的任务就是从这些观测数据学习到一个分布 $p_{model}(X)$，使得 $p_{model}(X)$ 与 $p_{data}(X)$ 尽可能相似，且通过分布 $p_{model}(X)$ 能够生成与观测数据相似的新样本。例如，用猫的图片集训练一个生成模型，训练好的模型能够生成猫的图片，且这些生成的图片在训练数据集中从未出现过。

除了能生成图片外，生成模型还可以学习数据的特征分布或者数据的特征表示，因此生成模型也是一种表示学习[①]。考虑一个图像分类任务：猫和狗的图像分类。一般的分类算法是在某个特征空间中找到分界线，将特征空间分为3个区域，分别表示狗的图像、猫的图像、既不是猫也不是狗的图像。当需要预测一个新样本时，则将其映射到这个特征空间，看其处于哪个区域，预

---

① 表示学习（Representation Learning）是机器学习中的一个重要概念和技术，旨在学习数据的有效表示或特征，以便更好地描述和处理数据。

测其属于哪一个类别。这种算法称为判别学习算法。生成模型算法则不同，它学习猫和狗的图像的特征分布，直白地说，就是学习猫和狗是什么样的，当有新的样本输入时，判断其特征分布与猫和狗的哪个更像。

判别模型的任务是学习分布 $p(y\,|\,x;\theta)$：当 x 给定时，y 的条件分布。而生成模型的任务是学习分布 $p(x\,|\,y;\theta)$：$p(x\,|\,y=猫;\theta)$ 表示猫的特征分布；$P(x\,|\,y=狗;\theta)$ 表示狗的特征分布。这里 x 表示可观测的样本数据，而 θ 表示的是模型参数。因此生成模型的训练过程就是为了寻找最优的参数 θ^{*}，然后利用 $p(x\,|\,y;\theta^{*})$ 生成与 x 相似的新样本。训练判别模型时需要知道样本的标签，因此其是一个监督学习模型。而生成模型用于学习样本的特征分布，其训练并不需要知道样本的标签，因此生成模型是无监督学习模型。正是因为生成模型的训练不需要人工标记，所以其能够广泛地用于数据的特征提取。

根据是否给定或假设一个明确的数据分布 $p_{\text{model}}(X)$，可以将生成模型分为两大类：显式密度模型和隐式密度模型，如图 11.1 所示。显式密度模型假设观测数据服从某一分布，而隐式密度模型则不需要此假设。由于显式密度模型的概率分布已经假设，因此其参数 θ 对数据集 $X=x^{(1)},x^{(2)},\cdots,x^{(m)}\}$ 的似然[①]为 $\prod_{i=1}^{m}p_{\text{model}}\left(x^{(i)};\theta\right)$。最大似然估计就是寻找参数 θ^{*} 使得训练数据的似然最大。通常似然函数会写成对数形式，且将乘法转化为加法：

$$\theta^{*}=\underset{\theta}{\arg\max}\prod_{i=1}^{m}p_{\text{model}}(x^{(i)};\theta)$$

$$=\underset{\theta}{\arg\max}\log\prod_{i=1}^{m}p_{\text{model}}(x^{(i)};\theta)$$

$$=\underset{\theta}{\arg\max}\sum_{i=1}^{m}\log p_{\text{model}}(x^{(i)};\theta)$$

其中第二个等式使用了性质 $\arg\max_{v}f(v)=\arg\max_{v}\log f(v),\exists v>0$。最大似然估计等价于最小化观测数据的分布与模型分布的 KL 散度[②]：

$$\theta^{*}=\underset{\theta}{\arg\min}\,D_{\text{KL}}\left(p_{\text{data}}(x)\,\|\,p_{\text{model}}(x;\theta)\right)$$

根据上述方程，从理论上来说 $p_{\text{model}}(x;\theta)$ 可以无限趋近 $p_{\text{data}}(x)$ 从而精确地"复刻" $p(x)$。然而需要注意的是分布 $p_{\text{data}}(x)$ 只是有限个数据样本的分布，而不是某一类别的真实分布。

在显式密度模型中，主要的难题来自如何设计一个模型，使该模型能够捕捉生成数据的所有复杂性，同时仍易于计算。通常情况下有两种方案来解决这个难题：一是构建一个模型使其概率密度函数 $p_{\text{model}}(x;\theta)$ 在数学上易于处理；二是构造一个模型，其概率密度函数在数学上不易计算，但是其可以进行近似的最大似然估计，例如 Variational Autoencoder（变分自编码器，VAE），如图 11.1 左边所示的两个分支。与显式密度模型不同，隐式密度模型的训练不需要假定一个明确的概率密度分布 $p_{\text{model}}(x;\theta)$。隐式密度模型与概率密度分布的交互一般仅通过从其中采样的方式来进行。一些隐式密度模型利用马尔可夫链从未明确定义的分布中采样，这些模型定义了一种随机转换现有样本的方法，以获得来自同一分布的其他样本，例如 Generative Stochastic Network（生成

[①] 在统计学中，似然（Likelihood）是描述观测数据在给定模型参数条件下的概率。似然函数是关于参数 θ 的函数，描述了给定参数 θ 的情况下观测数据出现的概率。通常，我们会将似然函数视为参数 θ 的函数，而将观测数据 X 看作固定的值。

[②] KL 散度（Kullback-Leibler Divergence）也称为相对熵（Relative Entropy），是一种衡量两个概率分布之间差异的度量指标。

随机网络，GSN）。然而马尔可夫链用于生成模型时需要巨大的计算开销而且也难以推广到高维空间。Generative Adversarial Network（生成对抗网络，GAN）的设计初衷就是为了解决这些问题。在 GAN 中，只需要一个单一的步骤就能生成新样本。在本章中，我们将重点介绍两种显式密度模型（PixelRNN/CNN、VAE）和一种隐式密度模型（GAN）。

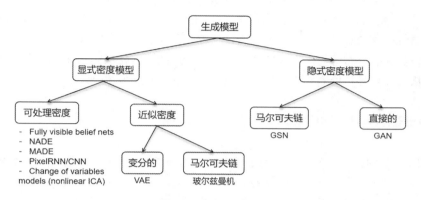

图11.1　生成模型分类

11.1.2　生成模型的应用场景

生成模型可以学习数据的特征分布，并生成与原始数据相似或相近的样本。生成模型的应用非常广泛，涵盖了许多领域。以下是一些常见的生成模型的应用场景。

1. 图像生成

生成模型可以学习现有图像数据集的分布，并生成新的图像样本。这种能力在图像生成、图像编辑、图像增强和风格转换等应用场景中非常有用。生成模型（如 GAN 和 VAE）已经在图像生成领域取得了显著进展。

2. 文本生成

生成模型可以通过学习大量的文本数据，如文章、新闻、博客等，来生成新的文本内容。这些模型可以被用于自动生成电子邮件、聊天对话、生成剧本等。RNN 的变种，如长短期记忆（Long Short-Term Memory，LSTM）和门控循环单元（Gated Recurrent Unit，GRU）等常用于构建生成模型。

3. 音乐生成

生成模型可以通过学习音乐数据的分布特征，生成新的音乐曲目。这在音乐创作、电影配乐等应用场景有着重要的应用价值。生成模型可将音乐序列表示为离散事件，如音符和时长。

4. 视频生成

生成模型可以学习视频数据的分布，生成新的视频样本。这种能力对于动画、视频特效和虚拟现实等非常重要。生成模型通常需要结合空间和时间建模，如 CNN 和 RNN 的结合。

5. 数据增强

生成模型可以通过生成新的样本来增大原始数据集的规模和增强其多样性。这对于训练深度学习模型，特别是在数据集有限的情况下，可以提高模型的泛化能力。生成模型可以用于图像数据增强、语音数据增强和文本数据增强等应用场景。

6. 异常检测

生成模型可以学习正常数据的分布，然后通过比较新样本与该分布的差异来进行异常检测。这在安全监控、欺诈检测和异常行为检测等应用场景非常有用。生成模型如高斯混合模型（Gaussian Mixture Model，GMM）、VAE 和 GAN 可以在异常检测中发挥作用。

通过学习数据的分布特征，生成模型可以生成与原始数据相似的新样本，为创作、内容自动化生成、数据增强和异常检测等应用场景提供了强大的工具和方法。

11.2　PixelRNN 和 PixelCNN

PixelRNN 方法的提出是为了解决基于像素级别的图像生成问题。传统的生成模型在生成图像时存在较大困难，特别是在处理具有复杂纹理和结构的高分辨率图像时。PixelRNN 旨在提供一种能够同时考虑图像的全局和局部背景信息的生成模型。PixelRNN 基于递归生成模型的思想，从左上角开始，逐个地预测当前像素的值：利用先前生成的像素值来预测当前像素的值。这种递归的方式可确保生成的图像在视觉上是连贯的，并且能够捕捉到图像的全局依赖关系。

PixelRNN 的作用是估计图像的分布以便能够计算图像的似然并生成新的图像。具体地，此方法的目标是找到一个离散分布 $p(x)$，其中 $x = \{x_1, x_2, \cdots, x_{n^2}\}$ 是一张 $n \times n$ 的图片按照像素矩阵的行依次展开的像素值。$p(x)$ 可以表示为像素的条件分布的乘积：

$$p(x) = \prod_{i=1}^{n^2} p(x_i \mid x_1, x_2, \cdots, x_{i-1})$$

其中 $p(x_i \mid x_1, x_2, \cdots, x_{i-1})$ 是当给定像素值 $x_1, x_2, \cdots, x_{i-1}$ 时，第 i 个像素值为 x_i 的概率。由于图片有 3 个通道：R、G、B 通道，因此 x_i 由 3 个值确定。此时分布 $p(x_i \mid x_1, x_2, \cdots, x_{i-1})$ 应该改写为：

$$p(x_{i,\mathrm{R}} \mid x_1, x_2, \cdots, x_{n^2}) p(x_{i,\mathrm{G}} \mid x_1, x_2, \cdots, x_{n^2}, x_{i,\mathrm{R}}) p(x_{i,\mathrm{B}} \mid x_1, x_2, \cdots, x_{n^2}, x_{i,\mathrm{R}}, x_{i,\mathrm{G}})$$

改写后的表达式明确地指明了各通道之间的条件概率关系：G 通道的像素值依赖 R 通道的像素值，B 通道的像素值依赖 R 和 G 通道的像素值。需要注意的是，在训练或者验证过程中计算每个像素的概率是并行的，但是在生成过程中像素是逐个、逐行地生成的，像素生成示意如图 11.2 所示，每一个像素的生成都基于它左边以及上方的所有像素值。

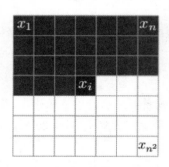

图 11.2　像素生成示意

PixelRNN 方法使用了两种 LSTM 层来提升模型训练效率：一种是 Row LSTM；另外一种是 Diagonal BiLSTM。Row LSTM（见图 11.3）是一个无向层，可以逐行、自上而下地一次性计算一整行的特征，这里的计算采用的是一维卷积。设卷积核的大小为 $k \times 1$，$k \geq 3$，对于每一个像素来说，其隐藏态直接依赖于上一层距离其最近的 k 个像素的隐藏态。

每个 LSTM 层都有两个分量：一个是 input-to-state 分量；另外一个是 state-to-state 循环分量。在 Row LSTM 层中为了提升计算的并行性，会首先对整个二维输入映射进行 input-to-state 分量的计算，再结合 state-to-state 分量得到 LSTM 中的 4 个门：

$$[o_i, f_i, i_i, g_i] = \sigma \left(K^{ss} * h_{i-1} + K^{is} * \boldsymbol{x}_i \right)$$

其中 "$*$" 表示卷积，K^{ss} 和 K^{is} 分别表示 state-to-state 和 input-to-state 分量的权值。$\boldsymbol{x}_i$ 表示第 i 行输入映射，是一个 $h \times n \times 1$ 的矩阵，其中 h 是特征的数量。h_{i-1} 表示第 $i-1$ 行隐藏态，即前一行的隐藏态。输出门 o_i、遗忘门 f_i、输入门 i_i 的激活函数 σ 是 sigma 函数，而内容门 g_i 的激活函数是 Tanh。利用上一行的 cell 态 c_{i-1} 以及 4 个门即可计算当前的 cell 态和隐藏态：

$$c_i = f_i \cdot c_{i-1} + i_i \cdot g$$

$$h_i = o_i \cdot \mathrm{Tanh}(c_i)$$

其中 "$\cdot$" 表示对应元素相乘。上述 3 个方程完成了从隐藏态 h_{i-1} 到 h_i 的映射，以及 cell 态的更新。

需要注意的是，采用 Row LSTM 时以行为单位向下扫描，而不再单个像素依次扫描，由此实现了计算的并行性，从而提升了计算的效率。从图 11.3 中可以看出当 Row LSTM 向下逐行扫描（进行 $k \times 1$ 的卷积）时，会呈现一个三角形的感受野，而这个三角形的感受野并不能涵盖预测像素的左边以及上方的全部像素，因此 Row LSTM 会造成背景信息的缺失。而 Diagonal BiLSTM 则可用来解决这个问题。

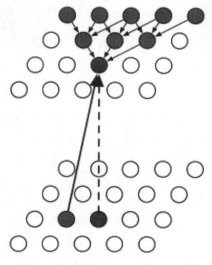

图 11.3　Row LSTM

Diagonal BiLSTM 不仅可以并行计算以提升计算效率，还可以捕获预测像素之前的所有的背景信息。Diagonal BiLSTM（见图11.4）以对角的方式（从左上角到右下角，从右上角到左下角）对像素进行扫描。在 Diagonal BiLSTM中，为了方便计算卷积，会对输入映射进行一个错位操作，即每一行的输入映射比上一行向右边移动一个位置，如图11.5所示。这样在计算state-to-state分量时，对角卷积就会转化为一个2×1的列卷积。与 Row LSTM 一样，通过同样的方程 Diagonal BiLSTM 就可以更新隐藏态以及cell态。最后对输出映射进行错位操作的反向操作就可以得到一个 $n \times n$ 的输入映射。为了加快训练中收敛的速度以及让信息直接在网络里流通，从一个LSTM层到另外一个LSTM层使用残差连接，这使得PixelRNN方法的网络结构可以达到12层。

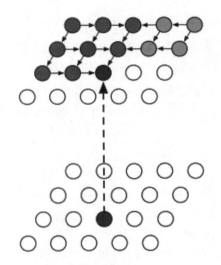

图11.4　Diagonal BiLSTM

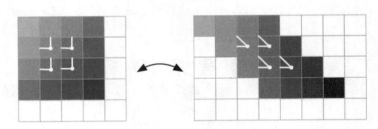

图11.5　错位操作

　　每一层的每一个输入位置里有 h 个特征，这些特征根据R、G、B分为3个部分。在预测当前像素 x_i 的R通道时，只有 x_i 左侧和上方的像素作为预测的背景信息。而当预测其G通道时，除了当前像素左侧以及上方的像素，R通道的像素值也会用于预测。而当预测其B通道时会增加G通道的信息作为背景信息。为了实现这样的预测依赖关系，Piexl RNN在卷积操作中使用两种掩膜，如图11.6所示。其中掩膜A只应用于第一个卷积层，在预测 x_i 三个通道的像素时，掩膜A仅允许 x_i 与其左侧和上方的像素连接，以及 x_i 当前预测通道与其已经生成的通道连接，而不允许自连接（即不允许R通道与R通道连接，G通道与G通道连接，B通道与B通道连接，而只允许G通道与R通道连接，B通道与R通道和G通道连接）。掩膜B用于随后所有input-to-state的卷积操作，以放开当前像素R、G、B通道的自连接（即允许R通道与R通道连接，G通道与G通道连接，B通道与B通道连接）。

图11.6 两种掩膜

在 Row LSTM 和 Diagonal BiLSTM 中，由于其感受野中像素之间的依赖范围没有被限制，因此会导致较多的计算量以致效率偏低。解决此问题的一个简单的办法就是设置一个尺寸较大但是受限的感受野，而标准的 CNN 正好可以满足这个要求，其可以一次性捕获感受野内的所有特征而且感受野尺寸可以灵活调整。与 PixelRNN 方法使用 LSTM 层不同，PixelCNN 方法使用可以保持空间分辨率的多重卷积层，且不使用池化层。为了防止卷积核作用于当前像素右边的特征，可以使用一个掩膜"遮盖"这些"未来像素位置"。需要再次强调的是，不管是 PixelCNN 还是 PixelRNN 方法，它们的并行计算只在训练和测试阶段提升速率，而在图片生成阶段还是逐个依次生成像素，即生成的像素需要当作输入帮助生成下一个像素。

11.3 变分自编码器

VAE 是一种用于学习数据的潜在表示和生成新样本的学习模型。VAE 的基本思想是可观测量 X 的分布由潜变量的集合 Z 来决定。因此 VAE 需要做的就是把潜变量 $z(z \in Z)$ 映射到一个与已知样本 X 尽可能相似的分布。VAE 的基本模型结构如图11.7所示，由潜变量 z 生成与可观测量 x 类似的分布，GAN 以及稀疏编码也使用此模型结构。

自编码器

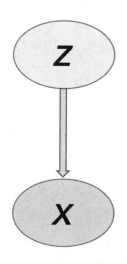

图11.7 VAE 的基本模型结构

潜变量 z 是高维空间 Z 中的一个向量，可以通过定义在 Z 上的概率密度函数 $p(z)$ 采样而得到。

而通过 z 可以生成 x：如果 z 是确定的，则 x 也是确定的；如果 z 是随机的，则 x 也是随机的。VAE 的基本任务是通过 z 的分布 $p(z)$ 找到 $p(x)$：

$$p(x) = \int p(x \mid z; \theta) p(z) \mathrm{d}z$$

其中 θ 是 $p(x \mid z; \theta)$ 的参数。最大似然估计所要做的就是找到合适的参数 θ^*，使得似然 $p(x)$ 最大。在 VAE 中假设 $p(x \mid z; \theta)$ 是一个高斯分布 $p(x \mid z; \theta) = N\big(\mu(z), \sigma^2 \times I\big)$，其中 N 表示正态分布（即高斯分布）该分布的平均值 μ 是 z 的函数，而协方差矩阵 $\sigma^2 \times I$ 是一个对角矩阵，其中标度因子 σ 是一个超参数，I 是单位矩阵。至此计算上述方程还存在两个困难：如何定义潜变量 z 以及如何进行对 z 的积分。

潜变量 z 必须能够蕴含样本的潜在信息，但由于这些信息具有多样性以及复杂性，手动设计 z 几乎是不可能实现的。VAE 采取了一个不寻常的方法来解决这个问题：通过一个标准正态分布 $N(0, I)$ 来对 z 进行采样，其中 I 是单位矩阵。之所以可以这样做是因为在 d 维空间中，任何分布都可以通过以下方式生成：选取一组服从正态分布的 d 个变量，并通过一个足够复杂的函数将它们映射出来。我们知道深度神经网络能够拟合任意复杂的函数，因此总是可以从标准正态分布中采样 z 然后将其映射到一个可以生成 x 的变量中。

剩下的问题就是如何对 z 进行积分。在机器学习中如果 $p(x)$ 有一个可以计算的表达式，那么就通过 SGD 等方法来优化模型。注意，$p(x \mid z)$ 以及 $p(z)$ 都已知，则可以直接计算似然 $p(x) \approx (1/n) \sum_i p(x \mid z_i)$。然而若想在高维空间中精确地估计 $p(x)$，需要 n 足够大，即需要大量地采样 z 向量并将其映射到能够生成 x 的变量，然后利用这个变量生成 x，这会导致巨大的计算开销。

实际上对于大多数的 z 来说，分布 $p(x \mid z)$ 都是接近 0 的，也就是说大多数的 z 对于 $p(x)$ 的估计是没有贡献的。VAE 的核心就在于如何对 z 进行有效采样，使其很有可能生成 x。VAE 为此引入一个新的函数 $q(z \mid x)$，其可以将 x 映射到 z，而这些 z 很有可能会生成 x。引入 $q(z \mid x)$ 的目的是希望通过其找到的 z 能够远小于直接从 $p(z)$ 中的采样，这样就可以大大减少 $\mathrm{E}_{z \sim q} p(x \mid z)$ 的计算。

在 VAE 方法中，找到 $p(x)$ 和 $p(x \mid z)$ 之间的关系至关重要。为此我们先考虑 $q(z)$ 和 $p(z \mid x)$ 的 KL 散度：

$$\mathrm{KL}[q(z) \,\|\, p(z \mid x)] = \mathrm{E}_{z \sim q}\big[\log q(z) - \log p(z \mid x)\big]$$

利用贝叶斯定理，上述方程可以改写为：

$$\mathrm{KL}[q(z) \,\|\, p(z \mid x)] = \mathrm{E}_{z \sim q}\big[\log q(z) - \log p(x \mid z) - \log p(z)\big] + \log p(x)$$

其中 $p(x)$ 可以写在计算期望值的方括号以外是因为其不是 z 的函数。将等式右边的计算期望值的方括号中的第一、三项写成 KL 散度的形式，上述方程可以改写为：

$$\log p(x) - \mathrm{KL}[q(z) \,\|\, p(z \mid x)] = \mathrm{E}_{z \sim q}\big[\log p(x \mid z) - \mathrm{KL}[q(z) \,\|\, p(z)]\big]$$

注意，x 是可观测数据，而此方程中的 $q(z)$ 可以是任意的分布，包括并不能很好地生成 x 的分布。因此这里需要进一步让分布 $q(z)$ 依赖于可观测量 x：

$$\log p(\boldsymbol{x}) - \text{KL}\big[q(\boldsymbol{z}\,|\,\boldsymbol{x})\,\|\,p(\boldsymbol{z}\,|\,\boldsymbol{x})\big] = \text{E}_{z\sim q}\big[\log p(\boldsymbol{x}\,|\,\boldsymbol{z}) - \text{KL}[q(\boldsymbol{z}\,|\,\boldsymbol{x})\,\|\,p(\boldsymbol{z})]\big]$$

此方程是 VAE 方法的核心方程。VAE 方法的优化目标就是最大化核心方程的左边，即最大化似然 $p(\boldsymbol{x})$ 以及最小化 $\text{KL}[q(\boldsymbol{z}\,|\,\boldsymbol{x})\,\|\,p(\boldsymbol{z}\,|\,\boldsymbol{x})]$。最小化方程左边的 KL 散度可以让 $q(\boldsymbol{z}\,|\,\boldsymbol{x})$ 分布生成的 $\boldsymbol{z}$ 能更好地生成 $\boldsymbol{x}$。当 $q(\boldsymbol{z}\,|\,\boldsymbol{x})$ 分布具有足够的容量时，总可以让这个 KL 散度趋向于 0。而这个散度趋向于 0 意味着分布 $q(\boldsymbol{z}\,|\,\boldsymbol{x})$ 不断逼近分布 $p(\boldsymbol{z}\,|\,\boldsymbol{x})$，因此不易计算的 $p(\boldsymbol{z}\,|\,\boldsymbol{x})$ 就可以通过 $q(\boldsymbol{z}\,|\,\boldsymbol{x})$ 而得到。此方程右边的部分可以通过 SGD 等方法来进行优化，不过还需要进一步处理。此方程的右边可以看作一个自编码器，$q(\boldsymbol{z}\,|\,\boldsymbol{x})$ 对 $\boldsymbol{x}$ 进行编码，即 $\boldsymbol{x} \to \boldsymbol{z}$，而 $p(\boldsymbol{z}\,|\,\boldsymbol{x})$ 对 $\boldsymbol{z}$ 进行解码，即从 $\boldsymbol{z}$ 重构 $\boldsymbol{x}$。

为了优化核心方程的右边，VAE 假设 $q(\boldsymbol{z}\,|\,\boldsymbol{x})$ 为一个正态分布：

$$q(\boldsymbol{z}\,|\,\boldsymbol{x}) = N(\boldsymbol{z}\,|\,\mu(\boldsymbol{x},\theta),\Sigma(\boldsymbol{x},\theta))$$

其中分布的平均值 $\mu(\boldsymbol{x},\theta)$ 和协方差 $\Sigma(\boldsymbol{x},\theta)$ 都是 $\boldsymbol{x}$ 的函数，它们的实现一般通过多层神经网络（参数为 θ）。注意，$p(\boldsymbol{z})$ 是一个标准正态分布，则可以方便地计算核心方程右边的 KL 散度：

$$\text{KL}[q(\boldsymbol{z}\,|\,\boldsymbol{x})\,\|\,p(\boldsymbol{z})] = \text{KL}[N(\mu(\boldsymbol{x}),\Sigma(\boldsymbol{x}))\,\|\,N(0,\boldsymbol{I})]$$
$$= \frac{1}{2}(\text{tr}(\Sigma(\boldsymbol{x}) + (\mu(\boldsymbol{x}))^{\mathsf{T}}\mu(\boldsymbol{x}) - k - \log\det(\Sigma(\boldsymbol{x})))$$

其中 k 是 $\mu(\boldsymbol{x},\theta)$ 和协方差 $\Sigma(\boldsymbol{x},\theta)$ 的维度。核心方程右边的第一项 $\text{E}_{z\sim q}[\log p(\boldsymbol{x}\,|\,\boldsymbol{z})]$ 可以通过采样来估计，不过要获得一个好的估计需对 $\boldsymbol{z}$ 进行大量的采样，这无疑将大幅提升计算量。因此我们可以按照 SGD 的标准做法，对 $\boldsymbol{z}$ 进行一次采样，并将其对应的 $\log p(\boldsymbol{x}\,|\,\boldsymbol{z})$ 视为期望 $\text{E}_{z\sim q}[\log p(\boldsymbol{x}\,|\,\boldsymbol{z})]$ 的近似。随着训练次数的不断增加，SGD 将会被用于很多不同的 $\boldsymbol{x}$。假设这些 $\boldsymbol{x}$ 来自训练数据集 D，则核心方程可以进一步改写为：

$$\log p(\boldsymbol{x}) - \text{KL}[q(\boldsymbol{z}\,|\,\boldsymbol{x})\,\|\,p(\boldsymbol{z}\,|\,\boldsymbol{x})] = \text{E}_{x\sim D}\big[\text{E}_{z\sim q}[\log p(\boldsymbol{x}\,|\,\boldsymbol{z}) - \text{KL}[q(\boldsymbol{z}\,|\,\boldsymbol{x})\,\|\,p(\boldsymbol{z})]]\big]$$

当我们计算上述方程右边的梯度时，可以将梯度符号直接放进计算期望值的方括号中，即可以先计算目标函数 $\log p(\boldsymbol{x}\,|\,\boldsymbol{z}) - \text{KL}[q(\boldsymbol{z}\,|\,\boldsymbol{x})\,\|\,p(\boldsymbol{z})]$ 的梯度，然后对多个 $\boldsymbol{x}$ 与 $\boldsymbol{z}$ 对应的梯度求平均值。

仔细观察目标函数，我们会发现在计算其梯度时存在一个严重的问题。描述目标函数的网络如图 11.8 左所示，当网络向前计算时并无任何问题，其可以计算多个 $\boldsymbol{x}$ 对应的输出，并将这些输出平均而得到期望值。然而由于从 $N(\boldsymbol{z}\,|\,\mu(\boldsymbol{x}),\Sigma(\boldsymbol{x}))$ 中采样 $\boldsymbol{z}$ 不是一个连续可微的过程，因此无法计算其梯度，所以无法使用误差逆传播算法。VAE 解决此问题的方法称为 reparameterization trick（重参数化方法），该方法对 $\boldsymbol{z}$ 的采样过程进行了改良：首先从标准正态分布 $N(0,\boldsymbol{I})$ 中采样而得到 ϵ，然后计算 $\boldsymbol{z} = \mu(\boldsymbol{x}) + \Sigma(\boldsymbol{x}) \times \epsilon$，如图 11.8 右所示。此时核心方程的右边变为：

$$\text{E}_{x\sim D}[\text{E}_{\epsilon\sim N(0,\boldsymbol{I})}[\log p(\boldsymbol{x}\,|\,\boldsymbol{z} = \mu(\boldsymbol{x}) + \Sigma(\boldsymbol{x}) \times \epsilon) - \text{KL}[q(\boldsymbol{z}\,|\,\boldsymbol{x})\,\|\,p(\boldsymbol{z})]]$$

由于上式中所有的期望值计算都不依赖于模型的参数，因此可以先计算梯度再计算期望值。核心方程中 $\boldsymbol{z}$ 不再是从 $N(\boldsymbol{z}\,|\,\mu(\boldsymbol{x}),\Sigma(\boldsymbol{x}))$ 中的采样，而是 $\boldsymbol{x}$ 的函数，因此可以对其求导计算梯度。

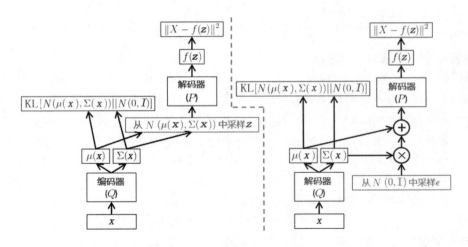

图 11.8　两种 VAE 前馈神经网络

VAE 是一种强大的生成模型，结合了自编码器和变分推断的概念，可以有效地学习数据的潜在表示和生成新的样本。VAE 适用于不同类型的数据，例如图像、文本等，具有广泛的应用领域。VAE 能够学习连续潜在空间的分布，具有良好的可解释性和泛化能力，但在训练复杂度和样本生成质量方面仍需改进。

11.4　生成对抗网络

从图 11.1 我们可以看出，不同于 PixelRNN/CNN 以及 VAE 需要假定一个明确的概率密度，GAN 不需要。在本节中我们将介绍 GAN 是如何工作的以及 GAN 的改进等。

生成对抗网络

11.4.1　生成对抗网络的工作方式

GAN 由一个生成器（Generator）和一个判别器（Discriminator）组成。生成器接收一个随机噪声向量作为输入，通过多层神经网络逐步将噪声向量映射为与真实数据相似的样本。判别器接收真实数据和生成器生成的数据作为输入，通过多层神经网络来判断输入数据是真实的还是生成的。GAN 模式示意如图 11.9 所示。

GAN 是一种结构化的概率模型，包含潜变量 z 和可观测量 x。生成器和判别器分别由两个函数表示，每个函数都分别对其输入和参数可微。判别器用函数 D 表示，以 x 为输入，并用 $\theta^{(D)}$ 表示其参数。生成器用函数 G 表示，以 z 为输入，并用 $\theta^{(G)}$ 表示其参数。生成器和判别器的损失函数都是 $\theta^{(D)}$ 和 $\theta^{(G)}$ 的函数。判别器只能通过调整参数 $\theta^{(D)}$ 来寻找

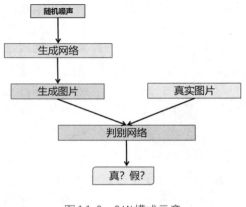

图 11.9　GAN 模式示意

最小的损失函数 $J^{(D)}(\theta^{(D)}, \theta^{(G)})$，而生成器则只能通过调整参数 $\theta^{(G)}$ 来寻找最小的损失函数 $J^{(G)}(\theta^{(D)}, \theta^{(G)})$。

生成器的输入 z 可以从一个简单的先验分布中采样而获得，而可微函数 $G(z)$ 则可以用于生成一个与训练数据相似的样本。通常我们可以使用深度神经网络来实现可微函数 G。需要注意的是，函数 G 的输入不需要与深度神经网络的第一层的输入相对应，可以提供给网络的任意层。例如，z 可以分为两个向量 $z^{(1)}$ 和 $z^{(2)}$，将 $z^{(1)}$ 作为神经网络第一层的输入，并将 $z^{(2)}$ 添加到神经网络的最后一层。如果 $z^{(2)}$ 是高斯分布，那么给定 $z^{(1)}$，x 就有条件地服从高斯分布。GAN 和 VAE 最显著的区别之一在于，如果使用误差逆传播算法，VAE 不能在生成器的输入端使用离散变量，而 GAN 不能在生成器的输出端使用离散变量。

在 GAN 的训练过程中，每一次训练需要同时对 x 和 z 进行小批量的采样，然后同时进行两个梯度下降运算：一个更新 $\theta^{(D)}$ 以减小 $J^{(D)}$；另外一个更新 $\theta^{(G)}$ 以减小 $J^{(G)}$。

不同的 GAN 之间的区别主要在于其生成器的损失函数不同，而所有的 GAN 使用的判别器的损失函数都是一样的，其具体形式为：

$$J^{(D)}(\theta^{(D)}, \theta^{(G)}) = -\frac{1}{2}\mathrm{E}_{x \sim p_{\mathrm{data}}} \log D(x) - \frac{1}{2}\mathrm{E}_z \log(1 - D(G(z)))$$

这正是用于训练一个标准二元分类器的交叉熵损失函数，其输出为 Sigmoid 函数。唯一的区别是，分类器是在两组小批量数据上进行训练的：一个来自数据集，其中所有样本的标签为 1；另一个来自生成器，其中所有样本的标签为 0。

一种简单的 GAN 视判别器与生成器在进行"零和"游戏，因此生成器的损失函数可以写成判别器损失函数的负数形式：

$$J^{(G)} = -J^{(D)}$$

鉴于判别器与生成器的损失函数仅有一个负号的区别，我们可以定义一个值函数 V：

$$V(\theta^{(D)}, \theta^{(G)}) = -J^{(D)}(\theta^{(D)}, \theta^{(G)})$$

对于生成器 G 来说，其优化需要更新 $\theta^{(G)}$ 来最小化 V 函数；而对于判别器 D 来说，其优化需要更新 $\theta^{(D)}$ 来最大化 V 函数。因此对于 GAN 来说，其整体的优化目标可以写为：

$$\theta^{(G)*} = \arg \min_{\theta^{(G)}} \max_{\theta^{(D)}} V(\theta^{(D)}, \theta^{(G)})$$

将判别器与生成器进行"零和"游戏，优化上述目标函数尽管对理论分析非常有用，但实践中表现并不特别出色。

当预测的类别与真实类别相同时，交叉熵就等于 0。在上述优化目标中判别器最小化交叉熵，而与此同时生成器最大化同一个交叉熵。这对于生成器来说是不利的，因为当判别器成功最小化交叉熵时，即成功地识别出图片是否为生成的时，生成器的梯度就会消失从而无法继续训练。为避免这个问题，生成器的损失函数需要修改，但是仍然可以继续使用交叉熵损失函数 $J^{(G)}(\theta^{(D)}, \theta^{(G)}) = -\frac{1}{2}\mathrm{E}_z \log D(G(x))$ 来训练生成器。使用损失函数 $J^{(G)} = -J^{(D)}$ 时，生成器最小化判别器准确率的对数概率，而使用损失函数 $-\frac{1}{2}\mathrm{E}_z \log D(G(x))$ 时，生成器最大化判别器错误率的对数概率。

目前比较常见的GAN是基于DCGAN（Deep Convolution GAN，深度卷积生成对抗网络）架构的，DCGAN的架构如图11.10所示，一个100维的均匀分布的 z 被投影到一个空间卷积表示，然后经过一系列反卷积操作转化为一个64×64的图片。在DCGAN中判别器与生成器大多数的层都使用了批量归一化层。生成器的最后一层和判别器的第一层不进行批量归一化操作，以便模型可以学习数据分布的正确均值和尺度。使用大于1的步长进行反卷积（转置卷积），生成器可以扩大特征的空间维度。此外在DCGAN中使用Adam优化方法而非SGD。

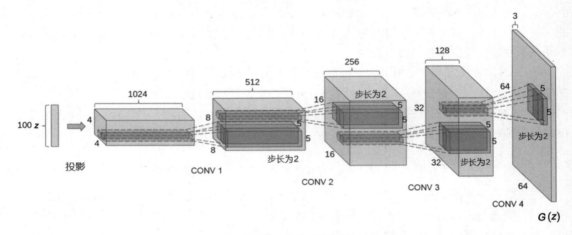

图11.10　DCGAN的架构

GAN在图像生成、图像转换等任务中具有强大的能力，可以生成逼真的图像和进行图像修复等。但GAN的训练过程通常不稳定，容易出现训练不收敛、模式崩溃等问题，需要谨慎调整超参数。总体来说，GAN具有强大的生成能力和广泛的应用前景，但在训练稳定性和模型评估方面仍存在一些不足。

11.4.2　生成对抗网络的改进

自2014年被提出以后，GAN就受到了广泛的关注和研究，随后出现了很多GAN的改进版本。这些改进主要分为两类：一类专注于改进GAN的架构；另一类试图通过改变损失函数行为来提高GAN的性能。其中DCGAN就是对GAN架构进行改进后得到的模型。除此之外，对GAN架构进行改进后得到的模型还有CGAN、InfoGAN、ProGAN、CycleGAN、StyleGAN、SAGAN、BigGAN等，而通过改变损失函数行为来改进GAN而得到的模型有WGAN、WSRGAN、UGAN等。

CGAN在架构中添加了一个潜在的类别标签 c 以及潜在的空间。新的标签用于将处理过的数据分成不同的类别，因此合成数据是根据输入标签的类别生成的。CGAN虽然很简单，但被证明可以有效防止模式崩溃。然而，CGAN的训练需要一个标记数据集，这提高了模型训练的门槛。InfoGAN提供了一种训练CGAN的无监督学习方法。为此，将潜在类别标签 c 替换为潜在代码向量。InfoGAN使用互信息（Mutual Information）最大化潜在空间和潜在代码。

训练一个复杂的模型可能会导致强烈的不稳定性。为了应对GAN模型的不稳定性，ProGAN提出了一种基于增长架构的训练方法。渐进式网络（Progressive Growing Network）的核心思想是将不同的训练阶段串联起来。在每个阶段，都会训练一个模型，随着训练的进行，模型的层数逐渐增加。这样创建的模型可以逐步扩展，且稳定地训练。由于第一个模型简单，网络能够正确地学习问题的简单形式，然后利用所学到的特征逐步增强问题的复杂性。在每个新阶段，重要的是要强调网络的权重仍然可训练，让它们适应新阶段。

CycleGAN 是一种基于循环一致性的 GAN。循环一致性是指，给定来自特征空间 A 的数据 x，如果将该数据映射到特征空间 B，然后将其映射回 A 空间，则应恢复数据 x。换句话说，如果样本被映射到某个空间并从该空间恢复，它不应该发生改变。这个过程即数据样本被转换和恢复，被称为循环一致性，并在过去几十年中得到了广泛应用。CycleGAN 架构中添加了一个新的映射，将其表示为 F，其功能是执行逆映射以检索原始数据，即 $F(G(x)) = x$。为了训练架构，CycleGAN 还提出了一个新的循环一致性损失函数来训练前向和后向循环一致性。

StyleGAN 基于这样一个想法：改进潜在空间的处理，使生成的数据质量得到提高。借助 StyleGAN 的架构，G 能够学习输入数据的不同风格，解耦高层次特征。这提高了生成数据的质量，并有助于解释先前难以理解的潜在空间。控制潜在空间可以带来更好的插值属性，实现不同尺度的插值操作，例如在人脸图像中实现姿势、头发或雀斑的插值操作。在 StyleGAN 架构中，G 的输入被映射到一个称为 W 的中间潜在空间，然后通过自适应实例归一化（Adaptive Instance Normalization，ADAIN）将 W 应用于每个卷积层。除了潜在空间 W 之外，高斯噪声还被添加到每个卷积层的输出中。StyleGAN 架构使用了 ProGAN 中使用的训练方法，即每个阶段训练的结果都不应该被视为是孤立的。

SAGAN 是一种将自注意力算法加入 GAN 的生成模型。基于 CNN 的模型架构由于感受野不够大，不能捕获相距较远的像素之间的关系，因此难以学习图像的长程、全局特征。为了解决长程的、全局的依赖关系，SAGAN 引入了自注意力模块。自注意力机制不仅能从大量信息中获取重要信息，且能将一个序列的多个位置联系起来，从而保证一个很大的感受野。这使得 SAGAN 可以用来学习图像特征的长程的、全局的依赖关系，从而高质量地生成图像。

BigGAN 架构专注于从多样化数据集中生成高分辨率图像。此前的模型能够较好地生成低维的新样本，但在将其扩展到更大样本（高分辨率图片）时存在问题。BigGAN 的研究表明，当 GAN 使用更高维的数据时，其性能更好。BigGAN 是一种基于 SAGAN 的生成架构，它通过将图像的通道数量增加 50%，可以使 IS（Inception Score，起始网络得分）提高 21%。BigGAN 的创新之处在于提出了截断技巧，即通过将潜在空间的值截断至接近 0 来降低其多样性（仅从潜在空间中采样小于某一阈值的潜在变量 z）。尽管 BigGAN 能生成高质量的图片，但截断技巧使得生成样本的可变性降低。具体而言，使用这种截断技巧生成的样本，其多样性和保真度之间存在某种关系：对潜在空间施加的截断越多，生成的图像的多样性就越低，但保真度越高。

WGAN 的基础是应用地球移动距离，也称为 Wasserstein-1 距离。在 GAN 模型中，Wasserstein 距离用于表示真实数据和生成数据分布之间的差异。WGAN 中为了应用新的目标函数，必须对 GAN 的架构进行一些更改。生成函数 D 之前被用来区分哪些数据是真实的，哪些数据是生成的，而在 WGAN 中将其命名为批评函数。批评函数的功能是度量图像的真实性，例如图像属于真实分布的概率。在每次梯度更新后，批评函数的权重在一个窗口内保持不变（例如在 $[-0.01, 0.01]$ 内）。权重剪切的目的是使参数位于一个紧凑的空间内。与传统的 GAN 损失函数相比，WGAN 在收敛性、避免模式坍缩和稳定性方面表现更好。WGAN 的另一个重要优点是损失函数不仅与合成样本的质量相关，且能收敛到最小。WGAN 是 GAN 最常用的变体之一，因为它能够处理不稳定性和模式崩溃。WSRGAN 结合了 Wasserstein 距离和谱归一化的概念，旨在解决传统 GAN 存在的训练稳定性和生成图像质量方面的问题。

UGAN 为防止 GAN 训练中的不稳定性而专门定义了损失函数。UGAN 动态地调整 G 和 D，以防止出现失衡的情况，即其中一个网络比另一个网络训练得好。通常判别器 D 的问题比生成器 G 的问题更容易解决，这导致训练更容易倾向判别器 D 从而导致失衡。UGAN 使用一种动态调整的训练策略。它提出了一种替代的损失函数，用于训练生成器 G。这个函数通过对每次生成器 G 更新时对判别器 D 进行 K 步展开来创建。这样一来，生成器 G 的训练行为会自适应判别器 D 的训练状态，有助于解决训练不平衡和不稳定的问题。

11.5 案例分析

在本节中，为了能够简洁地、清晰地展示 VAE 以及 GAN 如何生成图片，我们将以手写数字图片数据集（MNIST）为例，给出 VAE 和 GAN 的训练代码。从这两个案例中我们可以方便地比较这两种不同的图片生成方法。

11.5.1 使用 VAE 生成手写数字图片

首先我们如果使用 GPU 训练，则可以编写如下代码。

```
import torch
device = torch.device('cuda' if torch.cuda.is_available() else 'cpu')
```

接下来准备数据，对于 MNIST 数据集，我们可以使用 PyTorch 将其便捷地导入：

```
import torchvision
dataset = torchvision.datasets.MNIST(root='/data',
                                     train=True,
                                     transform=transforms.ToTensor(),
                                     download=True)
```

其中 transform 可以根据实际问题设计更复杂的图像变换，在这个例子中我们只需要将其简单地转化为 Tensor 形式。使用 torch.utils.data.DataLoader 对数据进行加载：

```
data_loader = torch.utils.data.DataLoader(dataset=dataset,
                                          batch_size=batch_size,
                                          shuffle=True)
```

准备好数据后，我们便可以着手创建 VAE 模型。该模型由两个部分组成：第一部分是编码；第二部分是解码。

```
import torch.nn as nn
import torch.nn.functional as F

class VAE(nn.Module):
    def __init__(self, image_size=784, h_dim=256, z_dim=32):
    #h_dim是隐含层的维度；z_dim是潜变量z的维度
        super(VAE, self).__init__()
        self.fc1 = nn.Linear(image_size, h_dim)
        self.fc2 = nn.Linear(h_dim, z_dim)  # 返回 μ
        self.fc3 = nn.Linear(h_dim, z_dim) #返回 logσ²
            self.fc4 = nn.Linear(z_dim, h_dim)
        self.fc5 = nn.Linear(h_dim, image_size)

    # 编码过程
    def encode(self, x):
        h = F.relu(self.fc1(x))
        return self.fc2(h), self.fc3(h) #返回均值向量mu(μ)以及方差的对数log_var(logσ²)
```

```
# 随机生成隐含向量reparameterization trick
def reparameterize(self, mu, log_var):
    std = torch.exp(log_var/2)  # std=e^(logσ²) = σ²
    eps = torch.randn_like(std)# 返回一个与std同大小的向量, 其分量从N(0,I)中采样而得
    return mu + eps * std

# 解码过程
def decode(self, z):
    h = F.relu(self.fc4(z))
    return F.sigmoid(self.fc5(h))

# 整个网络前向传播过程
def forward(self, x):
    mu, log_var = self.encode(x)
    z = self.reparameterize(mu, log_var)
    x_reconst = self.decode(z)
    return x_reconst, mu, log_var

Model = VAE().to(device) # 将模型放入GPU中
```

MNIST 数据集中图片是单通道的, 其分辨率为 32 像素×32 像素, 将其展开为一维时, image_size=784。在上述代码中, 编码过程是将图片映射到一个均值 μ 以及方差的对数 $\log \sigma^2$, 这与图 11.8 中稍有不同, 在图中编码器将图片映射到 μ 和 σ^2。以上代码中将其映射到 $\log \sigma^2$ 是为了后续计算 KL 散度的方便。reparameterize 函数是对 reparameterization trick 的实现, 从而保证可以使用误差逆传播算法进行参数更新。解码器将潜变量 z 映射到一个与原图同尺寸的向量 x_reconst。

准备好数据以及模型后, 我们就可以对模型进行训练。在这个例子中我们使用 Adam 方法对网络进行优化。

```
optimizer = torch.optim.Adam(model.parameters(), lr=learning_rate)
```

训练 VAE 的代码如下:

```
for epoch in range(num_epochs):
    for i, (x, _) in enumerate(data_loader):
        x = x.to(device).view(-1, image_size)# 获取样本, 将其放入GPU, 并展开为一维向量
        x_reconst, mu, log_var = model(x)  # 将数据输入模型, 返回重构的x、均值μ, 以及logσ

        # 计算重构损失和KL散度
        reconst_loss = F.binary_cross_entropy(x_reconst, x, size_average=False)
        kl_div = 0.5 * torch.sum(1 + log_var - mu.pow(2) - log_var.exp())

        # 反向传播及优化
        loss = reconst_loss - kl_div # 重构损失+KL散度
        optimizer.zero_grad()
        loss.backward()
        optimizer.step()

        if (i+1) % 100 == 0:
            print ("Epoch[{}/{}], Step [{}/{}], Reconst Loss: {:.4f}, KL Div: {:.4f}"
                   .format(epoch+1,num_epochs,i+1,len(data_loader),reconst_loss.item(),kl_div.item()))

# 利用训练的模型进行测试
with torch.no_grad():
    # 随机生成的图像
    z = torch.randn(batch_size, z_dim).to(device)# 随机生成z向量
```

```
out = model.decode(z).view(-1, 1, 28, 28)
save_image(out,'/vae_img/img-{}.png'.format(epoch+1)))
```

其中重构损失函数使用的二分类交叉熵损失函数 F.binary_cross_entropy()，其目的是使 x_reconst 与输入 x 趋于一致。KL 散度的计算公式为：

$$\text{KL}[q(z\,|\,x)\|p(z)] = \text{KL}[N(\mu(x),\Sigma(x))\|N(0,\boldsymbol{I})]$$

$$= \frac{1}{2}(\text{tr}(\Sigma(x)) + (\mu(x))^{\text{T}}\mu(x) - k - \log\det(\Sigma(x)))$$

注意，z 是一阶 Tensor，因此协方差矩阵的迹为 $\text{tr}(\Sigma(x)) = \sum_{i=1}^{k}\sigma_i^2$，其行列式的对数为 $\log\det(\Sigma(x)) = \sum_{i=1}^{k}\log_i^2$，此外 $(\mu(x))^{\text{T}}\mu(x) = \sum_{i=1}^{k}\mu_i^2$，因此上述计算公式可以改写为

$$\text{KL}[q(z\,|\,x)\|p(z)] = \text{KL}[N(\mu(x),\Sigma(x))\|N(0,\boldsymbol{I})]$$

$$= \frac{1}{2}\sum_{i=1}^{k}\left(\sigma_i^2 + \mu_i^2 - 1 - \log\sigma_i^2\right)$$

在测试阶段，即在图像生成阶段，只需要使用解码器：先随机生成一个 z 向量，其分量从标准正态分布中采样获得，然后通过解码器即可生成图片。使用 VAE 生成的手写数字图片如图 11.11 所示，总的训练次数为 epoch=100，h_dim=256，z_dim=32，batch_size=128，learning_rate=0.001。

epoch=0

epoch=99

图 11.11　使用 VAE 生成的手写数字图片

11.5.2　使用 GAN 生成手写数字图片

这一小节的设备设置与数据准备工作与上一小节的一致。在数据处理上，可以修改数据变换的方式，例如可以对数据进行归一化处理：

```
tfs = transforms.Compose([
        transforms.ToTensor(),
```

```
                        transforms.Normalize(mean=(0.5),std=(0.5))])
        dataset = torchvision.datasets.MNIST(root='/data',
                                        train=True,
                                        transform=tfs,
                                        download=True)
```

我们可以直接创建一个简单的GAN模型。GAN由两个部分组成：一个是判别器；一个是生成器。判别器的创建代码如下：

```
D = nn.Sequential(
    nn.Linear(image_size, hidden_size), # 输入图像数据、图片尺寸及潜在空间的维度
    nn.LeakyReLU(0.2), # 使用 LeakyReLU 作为激活函数
    nn.Linear(hidden_size, hidden_size),
    nn.LeakyReLU(0.2),
    nn.Linear(hidden_size, 1),
    nn.Sigmoid()) # 使用 Sigmoid 作为激活函数
```

创建生成器的代码如下：

```
G = nn.Sequential(
    nn.Linear(latent_size, hidden_size), # 潜变量通过随机生成
    nn.ReLU(), # 使用 ReLU 作为激活函数
    nn.Linear(hidden_size, hidden_size),
    nn.ReLU(),
    nn.Linear(hidden_size, image_size),
    nn.Tanh()) # 使用 Tanh 作为激活函数
```

将判别器和生成器放入GPU：

```
D = D.to(device)
G = G.to(device)
```

接下来我们设置损失函数和优化器，使用Adam优化方法：

```
criterion = nn.BCELoss() # 与使用 VAE 的一样使用二分类交叉熵损失函数
d_optimizer = torch.optim.Adam(D.parameters(), lr=0.0002)
g_optimizer = torch.optim.Adam(G.parameters(), lr=0.0002)
```

准备好数据、模型以及设置好损失函数和优化器后，我们开始训练网络。GAN的训练包括两个部分：一个是判别器的训练，另一个是生成器的训练。判别器和生成器都有自己的参数，当更新判别器的参数时，生成器的参数固定；而当更新生成器的参数时，判别器的参数固定。GAN的训练代码如下：

```
for epoch in range(num_epochs):
  for i, (images, _) in enumerate(data_loader):
    images = images.reshape(batch_size, -1).to(device)

    # 创建标签用于损失函数 BCE_Loss 的计算
    real_labels = torch.ones(batch_size, 1).to(device)  # real_labels设为1，表示True
    fake_labels = torch.zeros(batch_size, 1).to(device) # fake_labels设为0，表示False

# 训练判别器
    outputs = D(images)
    d_loss_real = criterion(outputs, real_labels) # 输入真实图片时判别器的损失，此时
y=real_labels=1，所以损失函数 BCE_Loss(x,y)=-y*log(D(x))-(1-y)*log(1-D(x))中的第二项
-(1-y)*log(1-D(x))恒为零
    real_score = outputs

    z = torch.randn(batch_size, latent_size).to(device) # 随机生成潜变量z
    fake_images = G(z) # 生成器生成图片
    outputs = D(fake_images)
    d_loss_fake = criterion(outputs, fake_labels) # 输入生成图片时判别器的损失，此时y=fake_labels=0，
```

289

所以损失函数BCE_Loss(x,y)=-y*log(D(x))-(1-y)*log(1-D(x))中的第一项-y*log(D(x))恒为零

```
        fake_score = outputs

        d_loss = d_loss_real + d_loss_fake
        d_optimizer.zero_grad()
        d_loss.backward()
            d_optimizer.step() # 只更新判别器的参数

        # 训练生成器
        z = torch.randn(batch_size, latent_size).to(device) # 随机生成潜变量z
        fake_images = G(z)
        outputs = D(fake_images) # 训练生成模型，使之最大化log(D(G(z))

        g_loss = criterion(outputs, real_labels)
        g_optimizer.zero_grad()
        g_loss.backward()
        g_optimizer.step() # 只更新生成器的参数

        if (i+1) % 100 == 0:
          print('Epoch[{}/{}],Step[{}/{}],d_loss:{:.4f},g_loss:{:.4f},D(x):{:.2f},
              D(G(z)):{:.2f}'.format(epoch,num_epochs,i+1,total_step,d_loss.item(),
                  g_loss.item(),real_score.mean().item(), fake_score.mean().item()))

    # 保存生成样本
fake_images = fake_images.reshape(fake_images.size(0), 1, 28, 28)
    fake_images = ((fake_images + 1) / 2).clamp(0, 1)
    save_image(fake_images,'/gan_img/img-{}.png'.format(epoch+1))
```

从以上代码我们可以看出，在训练过程中先对判别器进行训练，此时生成器的参数固定不变；再对生成器进行训练，此时判别器的参数固定不变。使用GAN生成的手写数字图片如图11.12所示，总的训练次数epoch=100，h_dim=256，z_dim=64，batch_size=120。

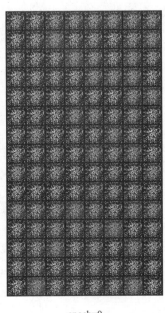

epoch=0

epoch=99

图11.12　使用GAN生成的手写数字图片

在本章的两个案例中，我们使用了简单的网络架构，要想生成更好的图片可以加入卷积层以及加深网络、调整超参数等。

11.6　本章小结

本章首先介绍了生成模型的基本概念，包括什么是生成模型、生成模型的任务及其分类等。生成模型有着广泛的应用场景，包括图像生成、文本生成、音乐生成、视频生成、数据增强和异常检测等。在本章中我们介绍了两种显式密度模型（PixelRNN/CNN、VAE）和一种隐式密度模型（GAN）。PixelRNN 基于递归生成模型的思想，从左上角开始，逐个地预测像素值。为了提升训练效率，PixelRNN 方法使用了两种 LSTM：Row LSTM 和 Diagonal BiLSTM。VAE 方法把潜变量 z 映射到与样本相似的分布中，既可以学习数据的潜在表示，也可以生成新的样本。VAE 中对 $p(x)$ 的分布做了假设，还引进了 $q(z|x)$ 分布来挑选出哪些潜变量 z 能更好地生成 x。为了解决训练过程中无法使用误差逆传播算法的问题，VAE 提出了 "reparameterization trick" 使得整个过程中的梯度可以计算。GAN 是一种隐式密度模型，其训练不需要给出或者假设数据分布。GAN 由一个生成器和一个判别器组成：生成器用于生成与样本相似的数据，而判别器的作用是分辨哪些数据是真实的，哪些数据是生成的。

11.7　习题

一、填空题

1. 生成模型的训练数据不需要人工标记，因此其是一种_____学习，其不仅可以生成图片，还可以学习数据的_____。

2. 根据是否给定或假设一个明确的数据分布，可以把生成模型分为两大类：_____模型和_____模型。

3. 使用 PixelRNN 方法生成图像时，生成的图像在视觉上是_____的，并且能够捕捉到图像的_____依赖关系。

4. Row LSTM 的缺点是，当其向下逐行扫描时，扫描范围内会出现一个_____感受野，但是这个感受野并不能涵盖当前像素的左边以及上方的所有像素，因此 Row LSTM 会造成背景信息的_____。

5. 在 VAE 中，由于从分布 $N(z|\mu(x), \Sigma(x))$ 中采样 z 不是一个_____的过程，因此无法计算其梯度，也无法使用_____算法。VAE 解决此问题的方法称为_____。

6. GAN 由一个生成器和一个判别器组成，判别器接收_____和生成器_____的数据作为输入，通过多层神经网络来判断输入数据是_____的还是_____的。

二、多项选择题

1. 生成模型的应用场景有哪些？（　　　）

A．数据增强　　　　　　　　　　　　　B．异常检测

C．生成式对话　　　　　　　　　　　　D．音乐创作

2. PixelCNN 和 PixelRNN 方法中使用的并行化计算方法只在（　　　）提升计算效率。

A．训练阶段　　　　B．测试阶段　　　　C．生成阶段　　　　D．应用阶段

3．VAE需要解决的主要问题有两个，它们分别是（　　）。

A．准确假设 $p(x)$ 的分布   B．如何定义潜变量 z

C．如何对 z 进行积分   D．构建深度神经网络

4．VAE中引入 $q(z|x)$ 是为了（　　）。

A．对 z 进行有效采样   B．对 z 进行积分

C．定义潜变量 z D．减少 $\mathrm{E}_{z\sim q}p(x|z)$ 的计算量

5．关于生成器和判别器的训练，以下说法正确的是（　　）。

A．生成器的训练目标是最小化生成数据和真实数据之间的差距，以产生逼真的数据样本

B．判别器的训练目标是最大化正确分类生成数据和真实数据的能力，以增强对真实数据和生成数据的区分效果

C．生成器和判别器在对抗训练中相互竞争，通过不断优化提高对方的性能

D．训练生成器和判别器通常采用交替迭代的方式，即先更新生成器一次，然后更新判别器一次

6．GAN的改进主要有哪些？（　　）

A．GAN的训练方法   B．GAN的结构

C．GAN的损失函数   D．GAN的优化方法